普通高校土木工程专业系列精品规划教材

建筑工程计价与造价管理

刘根强　主编

中南大学出版社
www.csupress.com.cn

普通高校土木工程专业系列精品规划教材

编审委员会

总　序

　　土木工程是促进我国国民经济发展的重要支柱产业。近30年来，我国公路、铁路、城市轨道交通等基础设施以及城市建筑进入了高速发展阶段，以高速、重载和超高层为特征的建设工程的安全性、经济性和耐久性等高标准要求向传统的土木工程设计、施工技术提出了严峻挑战。面对新挑战，国内外土木工程行业的设计、施工、养护技术人员和科研工作者在工程实践和科学研究工作中，不断提出创新理念，积极开展基础理论和技术创新，研发了大量的新技术、新材料和新设备，形成了成套设计、施工和养护的新规范和技术手册，并在工程实践中大范围应用。

　　土木工程行业日新月异的发展，对现代土木工程专业技术人才培养提出了迫切需求。教材建设和教学内容是人才培养的重要环节。为面向普通高校本科生全面、系统和深入阐述公路、铁路、城市轨道交通以及建筑结构等土木工程领域的基础理论和工程技术成果，由中南大学出版社、中南大学土木工程学院组织国内土木工程领域一批专家、学者组成"普通高校土木工程专业系列精品规划教材"编审委员会，共同组织编写这套系列教材。通过多次研讨，确定了这套土木工程专业系列教材的编写原则：

　　1. 系统性

　　本系列教材以《土木工程指导性专业规范》为指导，教材内容满足城乡建筑、公路、铁路以及城市轨道交通等领域的建筑工程、桥梁工程、道路工程、铁道工程、隧道与地下工程和土木工程管理等方向的需求。

　　2. 先进性

　　本系列教材与21世纪土木工程专业人才培养模式的研究成果密切结合，既突出土木工程专业理论知识的传承，又尽可能全面反映土木工程领域的新理论、新技术和新方法，注重各门内容的充实与更新。

　　3. 实用性

　　本系列教材针对90后学生的知识与素质特点，以应用性人才培养为目标，注重理论知识与案例分析相结合，传统教学方式与基于现代信息技术的教学手段相结合，重点培养学生的工程实践能力，提高学生的创新素质。这套教材不仅是面向普通高校土木工程专业本科生的课程教材，还可作为其他层次学历教育和短期培训的教材和广大土木工程技术人员的专业参考书。

4. 严谨性

本系列教材的编写出版要求严格按国家相关规范和标准执行，认真把好编写人员遴选关、教材大纲评审关、教材内容主审关和教材编辑出版关，尽最大努力提高教材编写质量，力求出精品教材。

根据本套系列教材的编写原则，我们邀请了一批长期从事土木工程专业教学的一线教师负责本系列教材的编写工作。但是，由于我们的水平和经验所限，这套教材的编写肯定有不尽如人意的地方，敬请读者朋友们不吝赐教。编委会将根据读者意见、土木工程发展趋势和教学手段的提升，对教材进行认真修订，以期保持这套教材的时代性和实用性。

最后，衷心感谢全套教材的参编同仁，由于他们的辛勤劳动，编撰工作才能顺利完成。真诚感谢中南大学校领导、中南大学出版社领导和编辑们，由于他们的大力支持和辛勤工作，本套教材才能够如期与读者见面。

2014 年 7 月

前　言

　　"建筑工程计价与造价管理"是一门实用性很强的课程，一直以来都是工程管理专业学生的必修专业课，土木工程专业学生的必选课程。随着我国市场经济体制的不断完善，工程产品的定价机制也在不断地朝着市场化方向发展，定价依据也常有新的变化，客观上要求教材内容顺应市场的发展变化适时做出适当调整。

　　本教材以《建筑工程工程量清单计价规范》(GB 50500—2013)、《房屋建筑与装饰工程工程量计算规范》(GB 50854—2013)以及国家和地方政府造价管理部门最新颁发的相关法规、行业规范、消耗量标准等为依据进行编写。全书共分11章，主要内容包括工程计价概述，建筑工程定额原理，工程建设投资费用构成，建筑工程概预算，工程量清单计价，建筑面积计算，定额工程量和清单工程量的计算，建筑工程价款结算和竣工决算，工程造价行业管理，工程造价信息资料管理，工程施工阶段造价管理等。本书系统地介绍了我国目前定额计价原理及工程量清单计价办法。本书既有先进适用的理论知识，又有灵活多变的使用技巧与方法，可作为工程管理专业、土木工程专业本科教材，也可作为土木工程相关专业的职业教育教材、成人教育教材或学习参考用书。

　　2016年全国实行"营改增"，本书对建安费中税金的计算及计价程序等相关内容作了相应的调整。随着我国工程交易市场的发展，工程交易中的纠纷有所上升，工程造价司法鉴定的业务也有所增加，本书在第9章对工程造价司法鉴定的概念及相关内容作了介绍。工程造价信息资料的管理是工程计价基础性的工作，本书在第10章作了介绍。每章后面附有思考与练习题，以培养学生的动手能力及知识的应用能力。编者结合多年的教学经验，在内容和结构上力求知识全面、循序渐进、由浅入深以适应教学的需要。

　　参加本书编写的有：中南大学刘根强(编写第1、4、5、7、8、9、10章)，中南大学易佑平(编写第2、6、11章)，广西大学李威参与了第3、第7、第10章部分内容的编写整理工作。全书由刘根强主编并统稿。

　　本书在编写过程中，撷取了一些专家、学者的论著和有关文件资料的精华，并加以引用，在此谨向他们表示衷心的感谢。

　　限于编者水平，书中难免存在缺点和错误，敬请读者批评指正。

刘根强

2017 年 8 月

目 录

第 1 章

工程计价概述

1.1　工程计价的概念

　　所有的建设工程项目，在实施建造之前都要对工程建设所需花费进行估算。工程计价是指按照规定的程序、方法和依据，对工程建设项目及其对象，即各种建筑物和构筑物建造费用的计算，也就是工程造价的计算。

　　工程计价伴随整个工程建设的全过程，从项目筹建到项目竣工验收，在各个建设阶段都对应有各自不同的计价。如初步设计阶段的设计概算、施工图设计阶段的预算等。由项目筹备初期项目建议书阶段编制的工程估价到工程建设后期的竣工验收阶段编制的竣工结算，工程计价是一个由粗到细、由浅入深、由不精确到精确的过程，直至竣工验收后才能完全确定工程的实际价格。在各个不同阶段，不同的计价主体有着不同的计价目的，其具体内容及计价方法都会有所差异。工程计价是一个表述工程造价计算及其过程的完整概念。

　　工程计价不仅是工程建设中业主方、承包方等项目参与方的工作，它还包括工程投资费用、工程价格的管理所涉及到的投资管理和价格管理体系，因此政府主管部门要在国家利益的基础上进行宏观的指导和管理工作；行业协会和中介机构要从技术角度进行专业化的业务指导和管理。工程计价管理是一项复杂的管理活动，涵盖了对未来工程造价计价方法的预测、优化、计算、分析等众多活动。

　　工程建设是指为了国民经济各部门的发展和人民物质文化生活水平的提高而进行的有组织、有目的的投资兴建固定资产的经济活动，即建造、购置和安装固定资产的活动以及与之相联系的其他工作。工程建设是实现固定资产再生产的一种经济活动。

1.2　工程产品的特点及其项目分解

1.2.1　工程产品的特点

　　工程计价受到工程产品特点的影响。建筑产品具有产品生产的单件性、建设地点的固定性、施工生产的流动性等特点。这些特点是形成建筑产品的计价方法不同于一般工业产品计价方法的根本原因。

1. 产品生产的单件性

建筑产品的单件性是指每个建筑产品都具有特定的功能和用途，在建筑物的造型、结构、尺寸、设备配置和内外装修等方面都有不同的具体要求。即使用途完全相同的工程项目，在建筑等级、基础工程等方面都可能会不一样。可以这么说，在实践中找不到两个完全相同的建筑产品。因而，建筑产品的单件性使建筑物在实物形态上千差万别，各不相同。

2. 建设地点的固定性

建设地点的固定性是指建筑产品的生产和使用必须固定在某一个地点，不能随意移动。建筑产品固定性的客观事实，使得建筑物的结构和造型受到当地自然气候、地质、水文、地形等因素的影响和制约，使得功能相同的建筑物在实物形态上仍有较大的差别，从而使每个建筑产品的工程造价各不相同。

3. 施工生产的流动性

建筑产品的固定性是产生施工生产流动性的根本原因。因为建筑物固定了，施工队伍就流动了。流动性是指施工企业必须在不同的建设地点组织施工、建造房屋。由于每个建设地点离施工单位基地的距离不同、资源条件不同、运输条件不同、工资水平不同等，都会影响建筑产品的造价。

1.2.2　工程项目的分解

一个建设工程项目是一个复杂的系统工程，从整体上来事先测算工程建设费用是非常困难的。我们只有将一个庞大的建设工程分解成细小的单元，也就是分解成分项工程或结构构件。通过套用定额，得到这些分项工程或结构构件的人工、材料和机械的消耗量，再确定其单价，进而计算分项工程或结构构件的费用，最后计算出整个建设项目的造价。

基本建设项目按照合理确定工程造价和基本建设管理工作的要求，划分为建设项目、单项工程、单位工程、分部工程、分项工程五个层次。

1. 建设项目

建设项目一般是指在一个总体设计范围内，由一个或几个工程项目组成，经济上实行独立核算，行政上实行独立管理，并且具有法人资格的建设单元。一般由一个或数个单项工程组成。

2. 单项工程

单项工程又称工程项目，是建设项目的组成部分，是指具有独立设计文件，竣工后可以独立发挥生产能力或使用效益的工程。一个工厂的生产车间、仓库，学校的教学楼、图书馆等分别都是一个单项工程。单项工程由单位工程构成。

3. 单位工程

单位工程是单项工程的组成部分。单位工程是指具有独立的设计文件，能单独施工，但建成后不能独立发挥生产能力或使用效益的工程。一个生产车间的土建工程、电气照明工程、给排水工程、机械设备安装工程、电气设备安装工程等分别是一个单位工程，是生产车间这个单项工程的组成部分。

4. 分部工程

分部工程是单位工程的组成部分，分部工程一般按工种工程来划分，例如，土建单位工程划分为土石方工程、砌筑工程、脚手架工程、钢筋混凝土工程、木结构工程、金属结构工程、装饰工程等。分部工程也可按单位工程的构成部分来划分，例如土建单位工程也可分为基础工程、墙体工程、梁柱工程、楼地面工程、门窗工程、屋面工程等。建筑工程预算定额综合了上述两种方法来划分分部工程。

5. 分项工程

分项工程是分部工程的组成部分。按照分部工作划分的方法,可再将分部工程划分为若干个分项工程。例如,基础工程还可以划分为基槽开挖、基础垫层、基础砌筑、基础防潮层、基槽回填土、土方运输等分项工程。

分项工程是建筑工程的基本构造要素。通常,把这一基本构造要素称为"假定的建筑产品"。假定建筑产品虽然没有独立存在的意义,但是这一概念在工程造价编制、计划统计、建筑施工及管理、工程成本核算等方面都具有十分重要的意义。建设项目划分示意图见图 1 - 1。

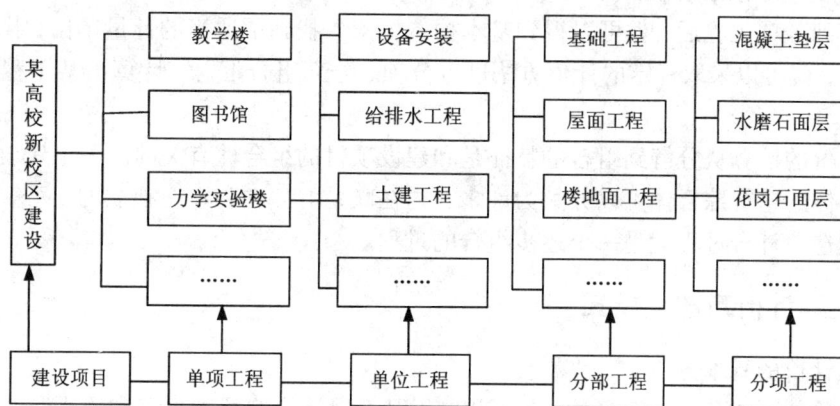

图 1 - 1　建设项目划分示意图

1.3　工程计价原理

1.3.1　工程计价的基本原理

由于建设工程项目的技术经济特点(如单件性、体积大、生产周期长、价值高以及交易在先、生产在后等),使得建设项目工程造价形成的过程和机制与其他商品不同。工程项目是单件性与多样性组成的集合体。每一个工程项目的建设都需要按业主的特定需要进行单独设计、单独施工,不能批量生产和按整个工程项目确定价格,只能采用特殊的计价程序和计价方法,即将整个项目进行分解,划分为可以按有关技术经济参数测算价格的基本单元子项或称分项工程。这是既能够用较为简单的施工过程生产出来,又可以用适当的计量单位计算并便于测定或计算的工程的基本构造要素。工程计价的主要特点是按工程分解结构进行,将这个工程分解至基本项就很容易地计算出基本子项的费用。一般来说,分解结构层次越多,基本子项越细,计算越精确。

任何一个建设项目都可以分解为一个或几个单项工程。单项工程是能够发挥效用的完整的建筑安装产品。任何一个单项工程都是由一个或几个单位工程所组成,作为单位工程的各类建筑工程和安装工程仍然是一个比较复杂的综合实体,还需要进一步分解。就建筑工程来说,包括的单位工程有:一般土建工程、给排水工程、暖通工程、电气照明工程、室外环境、道路工程以及单独承包的建筑装饰工程等。单位工程若是细分，又是由许多结构构件、部件、成品与半成品等所组成。以一般土建单位工程来说，通常是指房屋建筑的结构工程，按其结构组成部分可以分为基础、墙体、楼地面、门窗、楼梯、屋面等。这些组成部分是由不同的建筑安装工人，利用不同工具和使用不同材料完成的。从这个意义上来说，一般土建单位工程又可以按照施工顺序细分为土石方工程、砖石砌筑工程、混凝土及钢筋混凝土工程、木结构工程、楼地面工程等分部工程。

对于上述房屋建筑的一般土建单位工程分解成分部工程后，虽然每一部分都包括不同的结构和装修内容，但是从建筑工程计价的角度来看，还需要把分部工程按照不同的施工方法、不同的构造及不同的规格，加以更为细致的分解，划分为更为简单细小的部分。经过这样逐步分解到分项工程后，就可以得到基本构造要素。找到了适当的计量单位，找到其当时当地的单价，就可以采取一定的计价方法进行分项、分部组合汇总，计算出某工程的工程总造价。

工程造价的计算从分解到组合的特征是和建设项目的组合性有关的。一个建设项目是一个工程综合体。这个综合体可以分解为许多有内在联系的独立和不能独立的工程，那么建设项目的工程造价计价过程就是一个逐步组合的过程。

1.3.2　工程计价方法和模式

1. 工程计价的基本方法

工程计价的形式和方法有多种，各不相同，但工程计价的基本过程和原理是相同的。如果仅从工程费用计算角度分析，工程计价的顺序是：分部分项工程费用→单位工程造价→单项工程造价→建设项目总造价。

影响工程造价的主要因素是两个，即基本的构造要素的单位价格和基本构造要素的实物工程数量，可用下列基本计算式表达：

$$工程造价 = \sum_{i=1}^{n}（实物工程量 \times 单位价格）\qquad(1-1)$$

式中：i——第 i 个基本子项；

　　　n——工程结构分解得到的基本子项的数目。

基本子项的单位价格高，工程造价就高；基本子项的实物工程数量越大，工程造价也就越大。

在进行工程造价、计价时，实物工程量的计量单位是由单位价格的计量单位决定的。如果单位价格计量单位的对象取得较大，得到的工程造价就较粗，反之工程估算较细较准确。基本子项的实物工程量可以通过工程量计算规则和设计图纸计算而得到，它可以直接反映工程项目的规模和内容。

对基本子项的单位价格分析，可以有两种形式：

①单价法，也称单位估价法。采用这一方法计算单位工程造价，要先求出各分部分项工程单位产品的价格，然后分别乘以各分部分项工程的工程量并汇总得到工程的直接费用。由于"10 m³ 砖砌体""10 m³ 混凝土"等不能算作真正意义上的一个产品，因此，这里所指的单位产品，实际上指的是单位"假定产品"。

如果分部分项工程单位价格只考虑人工、材料、机械资源要素的消耗量和价格形式，即

单位价格 = Σ(分部分项工程的单位资源要素消耗量 × 资源要素的价格)，该单位价格是直接费单价。分部分项工程的单位资源要素消耗量的数据经过长期的收集、整理和积累形成了工程建设定额，它是工程造价计价的重要依据，它与劳动生产率、社会生产力水平、技术和管理水平密切相关。单位"假定产品"的划分一定要与所使用的定额相一致。业主方工程造价计价的定额反映的是社会平均生产力水平；而工程项目承包方进行计价的定额反映的是该企业技术与管理水平的企业定额。资源要素的价格是影响工程造价的关键因素。在市场经济体制下，工程计价时采用的资源要素的价格应该是市场价格。

②综合单价法。综合单价包含完成一个规定计量单位分部分项工程所需的人工费、材料费、机械使用费、管理费、利润以及风险因素。目前国内工程量清单计价模式下的综合单价属于不完全单价。如果再计入规费和税金才能体现分部分项工程的完全价值，则为完全单价。

2. 工程计价模式

(1)定额计价模式。

建设工程定额计价是我国长期以来在工程价格形成中采用的计价模式，是国家通过颁布统一的估价指标、概算定额、预算定额和相应的费用定额，对建筑产品价格进行管理的一种方式。在计价中以定额为依据，按定额规定的分部分项子项逐项计算工程量，套用定额单价(或单位估价表)确定直接费，然后按规定取费标准确定构成工程价格的其他费用和利润、税金，获得建筑安装工程造价。建设工程概预算书就是根据不同设计阶段设计图纸和国家规定的定额、指标及各项费用取费标准等资料，预先计算的新建、扩建、改建工程的投资额的技术经济文件。由建设工程概预算书所确定的每一个建设项目、单项工程或单位工程的建设费用，实质上就是相应工程的计划价格。

长期以来，我国发、承包计价以工程概预算定额为主要依据。因为工程概预算定额是我国几十年计价实践的总结，具有一定的科学性和实践性，所以用这种方法计算和确定工程造价过程简单、快速、比较准确，也有利于工程造价管理部门的管理。但预算定额是按照计划经济的要求制定、颁布、贯彻执行的，定额中工、料、机的消耗量是根据"社会平均水平"综合测定的，费用标准是根据不同地区平均测算的，因此企业采用这种模式报价时就会表现为平均主义，企业不能结合项目具体情况、自身技术优势、管理水平和材料采购渠道价格进行自主报价，不能充分调动企业加强管理的积极性，也不能充分体现市场公平竞争的基本原则。

(2)工程量清单计价模式。

工程量清单计价模式，是建设工程招投标中，按照国家统一的工程量清单计价规范，招标人或其委托的有资质的咨询机构编制反映工程实体消耗和措施消耗的工程量清单，并作为招标文件的一部分提供给投标人，由投标人依据工程量清单根据各种渠道所获得的工程造价信息和经验数据，结合企业定额自主报价的计价方式。

采用工程量清单计价，能够反映出承建企业的工程个别成本，有利于企业自主报价和公平竞争；同时，实行工程量清单计价，工程量清单作为招标文件和合同文件的重要组成部分，对于规范招标人计价行为，在技术上避免招标中弄虚作假和暗箱操作及保证工程款的支付结算都会起到重要作用。

目前我国建设工程造价实行两种计价方式并存的计价管理办法，即定额计价法和工程量清单计价方法同时实行。在决策和设计阶段确定投资额时一般采用传统的定额计价模式。工程量清单计价作为一种市场价格的形成机制。主要在工程招投标和结算阶段使用。

1.3.3　工程计价特点

建筑产品的特性决定了其在价格要素上千差万别的特点。这种差别形成了制定统一建筑产品价格的障碍，给建筑产品定价带来了困难，通常工业产品的定价方法不适用于建筑产品的定价。目前，建筑产品价格主要有两种表现形式，一是政府指导价，二是市场竞争价。施工图预算确定的工程造价属于政府指导价；编制工程量清单报价投标确定的承包价属于市场竞争价。

建设工程造价的计价特点主要表现为：单件性计价、多次性计价和组合性计价。

1. 单件性计价

建筑工程产品生产的单件性属性，决定了建设工程和建设工程产品不可能像工业产品那样统一地成批定价，而只能根据它们各自所需的物化劳动和活劳动的消耗，按照科学的程序来逐项计价，即单件性计价。

2. 多次性计价

依据基本建设程序，在不同的建设阶段，为了适应工程造价、计价、控制和管理的要求，需要对建设工程进行多次性计价。

基本建设程序是指基本建设项目从决策、设计、施工到竣工验收、投入使用整个生产过程中，各项工作必须遵循的先后次序。科学的基本建设程序不是由人们的主观意识所决定的，而是建设客观规律的反映。这个基本建设程序不能颠倒，但可以相互交叉。

基本建设程序与建设项目多次性计价的关系如图1-2所示。

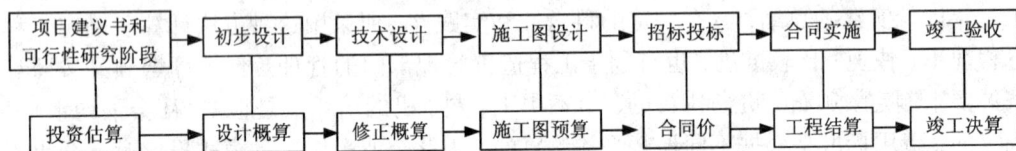

图1-2　建设项目多次性计价示意图

（1）投资估算。在编制项目建议书和可行性研究阶段，对投资需要量进行估算是一项不可缺少的内容。投资估算是指在编制项目建议书和可行性研究阶段，通过编制估算文件预先测算和确定的造价，也可称为估算造价。投资估算是进行决策、筹集资金和控制工程造价的主要依据。

（2）设计概算。设计概算指在初步设计阶段，根据设计意图，通过编制工程概算文件预先测算和确定的工程造价。概算造价较投资估算造价的准确性有所提高，但受估算造价的控制。概算造价有较强的层次性，分为建设项目总概算、各单项工程综合概算和单位工程概算。

（3）修正概算。修正概算指在采用三阶段设计的技术设计阶段，根据技术设计的要求，通过编制修正概算文件预先测算和确定的工程造价。它是对初步设计概算的修正调整，比概算造价准确，但受概算造价的控制。

(4)施工图预算。施工图预算指在施工图设计阶段，根据施工图纸，通过编制预算文件预先测算和确定的工程造价。它比设计概算或修正概算更为详尽和准确，但同样受前一阶段所确定的工程造价的控制。

(5)合同价。合同价指在工程招标投标阶段，通过签订总承包合同、建筑安装工程承包合同、设备材料采购合同、以及技术和咨询服务合同所确定的价格。合同价属于市场价格的性质，它是由承、发包双方根据市场行情共同议定和认可的成交价格。在招投标阶段招标人要编制招标控制价，投标人编制投标报价。

(6)工程结算。工程结算是建设单位(发包人)和施工企业(承包人)按照工程进度，对已完工程实行货币支付的行为，是商品交换中结算的一种形式。工程结算是指一个单项工程、单位工程、分部分项工程完工后，经建设单位及有关部门验收并办理验收手续后，由施工单位根据施工过程中现场实际情况的记录、设计变更通知书、现场工程变更签证以及合同约定的计价定额、材料价格、各项取费标准等，在合同价的基础上，根据规定编制的向建设单位办理结算工程价款来取得收入，用以补偿施工过程中的资金耗费，它是确定工程实际造价的依据。

由于建筑安装工程工期的长短不同，使结算方式有几种。若工期时间很长，不可能都采取竣工后一次性结算的方法，往往要在工期中通过不同方式采用分期付款，以解决施工企业资金周转的困难，这种结算方式称为中间结算；若工期较短，就用竣工后一次性结算的方法。

(7)竣工结算。竣工结算是指发、承包双方依据国家有关法律、法规和标准规定，按照合同约定确定的最终工程造价。工程结算价是该结算工程的实际建造价格。

(8)竣工决算。竣工决算是指单项工程或建设项目竣工后，建设单位核定新增固定资产和流动资产价值的经济文件。它包括从筹建到竣工验收所实际支出的全部费用。

3. 组合性计价

工程造价的计价是分部组合而成。这一特征和建设项目的组合性有关。一个建设项目是一个工程综合体。这个综合体可以分解为许多有内在联系的独立和不能独立的工程。从计价和工程管理的角度，分部分项工程还可以分解。由此可以看出，建设项目的这种组合性决定了计价的过程是一个逐步组合的过程。这一特征在计算概算造价和预算造价时尤为明显，同时也反映到合同价和结算价中。其计价顺序是：分部分项工程费用—单位工程造价—单项工程造价—建设项目总造价。

4. 方法的多样性

工程造价的多次性计价以及计价的主体不同则有不同的计价依据，对造价的精确度要求也不相同，这就决定了计价方法有多样性特征。如计算概预算造价的方法有单价法和实物法等，计算投资估算的方法有设备系数法、生产能力指数估算法等。不同的方法利弊不同，适应条件也不同，计价时要根据具体情况加以选择。

5. 依据的复杂性

由于影响造价的因素多，所以计价依据的种类也多，主要可分为以下 7 类：

①计算设备和工程量的依据。

②计算人工、材料、机械等实物消耗量的依据。

③计算工程单价的依据。

④计算设备单价的依据。

⑤计算其他费用的依据。

⑥政府规定的税、费依据。

⑦物价指数和工程造价指数依据。

依据的复杂性不仅使计算过程复杂，而且要求计价人员熟悉各类依据，并加以正确应用。

思考与练习

问答题：

1. 工程造价、工程计价的含义是什么？

2. 怎样理解工程计价的多次性计价和组合性计价特点？

3. 建筑产品的生产有何特点？

4. 建设工程项目是怎样划分的？什么是单项工程？

5. 什么是单位工程？什么是分部工程？什么是分项工程？

6. 什么是基本建设？什么是基本建设程序？

7. 试简述工程建设造价文件的分类。

判断题：

1. 建筑产品的流动性是指产品可以流动。　　　　　　　　　　　　　　（　　　）

2. 用编制施工图预算确定建筑产品价格的方法是科学的方法。　　　　　（　　　）

3. 单位工程包含单项工程。　　　　　　　　　　　　　　　　　　　　（　　　）

4. 分部工程包含分项工程。　　　　　　　　　　　　　　　　　　　　（　　　）

5. 分项工程是建筑工程的基本构造要素。　　　　　　　　　　　　　　（　　　）

6. 分部工程是假定建筑产品。　　　　　　　　　　　　　　　　　　　（　　　）

第 2 章
建筑工程定额原理

2.1　工程建设定额概述

2.1.1　工程建设定额的概念和分类

1. 定额的概念

定额是一种规定的额度，即标准或尺度，这是定额最基本的含义。在现代社会经济生活中，定额几乎是无处不在。就生产领域来说，工时定额、原材料消耗定额、原材料和成品半成品储备定额、流动资金定额等，都是企业管理的重要基础。在工程建设领域也存在多种定额，它们是工程计价的重要依据。

工程定额是指工程建设中，在正常的施工条件和合理劳动组织、合理使用材料及机械的条件下，完成单位合格产品所必须消耗的人工、材料、机械、资金等资源的规定额度。从上述概念中可以看出，工程定额是动态的，它反映的是当时的生产力发展水平。随着科学技术和管理水平的进步，生产过程中的资源消耗减少，相应地，定额所规定的资源消耗量降低，称之为定额水平提高。

由于工程建设产品具有构造复杂、产品规模宏大、种类繁多、生产周期长等技术经济特点，造成了工程建设产品外延的不确定性。它可以指工程建设的最终产品，也可以是构成工程项目的某些完整的产品，也可以是完整产品中的某些较大组成部分，还可以是较大组成部分中的较小部分，或更为细小的部分。这些特点使定额在工程建设管理中占有重要的地位，同时也决定了工程建设定额的多种类、多层次。工程建设定额是工程建设中各类定额的总称，包括许多种类的定额。

2. 定额水平

定额水平是指完成单位合格产品所需的人工、材料、机械台班消耗标准的高低程度，是在一定施工组织条件和生产技术下规定的施工生产中活劳动和物化劳动的消耗水平。

定额水平的高低，反映了一定时期社会生产力水平的高低，与操作人员的技术水平、机械化程度、新材料、新工艺、新技术的发展与应用有关，与企业的管理水平和社会成员的劳动积极性有关。所谓定额水平高是指单位产量提高，活劳动和物化劳动消耗降低，反映为单位产品的造价低，反之，定额水平低是指单位产量降低，消耗提高，反映为单位产品的造价高。

需要注意的是，不同的定额编制主体，定额水平是不一样的。政府或行业编制的定额水平，采用的是社会平均水平，而企业编制的定额水平反映的是自身的技术和管理水平，一般为平均先进水平。

我们知道，产品的价值量取决于消耗于产品中的必要劳动消耗量，定额作为单位产品经济的基础，必须反映价值规律的客观要求。它的水平根据社会必要劳动时间来确定。

所谓社会必要劳动时间是指在现有的社会正常生产条件下，在社会的平均劳动熟练程度和劳动强度下，完成单位产品所需的劳动量。社会正常生产条件是指大多数施工企业所能达到的生产条件。

3. 定额的分类

工程建设定额按其内容、用途、性质及范围等不同，工程建设定额可以作如下分类：

(1)按生产要素分类。

工程建设定额可以划分为劳动定额、材料消耗定额、机械台班使用定额三种。

(2)按定额编制程序和用途分类。

工程建设定额划分为施工定额、预算定额、概算定额、概算指标和投资估算指标五种。

(3)按主编单位和管理权限分类。

工程建设定额可以分为全国统一定额、行业统一定额、地区统一定额、企业定额、补充定额五种。

(4)按应用范围和专业性质分类。

工程建设定额划分全国统一定额、行业通用定额和专业专用三种。全国通用定额是指在部门间和地区间都可以使用的定额；行业通用定额是指具有专业特点在行业部门内可以通用的定额；专业专用定额是特殊专业的定额，只能在制定的范围内使用。

(5)按投资的费用性质分类。

按投资的费用性质分类，可分为工程费用定额、工程建设其他费用定额。

工程费用定额可分为建筑工程定额、安装工程定额、其他工程定额、费用定额和设备购置定额。

工程建设其他费用定额是指从工程筹建起到工程竣工验收及交付使用的整个建设期间，除了建筑安装工程费用和设备、工器具购置费以外的，为保证工程建设顺利完成和交付使用后能够正常发挥效用而发生的各项费用开支际准。工程建设其他费用定额经批准后对建设项目实施全过程费用控制。

定额的形式、内容和种类是根据生产建设的需要而制定的，不同的定额及其在使用中的作用也不完全一样，但它们之间是相互联系的，在实际工作中有时需要相互配合使用。

2.1.2 工程建设定额的特点

1. 科学性

工程建设定额的科学性包括两重含义。一重含义是指工程建设定额和生产力发展水平相适应，反映出工程建设中生产消费的客观规律。另一重含义是指工程建设定额管理在理论、方法和手段上适应现代科学技术和信息社会发展的需要。

工程建设定额的科学性，首先表现在用科学的态度制定定额，尊重客观实际，力求定额水平合理；其次表现在制定定额的技术方法上，利用现代科学管理的成就，形成一套系统的、完整的、在实践中行之有效的方法；第三表现在定额制定和贯彻的一体化。为了提供贯彻的依据，贯彻是为了实现管理的目标，也是对定额的信息反馈。

2. 系统性

建设工程定额是相对独立的系统，是由多种定额结合而成的有机的整体。其结构复杂，有鲜明的层次，明确的目标。

建设工程是一个庞大的实体系统，定额是为这个实体系统服务的。建设工程本身的多种类、多层次就决定了以它为服务对象的定额的多种类、多层次。建设工程都有严格的项目划分，如建设项目、单项工程、单位工程、分部分项工程；在计划和实施过程中有严密的逻辑阶段，如可行性研究、设计、施工、竣工交付使用以及投入使用后的维修。与此相适应必然形成定额的多种类、多层次。

3. 统一性

定额的统一性，主要是由国家对经济发展有计划的宏观调控职能决定的。为了使国民经济按照既定的目标发展，就需要借助于某些标准、定额、规范等，对建设工程进行规划、组织、调节、控制。而这些标难、定额、规范必须在一定范围内是一种统一的尺度，才能实现上述职能，才能利用它对项目的决策、设计方案、投标报价、成本控制进行比选和评价。为了建立全国统一建设市场和规范计价行为，"计价规范"统一了分部分项工程项目名称、统一了计量单位、统一了工程量计算规则、统一了项目编码。

4. 指导性

随着我国建筑市场的不断成熟和规范，工程建设定额尤其是统一定额原有的法令性特点逐渐弱化，转而成为对整个建筑市场和具体建设工程产品交易的指导作用。

工程建设定额指导性的客观基础是定额的科学性。只有科学的定额才能正确的指导客观的交易行为。工程建设定额的指导性体现在两个方面：一方面，工程建设定额作为国家各地区和各行业颁布的指导性依据，可以规范建筑市场的交易行为，在具体的建筑产品定价过程中也可起到相应的参考作用，同时统一定额还可以作为政府投资项目定价以及造价控制的重要依据；另一方面，在现行的工程量清单计价方式下，体现交易双方自主定价的特点，承包商报价的主要依据是企业定额，但企业定额的编制和完善仍然离不开统一定额的指导。

5. 稳定性与时效性

工程建设定额中的任何一种都是一定时期技术发展和管理水平的反映，因而在一段时间内都表现出稳定的状态。稳定的时间有长有短，一般为 5～10 年。保持定额的稳定性是有效贯彻定额所必要的。如果某种定额处于经常修改变动之中，那么必然造成执行中的困难和混乱，使人们感到没有必要去认真对待它。此外，工程建设定额的不稳定也会给定额的编制工作带来极大的困难。

但是工程建设定额的稳定性是相对的。当生产力向前发展了，定额就会与已经发展了的生产力不相适应。这样，它原有的作用就会逐步减弱以至消失，就需要重新编制或修订。

2.2 生产要素定额

2.2.1 劳动定额

劳动定额，也称人工定额，是指在一定的生产技术组织条件下，完成单位合格产品所必需的劳动消耗量标准。这个标准是国家和企业对工人在单位时间内完成产品数量、质量的综合要求。它表示建筑安装工人劳动生产率的一个先进合理的指标，反映的是建筑安装工人劳动生产率的社会平均先进水平。

劳动定额按其表现形式的不同，分为时间定额和产量定额。

1. 时间定额

时间定额，是指某种专业、技术等级的工人班组或个人，在合理的劳动组织、合理的使用材料和施工机械同时配合的条件下，完成单位合格产品所需消耗的工作时间，包括准备与结束时间、基本工作时间、辅助工作时间、不可避免的中断时间以及工人必需的休息时间等。

时间定额的计量单位，一般以完成单位产品所消耗的工日来表示。如工日/立方米（或平方米、米、吨等），每一工日按 8 h 计算。其计算方法如下：

$$个人完成单位产品的时间定额（工日） = \frac{1}{每工日产量} \qquad (2-1)$$

$$小组完成单位产品的时间定额（工日） = \frac{小组成员工日数总和}{小组台班产量} \qquad (2-2)$$

2. 产量定额

产量定额，是指在合理的劳动组织、合理的使用材料以及施工机械同时配合的条件下，某种专业、技术等级的工人班组或个人，在单位时间内所完成的质量合格产品的数量。

产量定额的计量单位，一般以产品的计量单位和工日来表示，如立方米（或平方米、米、吨、根、块等）/工日。其计算方法如下：

$$每工产量 = \frac{1}{个人完成单位产品的时间定额} \qquad (2-3)$$

$$台班产量 = \frac{小组成员工日数总和}{小组完成单位产品的时间定额} \qquad (2-4)$$

从时间定额和产量定额的计算公式可以看出，个人完成的时间定额和产量定额之间互为倒数关系。时间定额降低，则产量定额提高；反之，时间定额提高，则产量定额降低。即：

$$时间定额 \times 产量定额 = 1 \qquad (2-5)$$

但是，对小组完成的时间定额和产量定额，二者就不是通常所说的倒数关系。此时，时间定额与产量定额之积，在数值上恰好等于小组成员数。即：

$$时间定额 \times 产量定额 = 小组成员数 \qquad (2-6)$$

时间定额和产量定额都表示同一劳动定额项目，它们是同一劳动定额项目的两种不同的表现形式。时间定额以工日为单位，综合计算方便，时间概念明确。产量定额则以产品数量为单位表示，它具体、形象，劳动者的奋斗目标可一目了然，便于分配任务。

2.2.2　材料消耗定额

材料消耗定额,是指在合理使用材料和节约材料的条件下,生产单位质量合格的产品所必须消耗一定品种、规格的材料、成品、半成品、构配件、燃料和水、电以及不可避免的损耗量等的数量标准。

1. 主要材料消耗定额

主要材料消耗定额,包括直接使用在工程上的材料净用量和在施工现场内运输及操作过程中的不可避免的废料和损耗。

材料的损耗一般以损耗率表示。材料损耗率可以通过观察法或统计法计算确定。材料损耗率可有两种不同定义,由此,材料消耗量计算有两个不同的公式:

第 1 种:
$$损耗率 = \frac{损耗量}{总消耗量} \times 100\% \tag{2-7}$$

$$总消耗量 = 净用量 + 损耗量 = \frac{净用量}{1 - 损耗率} \tag{2-8}$$

第 2 种:
$$损耗率 = \frac{损耗量}{净用量} \times 100\% \tag{2-9}$$

$$总消耗量 = 净用量 + 损耗量 = 净用量 \times (1 + 损耗率) \tag{2-10}$$

2. 周转材料消耗定额

周转材料是指在施工过程中,能多次使用,反复周转的工具性材料、配件和用具等。如挡土板、模板和脚手架等。这类材料在施工中每次使用都有损耗,不是一次消耗完,而是在多次周转使用中,经过修补逐渐消耗的。

定额中,周转材料消耗量指标的表示,应当用一次使用量和摊销量两个指标表示。一次使用量是指周转材料在不重复使用时的一次使用量,供施工企业组织施工用;摊销量是指周转材料退出使用,应分摊到每一定计量单位的结构构件的周转材料消耗量,供施工企业成本核算或预算用。

周转性材料消耗一般与下列四个因素有关:

(1)第一次制造时的材料消耗(一次使用量)。

一次使用量,是指为完成定额计量单位产品的生产,第一次投入的材料数量。它与各分部分项工程的名称、部位、施工工艺和施工方法有关,可根据施工图纸计算得出。其计算公式为:

$$一次使用量 = 材料净用量 \times (1 + 制作和安装损耗率) \tag{2-11}$$

(2)每周转使用一次材料的损耗量(下次使用时需要补充量)。

损耗量,是指周转性材料从第二次起,每周转一次后必须进行一定的修补加工后才能使用,而每次修补和加工所消耗的材料数量称为损耗量。

$$损耗量 = \frac{一次使用量 \times (周转次数 - 1)}{周转次数} \times 损耗率 \tag{2-12}$$

(3)周转使用次数。

周转次数,是指周转性材料在补损的条件下,可以重复使用的次数。它与周转材料的种类、工程部位、施工方法和施工进度等有关,一般在深入施工现场调查、观测和统计分析的基础上,按平均先进和合理的水平来确定相应材料的周转次数。

周转使用量，是指周转性材料在周转使用和补损的条件下，每周转一次平均所需要的材料数量。

$$周转使用量 = \frac{一次使用量 + 一次使用量 \times (周转次数 - 1) \times 损耗率}{周转次数}$$

$$= 一次使用量 \times \frac{1 + (周转次数 - 1) \times 损耗率}{周转次数}$$

$$= 一次使用量 \times K_1 \qquad (2-13)$$

式中：K_1——周转使用系数。

$$K_1 = \frac{1 + (周转次数 - 1) \times 损耗率}{周转次数} \qquad (2-14)$$

(4)周转材料的最终回收量及其回收折价。

周转材料回收量，是指周转性材料每周转一次以后，可以平均回收的数量。

$$回收量 = 一次使用量 \times \frac{1 - 损耗率}{周转次数} \qquad (2-15)$$

周转材料摊销量，是指材料消耗定额规定的完成一定计量单位的产品，一次所需要的周转材料的数量。

$$摊销量 = 周转使用量 - 回收量$$

$$= 一次使用量 \times K_1 - \left(一次使用量 \times \frac{1 - 损耗率}{周转次数}\right)$$

$$= 一次使用量 \times \left(K_1 - \frac{1 - 损耗率}{周转次数}\right) \qquad (2-16)$$

若上式用于编制预算定额中的周转性材料摊销量时，其回收两部分应乘以回收折价率，以考虑材料使用前后价值的变化。同时，考虑到周转性材料每周转一次，施工单位都要投入一定的人力和物力，势必发生组织和管理修补的施工活动，导致现场管理费额外支付。为了补偿此项费用和简化计算，往往采用减少回收量，增加摊销量的办法解决。即对上式加以修正，使其变为：

$$摊销量 = 一次使用量 \times \left[K_1 - \frac{(1 - 损耗率) \times 回收折价率}{周转次数 \times (1 + 现场管理费率)}\right]$$

$$= 一次使用量 \times K_2 \qquad (2-17)$$

式中：K_2——摊销量系数。

$$K_2 = K_1 - \frac{(1 - 损耗率) \times 回收折价率}{周转次数 \times (1 + 现场管理费率)} \qquad (2-18)$$

2.2.3 机械台班使用定额

机械台班使用定额，也称机械台班定额。它反映了施工机构在正常的施工条件下，合理地、均衡地组织劳动和使用机械时，该机械在单位时间内的生产效率。按其表现形式不同，可分为机械时间定额和机械产量定额。

1. 机械时间定额

机械时间定额，是指在合理劳动组织与合理使用机械的条件下，完成单位合格产品所必需的工作时间。它包括有效工作时间(正常负荷下的工作时间和降低负荷下的工作时间)、不可避免的中断时间、不可避免的无负荷工作时间。

机械时间定额以"台班"表示，即一台机械工作一个作业班的时间。一个作业班时间一般定为 8 h。

$$单位产品机械时间定额（台班） = \frac{1}{台班产量} \qquad (2-19)$$

由于机械必须由工人小组配合，所以，完成单位合格产品的时间定额，应同时列出人工时间定额。即：

$$单位产品人工时间定额（工日） = \frac{小组成员总人数}{台班产量} \qquad (2-20)$$

2. 机械产量定额

机械产量定额，是指在合理劳动组织与合理使用机械条件下，机械在每个台班时间内应完成合格产品的数量。

$$机械台班产量定额 = \frac{1}{机械时间定额（台班）} \qquad (2-21)$$

机械时间定额和机械产量定额互为倒数关系。

2.3　预算定额

2.3.1　预算定额概述

1. 预算定额的概念

预算定额，是指在合理的施工组织设计、正常施工条件下，规定完成一定计量单位的分项工程或结构构件所必需的人工、材料和施工机械台班的社会平均消耗量标准，是计算建筑安装产品价格的基础。

预算定额除了规定完成一定计量单位的分项工程或结构构件所需的人工、材料、机械台班数量外，还必须规定完成的工作内容和相应的质量标准及安全要求等内容。

预算定额是工程建设中一项重要的技术经济文件，它的各项指标，反映了在完成单位分项工程消耗的活劳动和物化劳动的数量标准。这种限度最终决定着单项工程和单位工程成本和造价。

2. 预算定额的用途和作用

（1）预算定额是编制施工图预算、确定建筑安装工程造价的基础。

施工图设计一经确定，工程预算造价就取决于预算定额水平和人工、材料及机械台班的价格。预算定额起着控制劳动消耗、材料消耗和机械台班使用的作用，进而起着控制建筑产品价格的作用。

（2）预算定额是编制施工组织设计的依据。

施工组织设计的重要任务之一，是确定施工中所需人力、物力的供求量，并作出最佳安排。施工单位在缺乏本企业的施工定额的情况下，根据预算定额，亦能够比较精确地计算出施工中各项资源的需要量，为有计划地组织材料采购和预制件加工、劳动力和施工机械的调配，提供了可靠的计算依据。

（3）预算定额是工程结算的依据。

工程结算是建设单位和施工单位按照工程进度对已完成的分部分项工程实现货币支付的行为。按进度支付工程款，需要根据预算定额将已完分项工程的造价算出。单位工程验收后，再按竣工工程量、预算定额和施工合同规定进行结算，以保证建设单位建设资金的合理使用和施工单位的经济收入。

（4）预算定额是施工单位进行经济活动分析的依据。

预算定额规定的物化劳动和劳动消耗指标，是施工单位在生产经营中允许消耗的最高标准。施工单位必须以预算定额作为评价企业工作的重要标准，作为努力实现的目标。施工单位可根据预算定额对施工中的劳动、材料、机械的消耗情况进行具体的分析，以便找出并克服低功效、高消耗的薄弱环节，提高竞争能力。只有在施工中尽量降低劳动消耗，采用新技术，提高劳动者素质，提高劳动生产率，才能取得较好的经济效果。

（5）预算定额是编制概算定额的基础。

概算定额是在预算定额基础上综合扩大编制的。利用预算定额作为编制依据，不但可以节省编制工作的大量人力、物力和时间，收到事半功倍的效果，还可以使概算定额在水平上与预算定额保持一致，以免造成执行中的不一致。

（6）预算定额是合理编制招标控制价和投标报价的基础。

在深化改革中，预算定额的指令性作用日益削弱，而施工企业按照工程个别成本报价的指导性作用仍然存在，因此，预算定额作为编制招标控制价的依据和施工企业报价的基础性作用仍将存在，这也是由于预算定额本身的科学性决定的。

3. 预算定额的种类

（1）按专业性质分，预算定额分为建筑工程预算定额和安装工程预算定额。

建筑工程预算定额按适用对象又分为房屋建筑工程预算定额、市政工程预算定额、铁路工程预算定额、公路工程预算定额、水利水电工程预算定额、房屋修缮工程预算定额、矿山井巷预算定额等。

安装工程预算定额按使用对象又分为电气设备安装工程预算定额、机械设备安装工程预算定额、通信设备安装工程预算定额、化学工业设备安装工程预算定额、工业管道安装工程预算定额、工艺金属结构安装工程预算定额、热力设备安装工程预算定额等。

（2）按管理权限和执行范围分，预算定额可分为全国统一定额、行业统一定额和地区统一定额等。

（3）按物资要素分，预算定额可分为劳动定额、机械定额和材料消耗定额，但它们相互依存形成一个整体，作为编制预算定额的依据，各自不具有独立性。

2.3.2　预算定额的编制原则和依据

1. 预算定额的编制原则

为了保证预算定额的质量，充分发挥预算定额的作用，使之在实际使用中简便、合理、有效，在编制工作中应遵循以下原则：

（1）按社会平均水平确定预算定额水平的原则。

预算定额是确定和控制建筑安装工程造价的主要依据。因此，它必须遵循价值规律的客观要求，即按生产过程中所消耗的社会必要劳动时间确定定额水平。即按照"在现有的社会正常的生产条件下，在社会平均的劳动熟练程度和劳动强度下制造某种使用价值所需要的劳动时间"来确定定额水平。所以预算定额的平均水平，是在正常的施工条件、合理的施工组织和工艺条件、平均劳动熟练程度和劳动强度下，完成单位分项工程基本构造要素所需的劳动时间。

（2）简明适用原则。

编制预算定额贯彻简明适用原则是对执行定额的可操作性，便于掌握而言的。为此，编制预算定额时，对于那些主要的、常用的、价值量大的项目，分项工程划分宜细。次要的、不常用的价值量相对较小的项目，分项工程的划分则可以粗放一些。

定额项目不全，缺漏项多，会使建筑安装工程价格缺少充足的、可靠的依据。因此，要注意补充那些因采用新技术、新结构、新材料和先进经验而出现的新的定额项目。但是，补充的定额一般因受资料所限，且费时费力，可靠性差，容易引起争执。同时要注意合理确定预算定额的计量单位，简化工程量计算，尽可能避免同一种材料用不同的计量单位，以及尽量少留活口或减少换算工作量。

（3）坚持统一性和差别性相结合的原则。

所谓统一性，就是从培育全国统一市场，规范计价行为出发，计价定额的制定规划和组织实施由国务院建设行政主管部门归口，并负责全国统一定额的制定或修改，颁发有关工程造价管理的规章制度、办法等。这样就有利于通过定额和工程造价的管理实现建筑安装工程价格的宏观调控。通过编制全国统一定额，使建筑安装工程具有一个统一的计价依据，也使考核设计和施工的经济效果具有一个统一的尺度。

所谓差别性，就是在统一性的基础上，各部门和省、自治区、直辖市主管部门可以在自己的管辖范围内，根据本部门和本地区的具体情况，制定部门和地区性定额、补充性制度和管理办法，以适应我国幅员辽阔、地区间部门间发展不平衡和差异大的实际情况。

2. 预算定额的编制依据

（1）现行施工定额。

预算定额中的人工、材料和机械的消耗指标，要根据现行的施工定额来取定；预算定额的分项和计量单位的选择，也要以施工定额为参考，从而保证二者的协调性和可比性，减轻预算定额的编制工作量和缩短编制时间。

（2）通用设计标准图集、定型设计图纸和有代表性的设计图纸。

编制预算定额时，要选择通用的、定型的和有代表性的设计图纸（或图集），加以仔细分析研究，并计算出工程数量，作为编制预算定额时选择施工方法和分析人工、材料和机械消耗量的计算依据。

（3）现行的设计规范、施工及验收规范、质量评定标准和安全操作规程。

现行的有关规范、标准或规程等文件，是确定设计标准、施工方法和质量以及保证安全施工的一项重要法规。编制预算定额，确定人工、材料和机械等消耗量时，必须以上述文件为依据。

（4）新技术、新结构、新材料的科学实验、测定、统计以及经济分析资料。

随着建筑工业化的发展和生产力水平的提高，预算定额的水平和项目必然要作相应的调整。上述资料，则是调整定额水平，增加新的定额项目和确定定额数据的依据。

（5）现行的预算定额、各企业定额和补充定额。

现行的预算定额，包括国家和各省、市、自治区过去颁发的预算定额及编制的基础资料，是编制预算定额的依据和参考；有代表性的补充定额，是编制预算定额的补充资料和依据。

（6）现行的人工工资标准、材料预算价格和机械台班单价。

现行的人工工资标准、建筑材料预算价格和机械台班单价，是编制预算定额，确定人工费、材料费和机械使用费及定额基价的依据。

2.3.3 预算定额的编制步骤和方法

1. 预算定额的编制步骤

（1）准备工作阶段。

①调集人员、成立编制小组。

②收集资料。

③拟定编制方案。

④确定定额项目、水平和表现形式。

（2）编制初稿阶段。

①审查、熟悉和修改资料以及进行测算和分析。

②按确定的定额项目和图纸等资料计算工程量。

③确定人工、材料和施工机械台班消耗量。

④计算定额基价，编制定额项目表和拟定文字说明。

（3）审查定稿阶段。

①测算新编定额水平。

②审查、修改所编定额。

③定稿后报送上级主管部门审批、颁发执行。

2. 预算定额的编制方法

（1）根据编制工程预算定额的有关资料，参照施工定额分项项目，综合确定预算定额的分项工程（或结构构件）项目及其所含子项目的名称和工作内容。

（2）根据正常的施工组织设计，正确合理地确定施工方法。

（3）根据分项工程（或结构构件）的形体特征和变化规律确定定额项目计量单位。

一般来说，当物体的长、宽、高都发生变化时，应采用"立方米"为计量单位，如土方、砖石、混凝土等工程；当物体有一定的厚度，而面积不固定时，应当采用"平方米"为计量单位，如地面、墙面、屋面工程等；当物体的截面形状和大小不变，而长度发生变化时，应当采用"延长米"为计量单位，如楼梯扶手、桥梁、隧道等；当物体的体积或面积相同，但重量和价格差异较大时，应采用"吨"或"公斤"为计量单位，如金属构件制作、安装工程等；当物体形状不规则，难以度量时，则采用自然计量单位为计量单位，如根、榀、套等。

建设工程预算定额的计量单位均按公制执行，长度采用毫米、厘米、米和千米，面积采用平方毫米、平方厘米、平方米，体积采用立方米，重量采用千克、吨；定额项目单位及其小数的取定，人工以"工日"为单位取两位小数，主要材料及成品、半成品中的木材以"立方米"为单位取三位小数，钢材和钢筋以"吨"为单位取三位小数，水泥和石灰以"千克"为单位取整数，砂浆和混凝土以"立方米"为单位取两位小数，其余材料一般取两位小数，单价以"元"为单位取两位小数，其他材料费以"元"为单位取两位小数，施工机械以"台班"为单位取两位小数。数字计算过程中取三位小数，计算结果"四舍五入"，保留两位小数；定额单位扩大时，通常采用原单位的倍数，如 10 m³、100 m³、10 m² 等。

（4）计算工程量并确定人工、材料和施工机械台班消耗量指标。

人工、材料和机械台班消耗指标，是预算定额的重要内容。预算定额水平的高低主要取决于这些指标的合理确定。

预算定额是一种综合性定额，是以复合过程为标定对象，在施工定额的基础上综合扩大而成，在确定各项指标前，应根据编制方案所确定的定额项目和已选定的典型图纸，按定额子目和已确定的计算单位，按工程量计算规则分别计算工程量，在此基础上计算人工、材料和施工机械台班的消耗指标。

（5）编制定额表，即确定和填制定额中的各项内容：

①确定人工消耗定额。按工种分别列出各工种工人的合计工日数和他们的平均工资等级，对于用工量很少的各工种可合并为"其他用工"列出。

②确定材料消耗定额。应列出各主要材料名称和消耗量；对于一些用量很少的次要材料，可合并一项按"其他材料费"，以金额"元"表示，但占材料总价值的比重不能超过2%～3%。

③确定机械台班消耗定额。列出各种主要机械名称，消耗定额以"台班"表示；对一些次要机械，可合并一项按"其他机械费"，直接以金额"元"列入定额表。

（6）按预算定额的工程特征，包括工作内容、施工方法、计量单位以及具体要求，编制简要的定额说明。

2.4　人工、材料、机械台班单价的确定

2.4.1　人工工日单价的确定

1. 人工工日单价的概念

人工工日单价是指一个建筑安装生产工人一个工作日中应计入的全部人工费用。它基本上反映了建筑安装生产工人的工资水平和一个工人在一个工作日中可以得到的报酬。合理确定人工工日单价是正确计算人工费的前提和基础。

目前，我国的人工单价均采用综合人工单价的计价方式，即根据综合取定的不同工种、技术等级工资单价及相应的工时比例进行加权平均，得出能够反映工程建设中生产工人一般综合价格水平的人工综合单价。

2. 人工工日单价的组成

人工工日单价由基本工资、工资性补贴、生产工人辅助工资、职工福利费及劳动保护费组成。

（1）基本工资。

基本工资指生产工人将一定时间的劳动消耗在生产上所得到的劳动报酬。一般由岗位工资、技能工资等组成。岗位工资和技能工资可以根据有关部门制定的规定加以确定。

（2）工资性补贴。

工资性补贴指由于市场物价上涨等因素造成工人实际收入下降；按照国家有关规定应当列入工资中的各种补贴，如交通补贴、流动施工津贴、住房补贴、工资附加、地区津贴和物价补贴等。

（3）生产工人辅助工资。

生产工人辅助工资指生产工人年有效施工天数以外的作业天数的工资，包括职工学习，培训期间的工资，调动工作、探亲、休假期间的工资，因气候影响的停工工资，女工哺乳时间的工资，病假在六个月以内的工资及产、婚、丧假期的工资。

（4）职工福利费。

职工福利费是指按规定标准计提的职工福利费。

（5）劳动保护费。

生产工人劳动保护费是指按规定标准发放的劳动保护用品的购置费及修理费，徒工服装补贴，防暑降温费，在有碍身体健康环境中施工的保健费用等。

人工单价在各地区并不完全相同，因此，计入预算定额的人工单价一般是按某一平均技术等级为标准日工资单价。目前，多数地区预算定额的人工单价均采用不分工种、不分技术等级按综合工日给出人工单价。

3. 影响人工工日单价的因素

影响建筑安装工人人工工日单价的因素很多，归纳起来有以下方面：

（1）社会平均工资水平。建筑安装工人人工工日单价必然和社会平均工资水平趋同，社会平均工资水平取决于经济发展水平。由于我国改革开放以来经济迅速增长，社会平均工资也有大幅增长，从而影响人工工日单价的大幅提高。

（2）生活消费指数。生活消费指数的提高会影响人工工日单价的提高，以减少生活水平的下降，或维持原来的生活水平。生活消费指数的变动决定于物价的变动尤其决定于生活消费品物价的变动。

（3）人工工日单价的组成内容。例如，住房消费、养老保险、医疗保险，失业保险等列入人工单价，会使人工工日单价提高。

（4）劳动力市场供需变化。在劳动力市场如果需求大于供给，人工工日单价便会上涨；供给大于需求，市场竞争激烈，人工工日单价就会下降。

（5）政府推行的社会保障和福利政策也会影响人工工日单价的变动。

2.4.2 材料预算单价的确定

1. 材料预算单价的概念

材料的预算单价是指材料（包括构件、成品及半成品等）从其来源地（或交货地点）到达工地仓库或施工现场存放地点后的出库价格。它由材料原价、包装费、运杂费、运输损耗费、采购及保管费、检验试验费组成。

（1）材料原价。

材料原价是指材料的出厂价格或销售部门的批发价格或零售价，进口材料的到岸价格。在确定原价时，凡同一种材料因来源地、交货地、供货单位、生产厂家不同而有几种价格（原价）时，根据不同来源地供货数量比例加权平均计算。

（2）包装费。

包装费是指为了保护材料和便于材料运输进行包装需要的一切费用，将其列入材料的预算价格中。它包括水运、陆运所需的的支撑材料、篷布、包装箱、绑扎材料等的费用。

材料包装费一般有两种情况：一种情况是生产厂负责包装，如袋装水泥、玻璃、铁钉、油漆、卫生瓷器等，这种情况下包装费已计入材料原价中，不得另行计算包装费，但应考虑扣回包装品的回收价值；另一种是购买单位自行包装，回收价值可按当地旧、废包装器材出售价计算或按生产厂主管部门的规定计算，如无规定，可根据实际情况参照下列资料计算：

①用木制品包装的，以70%的回收量，按包装材料原价的20%计算。

②用铁制品包装的，铁桶以95%、铁皮以50%、铁线以20%的回收量按包装材料原价的50%计算。

③用纸皮、纤维制品包装的，以20%的回收量按包装材料原价的20%计算。

④用草绳、草袋制品包装的，不计包装材料的回收价值。

包装材料的回收价值为：

$$包装材料回收价值 = 包装材料原价 \times 回收率 \times 回收价值率 \qquad (2-22)$$

（3）运杂费。

运杂费是指材料由采购地点或发货地点至施工现场的仓库或工地存放地点，含外埠中转运输过程中所发生的一切费用和过境过桥费用，包括调车和驳船费、装卸费、运输费及附加工作费等。材料运杂费的取费标准应根据材料的来源地、运输里程、运输方法，并根据国家有关部门或地方政府交通运输管理部门规定的运价标准分别计算。外埠运输费是指材料由来源地（交货地）运至本市仓库的全部费用，包括调车费、装卸费、车船运费、保险费等，按交通部门规定的费用标准计算。市内运费是由本市仓库至工地仓库的运费。按市有关规定，结合建设任务分布情况加权平均计算。

（4）运输损耗费。

运输损耗费是指材料在运输装卸过程中不可避免的损耗。一般通过损耗率来规定损耗标准，即：

$$材料运输损耗费 = （材料原价 + 运杂费） \times 运输损耗率 \qquad (2-23)$$

（5）采购及保管费。

采购及保管费是指材料供应部门（包括工地仓库及其以上各级材料主管部门）在组织采购、供应和保管材料过程中所需的各项费用，包括工资、职工福利费、办公费、差旅及交通费、固定资产使用费、工具用具使用费、劳动保护费、检验试验费、材料储存损耗费及其他费用。

材料采购及保管费（采保费）的计算公式为：

$$采保费 = （材料原价 + 包装费 + 运杂费 + 运输损耗费） \times 采保费率 \qquad (2-24)$$

（6）检验试验费。

检验试验费是指对建筑材料、构件和建筑安装物进行一般鉴定、检查所发生的费用，包括自设试验室进行试验所耗用的材料和化学药品等的费用；不包括新结构、新材料的试验费和建设单位对具有出厂合格证明的材料进行的检验，对构件做破坏性试验及其他特殊要求检验试验的费用。

$$检验试验费 = \sum （单位材料检验试验费 \times 材料消耗量） \qquad (2-25)$$

当发生检验试验费时，材料费中还应加上此项费用。

将以上几项费用加起来即是材料预算价格，计算公式如下：

$$材料预算价格 = （材料原价 + 包装费 + 运杂费 + 运输损耗费）×$$
$$（1 + 采保费率） - 包装品回收价值 \qquad (2-26)$$

2. 影响材料预算价格的因素

影响材料预算价格的因素很多，主要包括：

（1）市场供需变化。

（2）材料生产成本的变动直接涉及材料预算价格的波动。

（3）流通环节的多少和材料供应体制也会影响材料预算价格。

（4）运输距离和运输方法的改变会影响材料运输费用，从而也会影响材料预算价格。

（5）国际市场行情会对进口材料价格产生影响。

2.4.3　施工机械台班单价的确定

施工机械台班单价是指一台施工机械，在正常运转条件下，工作 8 h（一个工作班）所必须消耗的人工、物料和应分摊的费用，即一台施工机械在正常条件下运转一个工作班所发生的全部费用。根据施工机械的获取方式不同，施工机械可分为自有施工机械和外部租赁施工机械。租赁施工机械单价一般按市场情况确定，但必须在充分考虑机械租赁单价组成因素的基础上，通过计算得到保本的边际单价水平。并以此为基础根据市场策略增加一定的期望利润来确定租赁单价。自有施工机械台班单价由八项费用组成，包括折旧费、大修理费、经常修理费、安拆费及场外运费、机械管理费、其他费用、人工费、燃料动力费。

1. 折旧费

折旧费是指施工机械在规定使用期限内，每一台班所分摊的机械原值及支付贷款利息的费用。即：

$$台班折旧费 = \frac{机械预算价格 × （1 - 残值率） × 贷款利息系数}{耐用总台班} \qquad (2-27)$$

机械预算价格按机械出厂（或到岸完税）价格，及机械以交货地点或口岸运至使用单位机械管理部门的全部运杂费计算。

残值率是指机械报废时回收的残值占机械原值（机械预算价格）的比率，一般按如下比率计算：运输机械 2%，特大型机械 3%，中小型机械 4%，掘进机械 5%。

贷款利息系数是为补偿企业贷款购置机械设备所支付的利息。

耐用总台班是指机械在正常施工作业条件下，从投入使用直到报废，按规定应达到的使用总台班数。《全国统一施工机械台班费用定额》中的耐用总台班是以经济使用寿命为基础，并依据国家有关固定资产折旧年限规定，结合施工机械工作对象和环境以及年能达到的工作台班确定。

2. 大修理费

大修理费是指机械设备按规定的大修间隔台班必须进行大修理，以恢复机械正常功能所需的费用。

台班大修理是对机械进行全面的修理，更换其磨损的主要部件和配件，大修理费包括更新零配件和其他材料费、修理工时费等。即：

$$台班大修理费 = \frac{一次大修理费 × 寿命期内大修理次数}{耐用总台班} \qquad (2-28)$$

一次大修理费是指机械设备规定的大修理范围和工作内容，进行一次全面修理所需消耗的工时、配件、辅助材料、油燃料以及送修运输等全部费用。

寿命期大修理次数是指为恢复原机械功能按规定在寿命期内需要进行的大修理次数。

3. 经常修理费

经常修理费是指机械在寿命期内除大修理以外的各级保养以及临时故障排除和机械停置期间的维护等所需的各项费用，为保障机械正常运转所需的替换设备，随机工具、器具的摊销费用及机械日常保养所需的润滑擦拭材料费之和，是按大修理间隔台班分摊提取的，即：

$$台班经常修理费 = \frac{\sum（各级保养一次费用 \times 寿命期各级保养总次数）+ 临时故障排队费}{经常修理费耐用总台班} +$$

$$替换设备台班摊销费 + 工具器具台班摊销费 + 例保辅助费 \qquad (2-29)$$

各级保养一次费用是指机械在各个使用周期内为保证机械处于完好状况，必须按规定的各级保养间隔周期、保养范围和内容进行的一、二、三级保养或定期保养所消耗的工时、配件、辅料、油燃料等费用。

寿命期各级保养总次数是指一、二、三级保养或定期保养在寿命期内各个使用周期中保养次数之和。

临时故障排除费是指机械除规定的大修理及各级保养以外，临时故障所需的费用以及机械在工作日以外的保养维护所需的润滑擦拭材料费，可按各级保养费用（不包括例保辅料费）之和的 3% 计算，即：

$$临时故障排除费 = \sum（各级保养一次费用 \times 寿命期各级保养总次数）\times 3\%$$

$$(2-30)$$

替换设备台班摊销费是指轮胎、电缆、蓄电池、运输皮带、钢丝绳、胶皮管、履带板等消耗性设备和按规定随机配备的全套工具附具的台班摊销费，即：

替换设备及工具、器具台班摊销费 =

$$\sum\left[\left(各类替换设备数量 \times \frac{单价}{耐用台班}\right)+\left(各类随机工具附具数量 \times \frac{单价}{耐用台班}\right)\right] \quad (2-31)$$

例保辅料费是指机械日常保养所需的润滑擦拭材料费。

4. 安拆费及场外运输费

安拆费是指机械在施工现场进行安装、拆卸所需的人工、材料、机械和试运转费用，包括机械辅助设施（如基础、底座、固定锚桩、行走轨道、枕木等）的折旧、搭设、拆除等费用。

场外运费是指机械整体或分体自施工企业停放地点运至施工现场或某一工地运至另一工地的运输、装卸、辅助材料以及架线等费用。定额台班单价内所列安拆费及场外运费，分别按不同机械型号、重量、外形体积以及不同的安拆和运输方式测算其工、料、机械的耗用量，经过综合计算取定。除了金属切削加工机械、不需要拆除和安装自身能开行的机械（如水平运输机械）、不合适按台班摊销本项费用的机械（如特大型、大型机械）外，均按年平均 4 次运输、运距平均 25 km 以内考虑。

5. 机械管理费

机械管理费是指施工机械规定的年工作台班以外的管理费用。

6. 其他费用

其他费用是指施工机械按国家有关规定应缴纳的车船使用税、车检费、牌照工本费等。

7. 人工费

台班人工费是指机上司机或副司机、司炉的基本工作和其他工资性津贴。

$$台班人工费 = 定额机上人工工日 × 人工工日单价 \qquad (2-32)$$

8. 燃料动力费

燃料动力费是指机械在运转或施工作业中所耗用的固体燃料(煤炭等)、液体燃料(汽油、柴油)、电力、水和风等费用。

$$燃料动力费 = 台班燃料动力消耗量 × 各地规定的相应的预算单价 \qquad (2-33)$$

2.5　概算定额与概算指标

2.5.1　概算定额

1. 概算定额概念

概算定额是在预算定额基础上,确定完成合格的单位扩大分项工程或单位扩大结构构件所需的人工、材料和机械台班消耗的数量标准,亦称扩大结构定额。

概算定额的内容和深度只能是以预算定额为基础的综合与扩大,在合并中不得遗漏或增加细目,以保证定额数据的严密性和正确性。

又因概算定额是在预算定额的基础上适当综合扩大,因而在工程量取值、工程标准和施工方法等进行综合取定时,概算定额与预算定额之间将产生一定的允许幅度差。这种幅度差可控制在 5% 以内,以便根据概算定额编制的概算控制施工图预算。

2. 概算定额的作用

①概算定额是初步设计阶段编制建设项目概算的依据。

②概算定额是设计方案比较的依据。

③概算定额是编制主要材料需要量计划的计算基础。

④概算定额是编制概算指标的依据。

3. 概算定额的编制

(1)编制原则。

编制概算定额应贯彻社会平均水平和简明适用原则。由于概算定额和预算定额都是工程计价的依据,因此,为了符合价值规律的要求,概算定额水平也必须贯彻平均水平的原则。

(2)编制依据。

概算定额的编制依据一般包括:现行的设计规范和预算定额,具有代表性的标准设计图纸和其他设计资料,现行的人工工资标准、材料预算价格和施工机械台班预算价格。

(3)编制步骤。

编制概算定额一般分为四个阶段,即准备工作阶段、编制初稿阶段、测算阶段和定稿审批阶段。

准备工作阶段,主要是建立编制机构,确定人员组成。在此基础上,组织有关人员搜集有关编制依据资料,了解现行概算定额的执行情况和存在的问题,明确编制目的,制订编制计划,确定定额项目。

编制初稿阶段,是根据所订计划和定额项目,深入进行调查研究,对搜集到的图纸、资料进行细致的分析研究,编制出概算定额初稿。

测算阶段,主要是检验和确定所编定额水平。通常从两个方面对其进行测算:一方面是测算新编概算定额和现行预算定额二者在水平上是否一致,幅度差是否超过规定的范围,如超过规定的范围,则应对概算定额水平进行必要的调整;另一方面是测算新编概算定额水平与现行概算定额水平的差值。

定稿审批阶段,主要是将调整后的概算定额初稿、编制说明和送审报告交国家主管部门审批。

(4)编制方法。

编制概算定额时,应在预算定额的基础上,综合其相关的项目,以主体结构分部工程为主进行列项。在此基础上,根据审定的图纸等依据资料计算工程量,并对砂浆、混凝土和钢筋铁件用量等,按工程结构的不同部位,通过测算、统计后,定出合理的值。同时,结合国家的规定,合理地确定出概算定额与预算定额两者之间的幅度差。最后计算出每个定额项目的人工费、材料费、机械使用费、基价以及主要材料消耗量。

2.5.2　概算指标

1.概算指标的概念、作用

概算指标比概算定额综合性更强,它是以整个建筑物或构筑物为对象,以建筑面积、体积或成套设备装置的台或组为计量单位而规定的人工、材料和机械台班的消耗量标准和造价指标。

概算指标和概算定额、预算定额一样,都是与各个设计阶段相适应的多次性计价的产物,主要用于投资估价、初步设计阶段,其主要作用是:

①概算指标可作为编制建设项目投资估算的参考。

②概算指标中的主要材料指标可作为匡算主要材料用量的依据。

③概算指标是设计单位进行设计方案比较,建设单位选址的一种依据。

④概算指标是编制固定资产投资计划,确定投资额的主要依据。

2.概算指标的编制原则

(1)按社会平均水平确定概算指标的原则。

在我国社会主义市场经济条件下,概算指标作为确定工程造价的依据,同样必须遵循价值规律的客观要求,在其编制时必须按照社会必要劳动时间,贯彻平均水平的原则。只有这样才能使概算指标合理确定和控制工程造价的作用得以充分发挥。

(2)概算指标的内容和表现形式,要贯彻简明适用的原则。

为适应市场经济的客观要求,概算指标的项目划分应根据用途的不同,确定其项目的综合范围。遵循粗而不漏、适用面广的原则,体现综合与扩大的性质。概算指标从形式到内容应简明易懂,要便于在采用时根据拟建工程的具体情况进行必要的调整换算,能在较大的范围内满足不同用途的需要。

(3)概算指标的编制依据必须具有代表性。

编制概算指标所依据的工程设计资料,应是有代表性的,技术上应是先进的,经济上应是合理的。

3. 编制步骤和方法

（1）概算指标编制步骤。

编制概算指标，一般分为准备阶段、编制阶段和复核送审阶段。

准备阶段，主要是汇集图纸资料，拟定编制项目，起草编制方案、编制细则和制订计算方法，并对一些技术性、方向性的问题进行学习和讨论。

编制阶段，是优选图纸，根据选出的图纸和现行预算定额，计算工程量，编制预算书，求出单位面积或体积的预算造价，确定人工、主要材料和机械台班的消耗指标，填写概算指标表格。

复核送审阶段，是将人工、主要材料和机械台班消耗指标算出后，进行审核，以防发生错误。并对同类性质和结构的指标水平进行比较，必要时加以调整，然后定稿送主管部门审批后颁发执行。

（2）概算指标编制方法。

概算指标构成的数据，主要来自各种工程预算和决算资料，即用各种有关数据经过整理分析、归纳计算而得。例如每平方米的造价指标，就是根据该项工程的全部预算（决算）价值除以该工程的建筑面积而得的数据。再如每平方米造价所包含的各种材料数量就是该工程预算（决算）中该种材料总的耗用量除以总的建筑面积而得的数据。

总之，概算指标的编制方法与概算定额的编制方法基本类似，只是项目综合性更大，是以整个建筑物或构筑物为单位进行计算而编制确定的。

2.6 投资估算指标

2.6.1 投资估算指标的概念和编制原则

1. 概念

工程建设投资估算指标是编制建设项目建议书、可行性研究报告等前期工作阶段投资估算的依据，也可以作为编制固定资产长远规划投资额的参考。投资估算指标为完成项目建设的投资估算提供依据和手段，它在固定资产的形成过程中起着投资预测、投资控制、投资效益分析的作用，是合理确定项目投资的基础。投资估算指标中的主要材料消耗量也是一种扩大材料消耗量指标，可以作为计算建设项目主要材料消耗量的基础。估算指标的正确制订对于提高投资估算的准确程度、对建设项目的合理评估以及正确决策具有重要意义。

2. 投资估算的编制原则

由于投资估算指标属于项目建设前期进行估算投资的技术经济指标，不但要反映实施阶段的静态投资，还必须反映项目建设前期和交付使用期内发生的动态投资，以投资估算指标为依据编制的投资估算，包括项目建设的全部投资额。这就要求投资估算指标要比其他各种计价定额具有更大的综合性和概括性。因此，投资估算指标的编制工作，除了应遵循一般定额的编制原则外，还必须坚持下述原则：

①投资估算指标项目的确定，应考虑以后几年编制建设金额项目建议书和可行性研究报告投资估算的需要。

②投资估算指标的分类、项目划分、项目内容、表现形式等，要结合各专业的特点，并且

要与项目建议书、可行性研究报告的编制深度相适应。

③投资估算指标的编制内容，典型工程的选择，必须遵循国家的有关建设方针政策，符合国家技术发展方向，贯彻国家高科技政策和发展方向的原则，使指标的编制既能反映现实的高科技成果，反映正常建设条件下的造价水平，也能适应今后若干年的科技发展水平，坚持技术上的先进、可行和经济上的合理，力争以较少的投入取得较大的投资效益。

④投资估算指标的编制要反映不同行业、不同项目和不同工程的特点，要适应项目前期工作深度的需要，而且应具有更大的综合性。投资估算指标的编制必须密切结合行业特点、项目建设的特定条件，在内容上既要贯彻指导性、准确性和可调性的原则，又要具有一定的深度和广度。

⑤投资估算指标的编制要体现国家对固定资产投资实施间接控制作用的特点，要贯彻能分能合、有粗有细、细算粗编的原则，使投资估算指标能满足项目建议书和可行性研究各阶段的要求，既有能反映一个建设项目的全部投资及其构成，又要有组成建设项目投资的各单项工程投资。做到既能综合使用，又能个别分解使用。占投资比重大的建筑工程工艺设备，要做到有量、有价，根据不同结构形式的建筑物列出每百平方米的主要工程量和主要材料数量，主要设备也要列有规格、型号、数量。同时，要以编制年度为基期计价，有必要的调整、换算办法等，便于由于设计方案、选厂条件、建设实施阶段的变化而对投资产生影响作出相应的调整，也便于对现行企业实行技术改造和改、扩建项目投资估算的需要，扩大投资估算指标的覆盖面，使投资估算能够根据建设项目的具体情况合理准确地编制。

⑥投资估算指标的编制要贯彻静态和动态相结合的原则。投资估算指标的编制要充分考虑到市场经济条件下，由于建设条件、实施时间、建设期限等因素的不同，考虑到建设期的动态因素，即价格、建设期贷款利息及涉外工程的汇率等因素的变动，导致指标的量差、价差、利息差、费用差等动态因素对投资估算的影响，对上述动态因素给予必要的调整办法和调整参数，尽可能减少这些动态因素对投资估算准确性的影响，使指标具有较强的实用性和可操作性。

2.6.2　投资估算指标的内容

投资估算指标是确定和控制建设项目全过程各项投资支出的技术经济指标，其范围涉及建设前期、建设实施期和竣工验收交付使用期等各个阶段的费用支出，内容因行业不同各异，一般可分为建设项目综合指标、单项工程指标和单位工程指标三个层次。

1. 建设项目综合指标

建设项目综合指标是指按规定列入建设项目总投资的从立项筹建开始至竣工验收交付使用的全部投资额，包括单项工程投资、工程建设其他费用和预备费等。

建设项目综合指标一般以项目的综合生产能力单位投资表示，如元/t、元/km，或以使用功能表示，如医院床位：元/床。

2. 单项工程指标

单项工程指标是指按规定应列入能独立发挥生产能力或使用效益的单项工程内的全部投资额，包括建筑工程费、安装工程费、设备及生产工器具购置费和其他费用。

单项工程指标一般以单项工程生产能力单位投资，如元/t 或其他单位表示。如：变配电站，元/(kV·A)；供水站，元/m³；办公室、仓库、宿舍、住宅等房屋则区别不同结构形式以元/m^2表示。

3. 单位工程指标

单位工程指标是指按规定应列入能独立设计、施工的工程项目的费用,即建筑安装工程费,包括直接工程费、间接费、计划利润和税金。

2.6.3　投资估算指标的编制方法

投资估算指标的编制工作,涉及建设项目的产品规模、产品方案、工艺流程、设备选型、工程设计和技术经济等方面,既要考虑到现阶段的技术状况,又要展望近期技术的发展趋势和设计动向,以指导以后建设项目的实践。投资估算指标的编制应成立专业齐全的编制小组,编制人员应具备较高的专业素质。此外,投资估算指标的编制还应制订一个从编制原则、编制内容、指标的层次相互衔接、项目划分、表现形式、计量单位、计算、复核、审查程序到相互应有的责任制等内容的编制方案或编制细则,以便编制工作有章可循。

1. 收集资料阶段

收集整理已建成或正在建设的、符合现行技术政策和技术发展方向、有可能重复采用的、有代表性的工程设计施工图、标准设计以及相应的竣工决算或施工图预算资料等,这些资料是编制工作的基础,资料收集得越广泛,反映出的问题越多,编制工作考虑得越全面,就越有利于提高投资估算指标的实用性和覆盖面。同时,对调查收集到的资料要选择占投资比重大、相互关联多的项目进行认真地分析整理,由于已建成或正在建设的工程的设计意图、建设时间和地点、资料的基础等不同,相互之间的差异很大,需要去粗取精、去伪存真地加以整理,才能重复利用。将整理后的数据资料按项目划分栏目加以归类,按照编制年度的现行定额、费用标准和价格,调整成编制年度的造价水平及相互比例。

2. 平衡调整阶段

由于收集的资料来源不同,虽然经过一定的分析整理,但难免会由于设计方案、建设条件和建设时间上的差异带来的某些影响,使数据失准或漏项等。因此,必须对有关资料进行综合平衡调整。

3. 测算审查阶段

测算是将新编的指标和选定工程的概预算,在同一价格条件下进行比较,检验其“量差”的偏离程度是否在允许偏差的范围以内,如偏差过大,则要查找原因,进行修正,以保证指标的确切、实用。测算同时也是对指标编制质量进行的一次系统检查,应由专人进行,以保持测算口径的统一,在此基础上组织有关专业人员予以全面审查定稿。

由于投资估算指标的计算工作量非常大,在现阶段计算机已经普及的条件下,应尽可能应用计算机进行投资估算指标的编制。

2.7　企业定额

企业定额是建筑施工企业项目承包人在正常施工条件下,为完成单位合格产品所需要的劳动、机械、材料消耗量及管理费支出的数量标准。企业定额是由企业自行编制,只限于本企业内部使用的定额,包括企业及附属的加工厂、车间编制的定额,以及具有经营性质的定额标准(出厂价格、机械台班租赁价格)等。企业定额是施工企业根据本企业的施工技术和管理水平，以及有关工程造价资料制订的，并提供本企业使用的人工、材料和机械台班消耗量标准，供企业内部进行经营管理、成本核算和投标报价的企业内部文件。它是施工企业在达到或超过历史最高水平的前提下，以科学的态度和与实际情况相结合的方法，按照正常的施工条件、一定的计量单位和工程质量的要求制订的。企业定额与消耗量定额的关系如表 2 - 1 所示。

表 2 - 1　企业定额与消耗量定额的关系

定额名称 比较内容	企业定额	消耗量定额
编制单位	施工企业	各省、市、自治区主管部门
编制内容	确定分项工程的人工、材料和机械台班的消耗量标准	
定额水平	企业平均先进	社会平均水平
使用范围	企业内部	社会范围
定额作用	施工管理和投标报价	编制招标控制价和投标报价的依据

2.7.1　企业定额的特点及作用

1. 企业定额的特点

①企业定额各项的平均消耗量要比社会平均水平低，体现出其先进性。

②企业定额可以表现本企业在某些方面的技术优势。

③企业定额可以表现本企业局部或全面管理方面的优势。

④企业定额所有对应的单价都是动态的，具有市场性。

⑤企业定额与施工方案能全面接轨。

2. 企业定额在工程建设中的作用

企业定额是企业直接生产工人在合理的施工组织和正常条件下，为完成单位合格产品或完成一定量的工作所耗费的人工、材料和机械台班使用量的标准数量。企业定额不仅能反映企业的劳动生产率和技术装备水平，同时也是衡量企业管理水平的标尺，是企业加强集约经营、精细管理的前提和主要手段。其主要作用有：

①企业定额是编制施工组织设计和施工作业计划的依据。

②企业定额是企业内部编制施工预算的统一标准，也是加强项目成本管理和主要经济指标考核的基础。

③企业定额是施工队和施工班组下达施工任务书和限额领料、计算施工工时和工人劳动报酬的依据。

④企业定额是企业走向市场参与竞争、加强工程成本管理、进行投标报价的主要依据。

⑤企业定额能够满足工程量清单计价的要求。

⑥企业定额的建立和运用可以规范发包、承包行为。

⑦企业定额的建立和运用可以提高企业管理水平。

2.7.2　企业定额的编制依据及原则

1. 企业定额的编制依据

①国家的有关法律、法规、政府的价格政策。

②现行的建筑安装工程设计、施工及验收规范。

③安全技术操作规程和现行劳动保护法律、法规。

④国家设计规范，各种类型具有代表性的标准图集、施工图样。

⑤企业技术与管理水平。

⑥工程施工组织方案，现场实际调查和测定的有关数据。

⑦采用新工艺、新技术、新材料、新方法的情况等。

2. 企业定额的编制原则

编制施工企业定额，应该坚持既要结合历年定额水平，也要考虑本企业实际情况，还要兼顾本企业今后的发展趋势，并依照按市场经济规律办事的原则。就一个施工企业而言，不但要与历史最高水平相比，还要与客观实际相比，要制订出本企业在正常情况下，经过努力可以达到的定额水平。其编制原则有：

①定额水平的平均先进性原则。

②定额划项的适用性原则。

③独立自主编制的原则。

2.7.3　企业定额的编制方法

企业定额的编制方法可以根据子目特性、所占工程造价的比重、技术含量等因素选择不同的方法，以下几种方法可供参照。

1. 现场观察测定法

现场观察测定法是我国多年来专业测定定额的常用方法，它以研究工时消耗为对象，以观察为手段，通过密集抽样和粗放抽样等技术进行直接的时间研究，确定人工消耗和机械台班定额水平。这种方法的特点是能够把现场工时消耗情况和施工组织技术条件联系起来加以观察、测时、计量和分析，以获得该施工过程在此技术组织条件下工时消耗的有技术根据的基础资料。这种方法技术简便、应用面广、资料全面，适用于影响工程造价大的主要项目及新技术、新工艺、新施工方法的劳动力消耗和机械台班水平的测定。

2. 经验统计法(抽样统计法)

经验统计法是运用抽样统计的方法，从以往类似工程施工竣工结算资料和典型设计图纸资料及成本核算资料中抽取若干个项目的资料进行分析、测量及定量的方法。运用这种方法，首先要建立一系列数学模型，对以往不同类型的样本工程项目成本降低情况进行统计、分析，然后得出同类型工程成本的平均值或是平均先进值。由于典型工程的经验数据权重不断增加，使其统计数据资料越来越完善、真实、可靠。这种方法只要正确确定基础类型，然后对号入座就行了；此方法的优点是积累过程长、统计分析细致，使用时简单易行、方便快捷；缺点是模型中考虑的因素有限，而工程实际情况则要复杂得多，对各种变化情况的需要不能一一适应，准确性也不够，因此这种方法对设计方案较规范的一般民用住宅项目的人工、材料、机械消耗及管理费测定较适用。

3. 定额换算法

定额换算法是按照工程计价的计算程序来计算造价，然后根据具体工程项目的施工图纸、现场条件和本企业劳务、设备、材料储备状况结合市场情况对定额水平进行调整，从而确定工程实际成本。在施工企业定额尚未建立完善的今天，该方法已经被经营人员广泛使用，是企业定额建立的雏形；其缺点是不系统化、不利于推广和不利于管理。

4. 运用计算机技术

面对大量的数据、资料，编制施工企业定额必须要利用现代化技术解决。现在，有些软件公司正在对企业定额的定位、编制、维护、应用以及如何实现动态良性循环的整体解决方案进行研发。企业可以与这些软件公司联合利用计算机技术，使定额的编制更加科学化、程序化。

2.8　工期定额

2.8.1　工期定额的概念与作用

1. 工期定额的概念

工期定额是指在一定的经济和社会条件下，在一定时期内建设行政主管部门制定并发布的工程项目建设消耗的时间标准。工程进度的控制必须依据工期定额。

工期定额是为各类工程项目规定的施工期限的定额天数，包括建设工期定额和施工工期定额两个层次。

(1) 建设工期定额。

建设工期定额一般指建设项目中构成固定资产的单项工程、单位工程从正式破土动工至按设计建成，直到施工验收交付使用过程所需要的时间标准。

(2) 施工工期定额。

施工工期定额是指单项工程从基础破土动工(或自然地坪打基础桩)起至完成建筑安装工程施工的全部内容，并达到国家验收标准之日止的全过程所需的日历天数。工期定额以日历天数为计量单位，而不是有效工作天数，也不是法定工作天数。具体开始施工的日期规定如下：

①没有桩基础的工程以正式破土挖槽为准。

②有桩基础的工程，以自然地坪打正式桩为准。

(3) 以下情况不能算正式开工日期：

①在单项工程正式开始施工以前进行的各项准备工作，如平整场地，地上、地下障碍物的处理，定位放线等。

②在自然地坪打试验桩、打护坡桩。

2. 工期定额的作用

①工期定额是编制招标文件的依据。工期在招标文件中是主要内容之一，是业主对拟建工程时间上的期望值。合理的工期是根据工期定额来确定的。

②工期定额是签订建筑安装工程施工合同、确定合理工期的基础。建设单位与施工安装单位双方在签订合同时可以是定额工期，也可以与定额工期不一致，因为确定工期的条件、

施工方案不同都会影响工期。工期定额是按社会平均建设管理水平、施工装备水平和正常建设条件来制定的，它是确定合理工期的基础，合同工期一般围绕定额工期上下波动来确定。

③工期定额是施工企业编制施工组织设计，确定投标工期，安排施工进度的参考依据。

④工期定额是施工企业进行施工索赔的基础。

⑤工期定额是工程工期提前时，计算赶工措施费的基础。

2.8.2　工期定额编制的原则、依据和步骤

1. 工期定额编制的原则

（1）合理性与差异性原则。

工期定额从有利于国家宏观调控，有利于市场竞争以及当前工程设计、施工和管理的实际出发，既要坚持定额水平的合理性，又要考虑各地区的自然条件等差异对工期的影响。

（2）地区类别划分的原则。

由于我国幅员辽阔，各地自然条件差别较大，同类工程在不同地区的实物工程量和所采用的建筑机械设备等存在差异，所需的施工工期也就不同。为此新定额按各省省会所在地近十年的平均气温和最低气温，将全国划分为Ⅰ、Ⅱ、Ⅲ类地区。

Ⅰ类地区：省会所在地近十年平均气温在15℃以上，最冷月份平均气温在0℃以上，全年日平均气温小于或等于5℃的天数在90 d以内的地区。Ⅰ类地区主要包括上海、江苏、浙江、安徽、福建、江西、湖北、湖南、广东、四川、云南、重庆、海南、广西、贵州。

Ⅱ类地区：省会所在地近十年平均气温为8～15℃，最冷月份平均气温为－10～0℃，全年日平均气温小于或等于5℃的天数为90～150 d的地区。Ⅱ类地区主要包括北京、天津、河北、山西、山东、河南、陕西、甘肃、宁夏。

Ⅲ类地区：省会所在地近十年平均气温在8℃以下，最冷月份平均气温在－11℃以下，全年日平均气温小于或等于5℃的天数在150 d以上的地区。Ⅲ类地区主要包括内蒙古、辽宁、吉林、黑龙江、西藏、青海、新疆。

（3）定额水平应遵循平均、先进、合理的原则。

确定工期定额水平，应从正常的施工条件、多数施工企业装备程度、合理的施工组织、劳动组织和社会平均时间消耗水平的实际出发，又要考虑近年来设计、施工技术的进步情况，确定合理工期。

（4）定额结构要做到简明适用。

定额的编制要遵循社会主义市场经济原则，从有利于建立全国统一市场，有利于市场竞争出发，简明适用，规范建筑安装工程工期的计算。

2. 工期定额编制依据和步骤

（1）编制依据。

①国家的有关法律、法规及工时制实施办法。

②原城乡建设环境保护部2000年发布的《建筑安装工程工期定额》。

③现行建筑安装工程劳动定额基础定额。

④现行建筑安装工程设计标准、施工验收规范、安装操作规程、质量评定标准。

⑤已完工程合同工期、实际工期等调研资料。

⑥部分省、自治区、直辖市修订工期定额的调研、测算资料。

⑦其他有关资料。

（2）编制步骤。

工期定额的编制步骤大致分为三个阶段，即确定编制原则和项目划分，确定定额水平和送审，如图 2-1 所示。

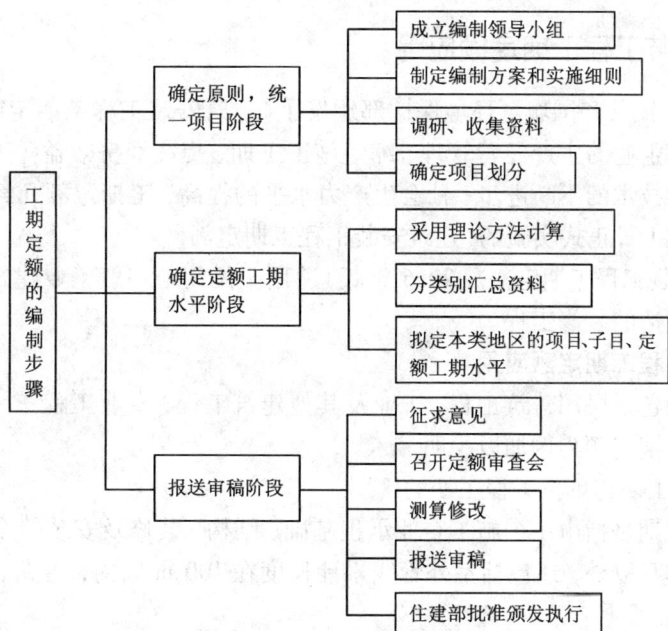

```
┌─────────┐                    ┌──────────────┐
│         │   ┌────────────┐   │ 成立编制领导小组 │
│         │   │            │   ├──────────────┤
│ 工     │   │ 确定原则，统 │───│制定编制方案和实施细则│
│ 期     │───│ 一项目阶段   │   ├──────────────┤
│ 定     │   │            │   │ 调研、收集资料  │
│ 额     │   └────────────┘   ├──────────────┤
│ 的     │                    │ 确定项目划分   │
│ 编     │   ┌────────────┐   ├──────────────┐
│ 制     │   │            │   │ 采用理论方法计算 │
│ 步     │───│ 确定定额工期 │───├──────────────┤
│ 骤     │   │ 水平阶段     │   │ 分类别汇总资料  │
│         │   └────────────┘   ├──────────────┤
│         │                    │拟定本类地区的项目、子目、定│
│         │                    │额工期水平     │
│         │   ┌────────────┐   ├──────────────┐
│         │   │            │   │ 征求意见     │
│         │   │            │   ├──────────────┤
│         │───│ 报送审稿阶段 │───│ 召开定额审查会  │
│         │   │            │   ├──────────────┤
│         │   └────────────┘   │ 测算修改     │
│         │                    ├──────────────┤
│         │                    │ 报送审稿     │
└─────────┘                    ├──────────────┤
                               │ 住建部批准颁发执行 │
                               └──────────────┘
```

图 2-1 工期定额的编制步骤

3. 影响工期定额确定的主要因素

（1）时间因素。

春、夏、秋、冬开工时间不同对施工工期有一定的影响，冬季开始施工的工程，有效工作天数相对较少，施工费用较高，工期也较长。春、夏季开工的项目可赶在冬季到来之前完成主体，冬季则进行辅助工程和室内工程施工，可以缩短建设工期。

（2）空间因素。

空间因素也就是地区不同的因素。如北方地区冬季较长，南方则较短些，南方雨量较多，而北方则较少。一般将全国划分为Ⅰ、Ⅱ、Ⅲ类地区。

（3）施工对象因素。

施工对象因素是指结构、层数、面积不同对工期的影响。在工程项目建设中，同一规模的建筑由于其结构形式不同，如采用钢结构、预制结构、现浇结构或砖混结构，其工期不同。同一结构的建筑，由于其层数、面积的不同，其工期也不相同。

（4）施工方法因素。

机械化、工厂化施工程度不同，也影响着工期的长短。机械化水平较高时，相应的工期会缩短。

（5）资金使用和物资供应方式因素。

一个建设项目批准后，其资金使用方式和物资供应方式是不同的，因而对工期也将产生不同的影响。政府投资建设的工程，由于资金提供的时间和数量的不同，而对建设工程带来不同的影响。资金提供及时，项目能顺利进行，否则就会拖延工期。自筹资金项目在发生资金筹措困难时，或在资金提供拖延时，将直接延缓建设工期。

2.8.3　建筑安装工程工期定额应用

1985 年中华人民共和国城乡环境保护部颁发了《建筑安装工程工期定额》。该定额执行以来，对加强建筑企业的生产经营管理、缩短施工工期、提高经济效益等方面，起到了积极的作用。随着科学技术的不断进步、社会生产力水平的提高，工期定额几经修编。现在使用的是 2016 年 10 月 1 日正式实施的《建筑安装工程工期定额》。

现行《建筑安装工程工期定额》（2016 年版）适用于民用与一般工业建筑的新建、扩建工程以及整体更新改造的装修工程。

1. 民用建筑工程工期定额应用

施工工期定额包括民用建筑工程、工业及其他建筑工程、专业工程三大部分，下文以民用建筑工程施工工期定额为例加以说明。

（1）单项工程工期与单位工程工期的区别。

①单项工程工期是指由一个施工企业承担基础、结构、装修及安装等全部工程所需的工期。除单项工程本身以外，还包括室外管线累计长度在 100 m 以内，道路、停车场的面积在 500 m² 以内的工期。

②单位工程工期是指一个施工企业单独承包 ±0.000 m 以下工程、结构工程或装修工程所需的工期。

（2）工期定额表现形式。

单项工程工期定额表现形式主要与下列因素有关：

①工程使用功能，主要指本工程属于住宅、饭店、综合楼等。

②结构类型，主要指砖混、全现浇、框架等。

③层数。

④建筑面积，根据计算建筑面积分为 500 m² 以内、1000 m² 以内、1000 m² 以外等。

⑤地区类别，分Ⅰ、Ⅱ、Ⅲ类。

单位工程结构工程工期定额表现形式主要与下列因素有关：

①结构类型。

②层数。

③建筑高度。

④地区类别。

2. 民用建筑工程工期计算的一般方法

（1）±0.000 m 以下工程（分三种情况）。

①无地下室工程：按首层建筑面积计算。

②有地下室工程：按地下室建筑面积总和计算。

③半地下室工程：以半地下室顶板上表面积为界。半地下室工程按 ±0.000 m 以下工程

的规定计算工期。

(2) ±0.000 m 以上工程。按 ±0.000 m 以上部分建筑面积总和计算。

(3) 工程总工期。按 ±0.000 m 以下与 ±0.000 m 以上工期之和计算。

(4) 影剧院、体育馆工程。不分 ±0.000 m 以下与 ±0.000 m 以上,按整体建筑面积之和计算。

(5) 装修工程工期。不分 ±0.000 m 以下与 ±0.000 m 以上,按整体建筑面积之和计算。

(6) 单项工程 ±0.000 m 以下由两种或两种以上类型组成按不同类型部分的面积查出相应工期,相加计算。

(7) 单项工程 ±0.000 m 以上结构相同,使用功能不同无变形缝时,按使用功能占建筑面积比重大的计算工期;有变形缝时,先按不同使用功能的面积查出工期,再以其中一个最大工期为基数,另加其他部分工期的 25% 计算。

(8) 单项工程 ±0.000 m 以上由两种或两种以上结构组成无变形缝时,先按全部面积查出不同结构的相应工期,再按不同结构各自的建筑面积加权平均计算;有变形缝时,先按不同结构各自的面积查出相应工期,再以其中一个最大的工期为基数,另加其他部分工期的 25% 计算。

(9) 单项工程 ±0.000 m 以上层数不同,有变形缝工程。先按不同层数各自的面积查出相应工期,再以其中一个最大工期为基数,另加其他部分工期的 25% 计算。

(10) 单项工程 ±0.000 m 以上部分分成若干个独立部分工程。先按各自的面积和层数查出工期,再以其中一个最大工期为基数,另加其他部分工期的 25% 计算,4 个以上独立部分不再另增加工期。如果 ±0.000 m 以上有整体部分,将并入到最大部分工期中计算。

3. 工期计算中应注意的问题

(1) 单项(位)工程中层高在 2.2 m 以内的技术层不计算建筑面积,但计算层数。

(2) 出屋面的楼(电)梯间、水箱间不计算层数。

(3) 单项(位)工程层数超出本定额时,工期可按定额中最高相邻层数的工期差值增加。

(4) 一个承包方同时承包两个以上(含两含)单项(位)工程时,工期的计算以一个单项(位)工程的最大工期为基数,另加其他单项(位)工程工期总和乘以相应系数:加 1 个乘 0.35 的系数;加 2 个乘 0.2 的系数;加 3 个乘 0.15 的系数;4 个以上的单项(位)工程不另增加工期。

(5) 坑底打基础桩,另增加工期。

(6) 开挖一层土方后,再打护坡桩的工程,护坡桩施工的工期承发包双方可按施工方案确定增加天数,但最多不超过 50 d。

(7) 基础施工遇到障碍物或古墓、文物、流沙、溶洞、暗流、淤泥、石方、地下水等需要进行基础处理时,由承发包双方确定增加工期。

(8) 单项工程的室外管线(不包括直埋管道)累计长度在 100 m 以上者,增加工期 10 d;道路及修车场的面积在 500 m² 以上,在 1000 m² 以下者增加工期 10 d;在 500 m² 以内者增加工期 20 d;围墙工程不另增加工期。

思考与练习

问答题：

1. 什么是定额？什么是定额水平？

2. 工程建设定额有哪些特点？

3. 什么是概算定额？其编制依据有哪些？

4. 什么是预算定额？有何作用？

5. 什么是劳动定额？有哪两种表现形式？

6. 什么是企业定额？有什么作用和特点？

7. 什么是材料消耗定额？什么是机械台班消耗定额？

8. 企业定额的编制原则有哪些？

9. 企业定额的编制依据有哪些？

10. 试述企业定额的编制步骤。

11. 什么是投资估算指标？

12. 投资估算指标的作用和编制原则是什么？

13. 投资估算指标的内容一般可分几个层次？

14. 对施工定额、预算定额、概算定额、概算指标、投资估算指标进行比较，说明这几种定额各自的研究对象和主要作用。

15. 工程建设定额如何分类？

16. 人工工日消耗量、材料消耗量、机械台班消耗量是如何确定的？

17. 人工单价、材料单价、机械台班单价是如何确定的？

18. 什么是概算指标？如何编制？

19. 施工工期从什么时间开始计算起始日？

20. 工期定额的作用有哪些？

21. 工期定额的编制原则有哪些？

22. 工期定额的编制依据是什么？

23. 工期定额的编制步骤包括哪几个阶段，具体内容包括哪些？

24. 影响工期定额的主要因素有哪些？

25. 现行《建筑安装工程工期定额》(2016 年版)适用范围是什么？

26. 工期定额计算中应注意哪些问题？

27. 单项工程、单位工程结构工程、单位工程装修工程工期定额的表现形式是什么？

28. 试述民用建筑工程工期计算的一般方法。

29. 定额中最基础性的定额是什么？哪些定额属于计价性定额？计价性定额中最基础性的定额是什么？

30. 工人工作时间如何分类？它们的大小各与哪些因素相关？

31. 确定人工定额消耗量有哪几种方法？试述它们各自的特点。

32. 在确定人工定额消耗量时，影响工时消耗的因素有哪些？

33. 机械工作时间如何分类？

34. 什么是机械台班消耗定额？它有几种表现形式？

35. 试述机械台班定额消耗量的确定方法。

36. 什么是材料的定额损耗量？它主要包括哪些损耗？如何计算？

37. 某工程采用现浇 M7.5 水泥砂浆砌筑圆弧砖基础 15.23 m^3，试计算完成该分项工程的主要材料消耗量。

38. 某工程钢筋混凝土单梁设计用现浇 C25 混凝土，试确定此单梁基价。

39. 用标准砖(240 mm×115 mm×53 mm)砌一砖墙，求 1 m^3 的一砖墙中标准砖、砂浆的净用量。

40. 钢筋混凝土圈梁按选定的模板设计图纸，每 10 m^3 混凝土模板接触面积 98 m^2，每 10 m^2 接触面积需木方板材 0.75 m^3，损耗率为 5%，周转次数为 8，每次周转补损率为 10%。试计算模板摊销量。

41. 某工程现场采用 500 L 的混凝土搅拌机，每一次循环中需要的时间分别为装料 1 min、搅拌 4 min、卸料 1.5 min、中断 1 min，机械正常利用系数为 0.85。试计算该搅拌机的台班产量。

42. 已知完成某项任务的先进工时消耗为 10 h，保守的工时消耗为 16 h，一般的工时消耗为 12 h。试问：①如果要求在 13 h 内完成，其完成任务的可能性有多少？②要使完成任务的可能性为 90%，可下达的工时定额应是多少？

43. 某工程现捣钢筋混凝土矩形柱，设计断面为 400 mm×500 mm，已计算得模板工程量为 55 m^2，每天由 30 名专业工人投入施工。试计算完成柱模板安装需要的施工天数。

44. 墙面砖规格为 240 mm×60 mm×6 mm，灰缝为 5 mm，其损耗率为 1.5%，试计算 100 m^2 墙面的墙面砖消耗量。

45. 试计算每 1 m^3 的混合砂浆 1∶1∶4 水泥、石灰、砂的材料消耗量。已知砂密度 2650 kg/m^3，砂表密度 1600 kg/m^3，水泥密度 1200 kg/m^3，砂损耗率为 2%，水泥、石灰膏损耗率均为 1%。

46. 某建筑公司同时承包 4 幢住宅工程和 1 幢商店，其中住宅为：两幢现框架结构，±0.000 m 以上 18 层，每幢建筑面积 10000 m^2 ±0.000 以下 1 层，建筑面积 800 m^2；另两幢为砖混结构 6 层，无地下室，带形基础，每幢建筑面积均为 4200 m^2；商店为框架结构：±0.000 m 以下 1 层，建筑面积 1500 m^2，±0.000 m 以上 6 层，建筑面积 8000 m^2，该工程地处 Ⅱ 类地区，土壤类别为 Ⅲ 类土。试计算施工总工期。

47. 某住宅工程为全现浇结构，±0.000 m 以上 22 层，建筑面积 25000 m^2，±0.000 m 以下两层，建筑面积为 2600 m^2，打桩工程采用 φ600 预应力管桩，桩长 24 m，桩数为 300 根。试计算该住宅工程总工期。

48. 某单位工程 ±0.000 m 以上：1 至 2 层为现混凝土框架结构商场工程，建筑面积 3000 m^2；3 至 8 层砖混结构住宅，建筑面积为 6000 m^2。该工程地处 Ⅰ 类地区。试计算该工程 ±0.000 m 以上工期。

49. 某砖混结构的建筑物体积是 1000 m^3，毛石带形基础的工程量为 85 m^3，若每 10 m^3 毛石基础需用砌石工 7.15 工日，又假定在该项单位工程中其他分部工程不需要砌石工。试求完成该建筑物需用砌石工数量。

50. 某人工挖土方测时资料表明，挖 1 m^3 土需消耗基本工作时间 65 min，辅助工作时间占工作延续时间的4%，准备与结束时间、不可避免中断时间、休息时间分别占工作延续时间的比例为1%、1%、20%。试计算挖土项目的时间定额和产量定额。

51. 某工程有150 m³的标准基础，每天有25名专业工人投入施工，时间定额为0.937工日/m³。试计算完成该项工程的施工天数。

52. 根据表2−2中所给数据计算某地区某种规格地砖的材料预算单价。

表2−2　普通黏土砖的基础数据表

供应厂家	供应量/块	出厂价/（元·块⁻¹）	运距/km	运价（元/t⁻¹·km⁻¹）	容重（kg/块）	装卸费（元/t）	采保费率/%	运输损耗费率/%
甲	1800	110	15	0.75				
乙	2000	112	10	0.80	2.2	2.5	2.5	1
丙	1600	115	8	1.00				

判断题：

1. 预算定额具有法令性。　　　　　　　　　　　　　　　　　　　　（　　）

2. 群众性体现了定额通俗易懂性。　　　　　　　　　　　　　　　　（　　）

3. 平均先进水平是预算定额的编制原则。　　　　　　　　　　　　　（　　）

4. 简明适用就是指简单适用。　　　　　　　　　　　　　　　　　　（　　）

5. 时间定额与产量定额互为倒数。　　　　　　　　　　　　　　　　（　　）

6. 产量定额的特点是数量直观、具体，容易为工人所理解和接受。　（　　）

7. 不可避免的施工废料称为材料损耗量定额。　　　　　　　　　　　（　　）

8. 总消耗量＝净用量×（1＋损耗率）。　　　　　　　　　　　　　　（　　）

9. 模板摊销量＝一次使用量÷（1＋周转次数）。　　　　　　　　　（　　）

10. 机械纯工作时间是指机械必须消耗的净工作时间。　　　　　　　（　　）

11. 辅助用工是指普工的用工。　　　　　　　　　　　　　　　　　　（　　）

第3章
工程建设投资费用构成

3.1　我国现行工程建设投资费用构成

建设项目投资包括固定资产投资和流动资产投资两部分，建设工程总投资中的固定资产投资与建设工程的工程造价在量上是相等的。

工程造价的构成是按工程项目建设过程中各类费用支出(或花费)的性质、途径等来确定的，是通过费用划分和汇集所形成的工程造价的费用分解结构。工程造价基本构成中，包括用于建筑施工和安装施工所需支出的费用、用于购买工程项目所需各种设备的费用、用于委托工程勘察设计应支付的费用、用于购置土地所需的费用，同时也包括用于建设单位自身进行项目筹建和项目管理所花费的费用等。总之，工程造价是工程项目按照确定的建设内容、建设规模、建设标准、功能要求和使用要求等全部建成并验收合格交付使用所需的全部费用。

我国现行工程造价的构成主要划分为建筑安装工程费用、设备及工器具购置费用、工程建设其他费用、预备费、建设期贷款利息等几项，具体构成内容如图 3-1 所示。

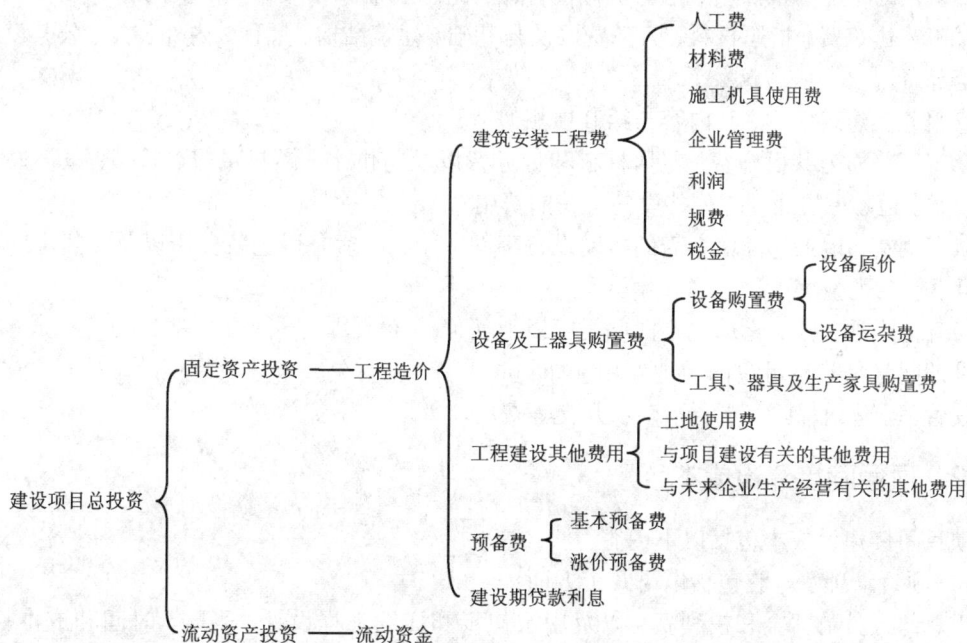

图 3-1　我国现行工程造价的构成

3.2 世界银行工程建设投资费用构成

世界银行、国际咨询工程师联合会对项目的总建设成本(相当于我国的工程造价)进行了统一规定,其详细内容如下所述。

3.2.1 项目直接建设成本

项目直接建设成本包括以下内容:

①土地征购费。

②场外设施费用,如道路、码头、桥梁、机场、输电线路等设施费用。

③场地费用,指用于场地准备、厂区道路、铁路、围栏、场内设施等的建设费用。

④工艺设备费,指主要设备、辅助设备及零配件的购置费用,包括海运包装费用交货港离岸价,但不包括税金。

⑤设备安装费,指设备供应商的监理费用,本国劳务及工资费用,辅助材料、施工设备,消耗品和工具等费用,以及安装承包商的管理费和利润等。

⑥管道系统费用,指与系统的材料及劳务相关的全部费用。

⑦电气设备费,其内容与第④项相似。

⑧电气安装费,指设备供应商的监理费用,本国劳务与工资费用,辅助材料、电缆、管道和工具费用,以及营造承包商的管理费和利润。

⑨仪器仪表费,指所有自动仪表、控制板、配线和辅助材料的费用以及供应商的监理费用,外国或本国劳务及工资费用,承包商的管理费和利润。

⑩机械的绝缘和油漆费,指与机械及管道的绝缘和油漆相关的全部费用。

⑪工艺建筑费,指原材料、劳务费以及与基础、建筑结构、屋顶、内外装修、公共设施有关的全部费用。

⑫服务性建筑费用,其内容与第⑪项相似。

⑬工厂普通公共设施费,包括材料和劳务费以及与供水、燃料供应、通风、蒸汽发生及分配、下水道、污物处理等公共设施有关的费用。

⑭车辆费,指工艺操作必需的机动设备零件费用,包括海运包装费用以及交货港的离岸价,但不包括税金。

⑮其他当地费用,指那些不能归类于以上任何一个项目,不能计入项目的直接成本,但在建设期间又是必不可少的当地费用。如临时设备、临时公共设施及场地的维持费,营地设施及其管理、建筑保险和债券、杂项开支等费用。

3.2.2 项目间接建设成本

项目间接建设成本包括以下内容:

(1)项目管理费。它包括以下几个方面:

①总部人员的薪金和福利费,以及用于初步和详细工程设计、采购、时间和成本控制、行政和其他一般管理的费用。

②施工管理现场人员的薪金、福利费和用于施工现场监督、质量保证、现场采购、时间及成本控制、行政及其他施工管理机构的费用。

③零星杂项费用。如返工、旅行、生活津贴、业务支出等。

④各种酬金。

(2)开工试车费。它指工厂投料试车必需的劳务和材料费用(项目直接成本包括项目完工后的试车和空转费用)。

(3)业主的行政费用。它指业主的管理人员费用及支出(其中某些费用必须排除在外,并在"详细估算"中详细说明)。

(4)生产前费用。它指前期研究、勘测、建矿、采矿等费用(其中一些费用必须排除在外,并在"估算基础"中详细说明)。

(5)运费和保险费。它指海运、国内运输、许可证及佣金、海洋保险、综合保险等费用。

(6)地方税。它指地方关税、地方税及对特殊项目征收的税金。

3.2.3　应急费

应急费包括以下内容:

(1)未明确项目的准备金。此项准备金用于在估算时不可能明确的潜在项目,包括那些在做成本估算时因为缺乏完整、准确和详细的资料而不能完全预见和不能注明的项目,并且这些项目是必须完成的,或它们的费用是必定要发生的。在每一个组成部分中均单独以一定的百分比确定,并作为估算的一个项目单独列出。此项准备金不是为了支付工作范围以外可能增加的项目,不是用以应付天灾、非止常经济情况及罢工等情况,也不是用来补偿估算的任何误差,而是用来支付那些必定要发生的费用。因此,它是估算不可缺少的一个组成部分。

(2)不可预见准备金。此项准备金(在未明确项目准备金之外)用于在估算达到了一定的完整性并符合技术标准的基础上,由于物质、社会和经济的变化,导致估算增加的情况。此种情况可能发生,也可能不发生。因此,不可预见准备金只是一种储备,可能不动用。

3.2.4　建设成本上升费

通常,估算中使用的构成工资、材料和设备价格基础的截止日期就是"估算日期"。必须对该日期或已知成本基础进行调整,以补偿直至工程结束时的未知价格增长。

工程的各个主要组成部分(国内劳务和相关成本、本国材料、外国材料、本国设备、外国设备、项目管理机构)的细目划分决定以后,便可确定每一个主要组成部分的增长率。这个增长率是一项判断因素,它以已发表的国内和国际成本指数、公司记录等为依据,并与实际供应商进行核对,然后根据确定的增长率和从工程进度表中获得的每项活动的中点值,计算出每项主要组成部分的成本上升值。

3.3 建筑安装工程费

3.3.1 按费用构成要素划分建筑安装工程费用项目组成

建筑安装工程费按照费用构成要素划分，由人工费、材料（包含工程设备）费、施工机具使用费、企业管理费、利润、规费和税金组成。其中人工费、材料费、施工机具使用费、企业管理费和利润包含在分部分项工程费、措施项目费和其他项目费中（图3-2）。

1. 人工费

人工费是指按工资总额构成规定，支付给从事建筑安装工程施工的生产工人和附属生产单位工人的各项费用，内容包括：

①计时工资或计件工资。按计时工资标准和工作时间或对已做工作按计件单价支付给个人的劳动报酬。

②奖金。它指对超额劳动和增收节支支付给个人的劳动报酬。如节约奖、劳动竞赛奖等。

③津贴补贴。为了补偿职工特殊或额外的劳动消耗和因其他特殊原因支付给个人的津贴，以及为了保证职工工资水平不受物价影响支付给个人的物价补贴。如流动施工补贴、特殊地区施工补贴、高温（寒）作业临时补贴、高空作业补贴等。

④加班加点工资。按规定支付的在法定节假日工作的加班工资和在法定日工作时间外延时工作的加点工资。

⑤特殊情况下支付的工资。根据国家法律、法规和政策规定，因病、工伤、产假、计划生育假、婚丧假、事假、探亲假、定期休假、停工学习、执行国家或社会义务等原因按计时工资标准或计时工资标准的一定比例支付的工资。

2. 材料费

材料费是指施工过程中耗费的原材料、辅助材料、构配件、零件、半成品或成品、工程设备的费用。材料费的内容包括：

①材料原价。材料、工程设备的出厂价格或商家供应价格。

②运杂费。材料、工程设备自来源地运至工地仓库或指定堆放地点所发生的全部费用。

③运输损耗费。材料在运输装卸过程中不可避免的损耗。

④采购及保管费。为组织采购、供应和保管材料、工程设备的过程中所需要的各项费用，包括采购费、仓储费、工地保管费、仓储损耗费。

工程设备是指构成或计划构成永久工程一部分的机电设备、金属结构设备、仪器装置及其他类似的设备和装置。

3. 施工机具使用费

施工机具使用费是指施工作业所发生的施工机械、仪器仪表使用费或其租赁费。

（1）施工机械使用费，以施工机械台班耗用量乘以施工机械台班单价表示，施工机械台班单价应由下列八项费用组成：

①折旧费。施工机械在规定的使用年限内，陆续收回其原值的费用。

②大修理费。施工机械按规定的大修理间隔台班进行必要的大修理，以恢复其正常功能

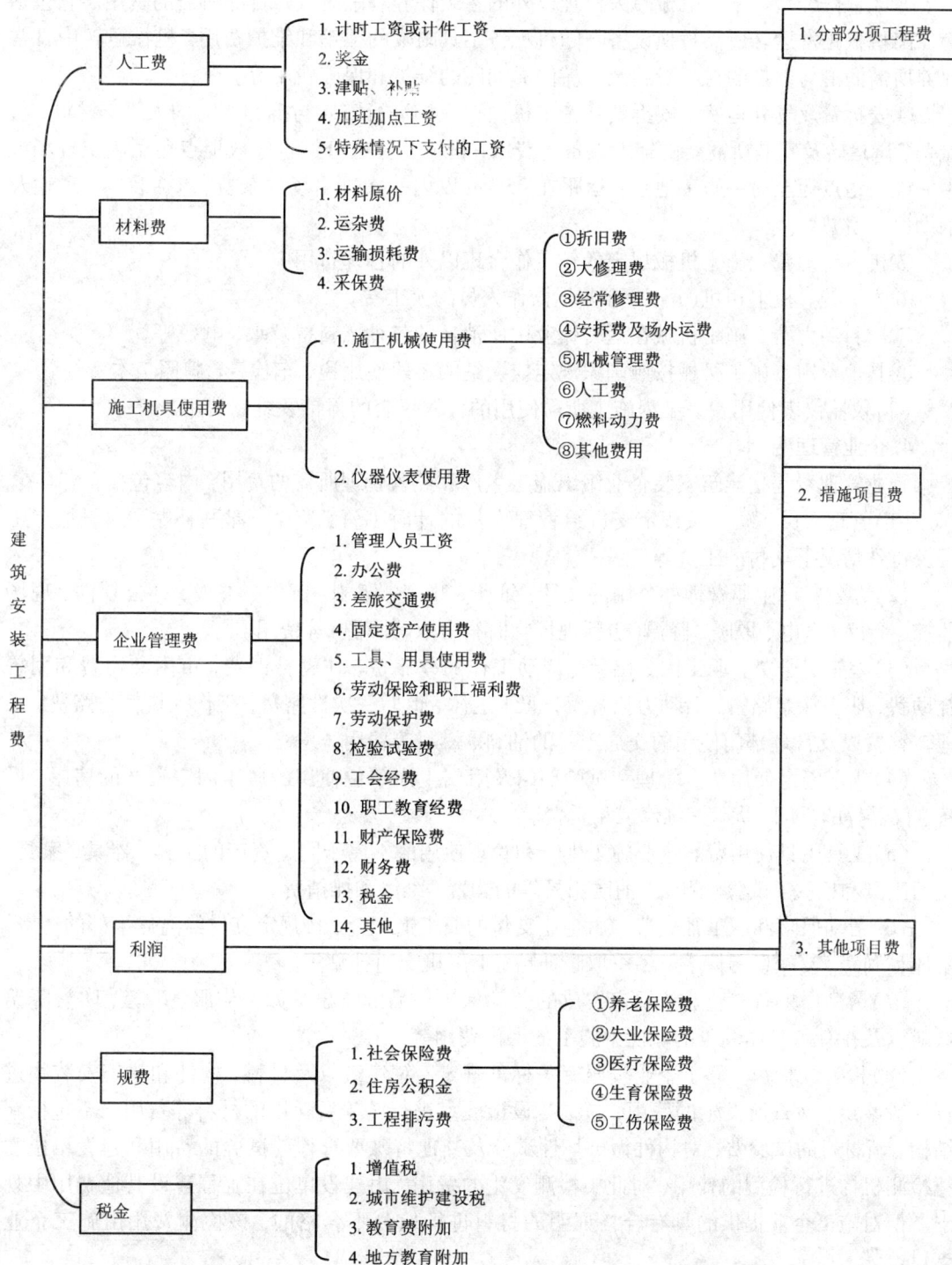

图 3-2　按费用构成要素划分建筑安装工程费用项目组成

所需的费用。

③经常修理费。施工机械除大修理以外的各级保养和临时故障排除所需的费用。它包括为保障机械正常运转所需替换设备与随机配备工具附具的摊销和维护费用,机械运转中日常保养所需润滑与擦拭的材料费用及机械停滞期间的维护和保养费用等。

④安拆费及场外运费。安拆费指施工机械在现场进行安装与拆卸所需的人工、材料、机械费、试运转及安装所需要的辅助设备的费用;机械整体或分体自停放地点运至施工现场或由一施工地点运至另一施工地点,运距在 25 km 以内一次进出场运杂费(包括装卸、运输及辅助材料费)。

⑤机械管理费。施工机械规定的年工作台班以外的管理费用。

⑥人工费。机上司机(司炉)和其他操作人员的人工费。

⑦燃料动力费。施工机械在运转作业中所消耗的各种燃料费及水、电费等。

⑧其他费用。施工机械按照国家规定应缴纳的车船使用税、车检费、牌照工本费等。

(2)仪器仪表使用费。工程施工所需使用的仪器仪表的摊销及维修费用。

4. 企业管理费

企业管理费是指建筑安装企业组织施工生产和经营管理所需的费用,内容包括:

(1)管理人员工资。按规定支付给管理人员的计时工资、奖金、津贴补贴、加班加点工资及特殊情况下支付的工资等。

(2)办公费。企业管理办公用的文具、纸张、账表、印刷、邮电、书报、办公软件、现场监控、会议、水电、取暖、降温(包括现场临时宿舍取暖降温)等费用。

(3)差旅交通费。职工因公出差、调动工作的差旅费、住勤补助费,市内交通费和用餐补助费,职工探亲路费,劳动力招募费,职工退休、退职一次性路费,工伤人员就医路费,工地转移费以及管理部门使用的交通工具的油料、燃料等费用。

(4)固定资产使用费。管理和试验部门及附属生产单位使用的属于固定资产的房屋、设备、仪器等的折旧、大修、维修或租赁费。

(5)工具用具使用费。企业施工生产和管理使用的不属于固定资产的工具、器具、家具、交通工具和检验、试验、测绘、消防用具等的购置、维修和摊销费。

(6)劳动保险和职工福利费。由企业支付的职工退职金、按规定支付给离休干部的经费,集体福利费、夏季防暑降温、冬季取暖补贴、上下班交通补贴等。

(7)劳动保护费。企业按规定发放的劳动保护用品的支出。如工作服、手套、防暑降温饮料以及在有碍身体健康的环境中施工的保健费用等。

(8)检验试验费。施工企业按照有关标准规定,对建筑以及材料、构件和建筑安装物进行一般鉴定、检查所发生的费用,包括自设试验室进行试验所耗用的材料等费用。不包括新结构、新材料的试验费,对构件做破坏性试验及其他特殊要求检验试验的费用和建设单位委托检测机构进行检测的费用,对此类检测发生的费用,由建设单位在工程建设其他费用中列支。但对施工企业提供的具有合格证明的材料进行检测不合格的,该检测费用由施工企业支付。

(9)工会经费。企业按《工会法》规定的全部职工工资总额比例计提的工会经费。

(10)职工教育经费。按职工工资总额的规定比例计提,企业为职工进行专业技术和职业技能培训,专业技术人员继续教育、职工职业技能鉴定、职业资格认定以及根据需要对职工进行各类文化教育所发生的费用。

（11）财产保险费。施工管理用财产、车辆等的保险费用。

（12）财务费。企业为施工生产筹集资金或提供预付款担保、履约担保、职工工资支付担保等所发生的各种费用。

（13）税金。企业按规定缴纳的房产税、车船使用税、土地使用税、印花税等。

（14）其他费用。它包括技术转让费、技术开发费、投标费、业务招待费、绿化费、广告费、公证费、法律顾问费、审计费、咨询费、保险费等。

5. 利润

利润是指施工企业完成所承包工程获得的盈利。

6. 规费

规费是指按国家法律、法规规定，由省级政府和省级有关权力部门规定必须缴纳或计取的费用，包括社会保险费。

①养老保险费是指企业按照规定标准为职工缴纳的基本养老保险费。

②失业保险费是指企业按照规定标准为职工缴纳的失业保险费。

③医疗保险费是指企业按照规定标准为职工缴纳的基本医疗保险费。

④生育保险费是指企业按照规定标准为职工缴纳的生育保险费。

⑤工伤保险费是指企业按照规定标准为职工缴纳的工伤保险费。

住房公积金是指企业按规定标准为职工缴纳的住房公积金。

工程排污费是指按规定缴纳的施工现场工程排污费。

其他应列而未列入的规费，按实际发生计取。

7. 税金

税金是指国家税法规定的应计入建筑安装工程造价内的增值税、城市维护建设税、教育费附加以及地方教育费附加。

3.3.2　按造价形成划分的建筑安装工程费用项目组成

建筑安装工程费按照工程造价形成由分部分项工程费、措施项目费、其他项目费、规费、税金组成，分部分项工程费、措施项目费、其他项目费包含人工费、材料费、施工机具使用费、企业管理费和利润（图 3 - 3）。

1. 分部分项工程费

分部分项工程费是指各专业工程的分部分项工程应予列支的各项费用。

（1）专业工程。

专业工程是指按现行国家计量规范划分的房屋建筑与装饰工程、仿古建筑工程、通用安装工程、市政工程、园林绿化工程、矿山工程、构筑物工程、城市轨道交通工程、爆破工程等各类工程。

（2）分部分项工程。

分部分项工程指按现行国家计量规范对各专业工程划分的项目。如房屋建筑与装饰工程划分的土石方工程、地基处理与桩基工程、砌筑工程、钢筋及钢筋混凝土工程等。

各类专业工程的分部分项工程划分见现行国家或行业计量规范。

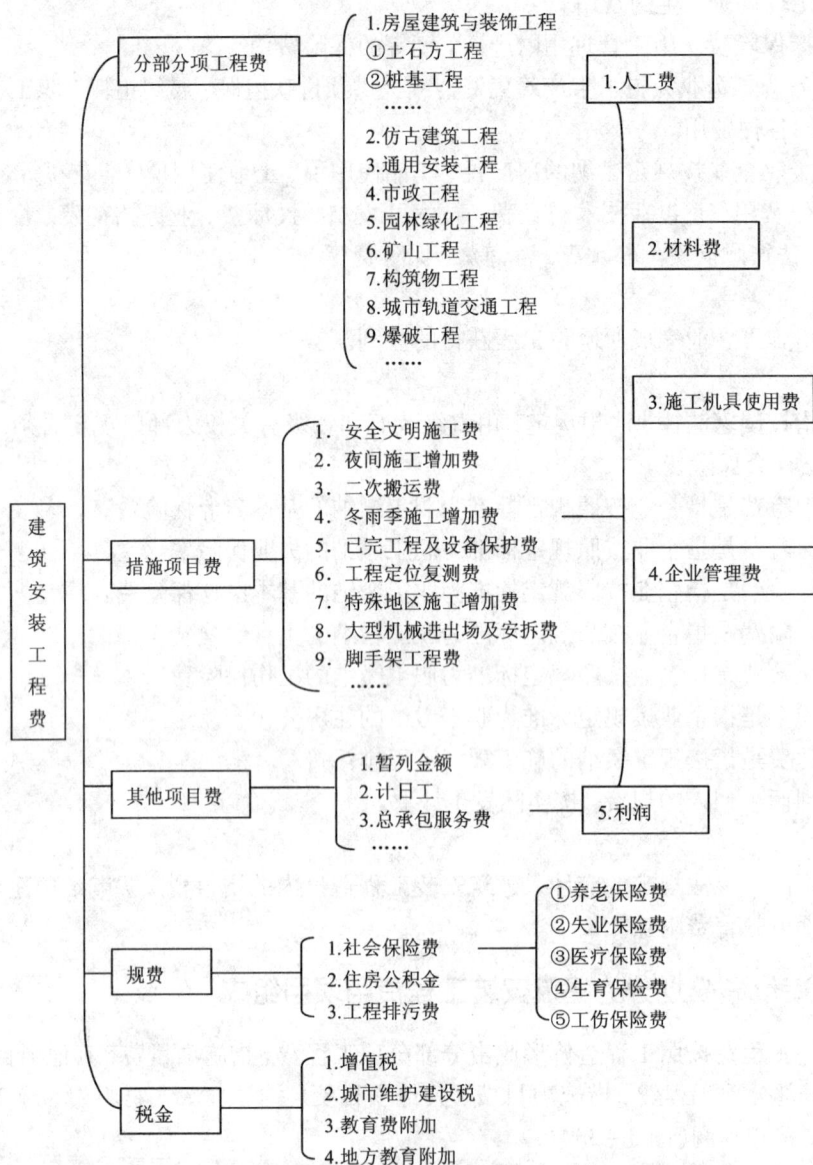

图 3 - 3　按造价形成划分的建筑安装工程费用项目组成

2. 措施项目费

措施项目费是指为完成建设工程施工，发生于该工程施工前和施工过程中的技术、生活、安全、环境保护等方面的费用，内容包括：

（1）安全文明施工费。

①环境保护费。施工现场为达到环保部门要求所需要的各项费用。

②文明施工费。施工现场文明施工所需要的各项费用。

③安全施工费。施工现场安全施工所需要的各项费用。

④临时设施费。施工企业为进行建设工程施工所必须搭设的生活和生产用的临时建筑

物、构筑物和其他临时设施费用。包括临时设施的搭设、维修、拆除、清理费或摊销费等。

（2）夜间施工增加费。

夜间施工增加费是指因夜间施工所发生的夜班补助费、夜间施工降效、夜间施工照明设备摊销及照明用电等费用。

（3）二次搬运费。

二次搬运费是指因施工场地条件限制而发生的材料、构配件、半成品等一次运输不能到达堆放地点，必须进行二次或多次搬运所发生的费用。

（4）冬雨季施工增加费。

冬雨季施工增加费是指在冬季或雨季施工需增加的临时设施、防滑、排除雨雪，人工及施工机械效率降低等费用。

（5）已完工程及设备保护费。

已完工程及设备保护费是指竣工验收前，对已完工程及设备采取的必要保护措施所发生的费用。

（6）工程定位复测费。

工程定位复测费是指工程施工过程中进行全部施工测量放线和复测工作的费用。

（7）特殊地区施工增加费。

特殊地区施工增加费是指工程在沙漠或其边缘地区、高海拔、高寒、原始森林等特殊地区施工增加的费用。

（8）大型机械设备进出场及安拆费。

大型机械设备进出场及安拆费是指机械整体或分体自停放场地运至施工现场或由一个施工地点运至另一个施工地点，所发生的机械进出场运输及转移费用，机械在施工现场进行安装、拆卸所需的人工费、材料费、机械费、试运转费和安装所需的辅助设施的费用。

（9）脚手架工程费。

脚手架工程费是指施工需要的各种脚手架搭、拆、运输费用以及脚手架购置费的摊销（或租赁）费用。

措施项目及其包含的内容各类专业工程不尽相同，计价时须依据现行国家或行业计量规范执行。

3. 其他项目费

（1）暂列金额。

暂列金额是指建设单位在工程量清单中暂定并包括在工程合同价款中的一笔款项。用于施工合同签订时尚未确定或者不可预见的所需材料、工程设备、服务的采购，施工中可能发生的工程变更、合同约定调整因素出现时的工程价款调整以及发生的索赔、现场签证确认等的费用。

（2）计日工。

计日工是指在施工过程中，施工企业完成建设单位提出的施工图纸以外的零星项目或工作所需的费用。

（3）总承包服务费。

总承包服务费是指总承包人为配合、协调建设单位进行的专业工程发包，对建设单位自行采购的材料、工程设备等进行保管以及施工现场管理、竣工资料汇总整理等服务所需的费用。

4. 规费（定义同前文所述）

5. 税金（定义同前文所述）

3.3.3　建筑安装工程费用计算

1. 人工费

$$人工费 = \sum（工日消耗量 \times 日工资单价）\tag{3-1}$$

日工资单价 =

$$\frac{生产工人平均月工资（计时计件）+ 平均月（奖金 + 津贴补贴 + 特殊情况下支付的工资）}{年平均每月法定工作日}$$

$$\tag{3-2}$$

公式（3-1）主要适用于施工企业投标报价时自主确定人工费，也是工程造价管理机构编制计价定额，确定定额人工单价或发布人工成本信息的参考依据。

$$人工费 = \sum（工程工日消耗量 \times 日工资单价）\tag{3-3}$$

公式（3-3）适用于工程造价管理机构编制计价定额时确定定额人工费，是施工企业投标报价的参考依据。

日工资单价是指施工企业平均技术熟练程度的生产工人在每工作日（国家法定工作时间内）按规定从事施工作业应得的日工资总额。

工程造价管理机构确定日工资单价应通过市场调查、根据工程项目的技术要求，参考实物工程量人工单价综合分析确定，最低日工资单价不得低于工程所在地人力资源和社会保障部门所发布的最低工资标准（普工 1.3 倍、一般技工 2 倍、高级技工 3 倍）。

工程计价定额不可只列一个综合工日单价，应根据工程项目技术要求和工种差别适当划分多种日人工单价，确保各分部工程人工费的合理构成。

2. 材料费

（1）材料费。

$$材料费 = \sum（材料消耗量 \times 材料单价）\tag{3-4}$$

$$材料单价 = [（材料原价 + 运杂费）\times（1 + 运输损耗率 / \%）] \times [1 + 采保费率 / \%]$$

$$\tag{3-5}$$

（2）工程设备费。

$$工程设备费 = \sum（工程设备量 \times 工程设备单价）\tag{3-6}$$

$$工程设备单价 = （设备原价 + 运杂费）\times（1 + 采保费率 / \%）\tag{3-7}$$

3. 施工机具使用费

（1）施工机械使用费。

$$施工机械使用费 = \sum（施工机械台班消耗量 \times 机械台班单价）\tag{3-8}$$

$$机械台班单价 = 台班折旧费 + 台班大修费 + 台班经常修理费 +$$
$$台班安拆费及场外运费 + 机械管理费 + 台班人工费 +$$
$$台班燃料动力费 + 台班其他费用\tag{3-9}$$

工程造价管理机构在确定计价定额中的施工机械使用费时，是依据《建筑施工机械台班费用计算规则》结合市场调查编制施工机械台班单价。施工企业可以参考工程造价管理机构发布的台班单价，自主确定施工机械使用费的报价，如租赁施工机械，计算公式为：

$$施工机械使用费 = \sum（施工机械台班消耗量 \times 机械台班租赁单价） \quad （3-10）$$

（2）仪器仪表使用费。

$$仪器仪表使用费 = 工程使用的仪器仪表摊销费 + 维修费 \quad （3-11）$$

4. 企业管理费费率

（1）以分部分项工程费为计算基础。

$$企业管理费费率/\% = \frac{生产工人年平均管理费}{年有效施工天数 \times 人工单价} \times 人工费占分部分项工程费比例/\%$$

$$（3-12）$$

（2）以人工费和机械费合计为计算基础。

$$企业管理费费率/\% = \frac{生产工人年平均管理费}{年有效施工天数 \times（人工单价 + 每一工日机械使用费）} \times 100\%$$

$$（3-13）$$

（3）以人工费为计算基础。

$$企业管理费费率/\% = \frac{生产工人年平均管理费}{年有效施工天数 \times 人工单价} \times 100\% \quad （3-14）$$

上述公式适用于施工企业投标报价时自主确定管理费，也是工程造价管理机构编制计价定额确定企业管理费时的参考依据。

工程造价管理机构在确定计价定额中企业管理费时，应以定额人工费或（定额人工费 + 定额机械费）作为计算基数，其费率根据历年工程造价积累的资料，辅以调查数据确定，列入分部分项工程和措施项目中。

5. 利润

（1）施工企业根据其自身需求并结合建筑市场实际自主确定，列入报价中。

（2）工程造价管理机构在确定计价定额中利润时，应以定额人工费或"定额人工费 + 定额机械费"作为计算基数，其费率根据历年工程造价积累的资料，并结合建筑市场实际确定，以单位（单项）工程测算，利润在税前建筑安装工程费的比重可按不低于5%且不高于7%的费率计算。利润应列入分部分项工程和措施项目中。

（3）管理费费率及利润率。

目前，管理费费率及利润率可参照表3-1计算。表中的计费基础中的人工费和机械费中的人工费均按60元/工日计算。

6. 规费

（1）社会保险费和住房公积金。

社会保险费和住房公积金应以定额人工费为计算基础，根据工程所在地省、自治区、直辖市或行业建设主管部门规定费率计算。

$$社会保险费和住房公积金 = \sum（工程定额人工费 \times 社会保险费和住房公积金费率）$$

$$（3-15）$$

式中：社会保险费和住房公积金费率可以每万元发承包价的生产工人人工费和管理人员工资含量与工程所在地规定的缴纳标准综合分析取定。

表3-1　施工企业管理费及利润表

序号	项目名称		计费基础	一般计税法费率标准/%		简易计税法费率标准/%	
				企业管理费	利润	企业管理费	利润
1	建筑工程		人工费+机械费	23.33	25.42	23.34	25.12
2	装饰装修工程		人工费	26.48	28.88	26.81	28.88
3	安装工程		人工费	28.98	31.59	29.34	31.59
4	园林景观绿化		人工费	19.90	21.70	20.15	21.70
5	仿古建筑		人工费+机械费	24.36	26.54	24.51	26.39
6	市政	给排水、燃气工程	人工费	27.82	30.33	25.81	27.80
7		道路、桥涵、隧道工程	人工费+机械费	21.59	23.54	21.82	23.50
8	机械土石方		人工费+机械费	7.31	7.97	6.83	7.35
9	机械打桩、地基处理（不包括强夯地基）、基坑支护		人工费+机械费	13.43	14.64	12.67	13.64
10	装配式混凝土—现浇剪力墙		人工费+机械费	28.12	30.64	28.13	30.28
11	劳务分包企业		人工费	—	—	7	7.36

（2）工程排污费。

工程排污费等其他应列而未列入的规费应按工程所在地环境保护等部门规定的标准缴纳，按实计取列入。

（3）规费费率。

规费费率见表3-2。

表3-2　规费费率

序号	项目名称	一般计税法		简易计税法	
		计费基础	费率/%	计费基础	费率/%
1	工程排污费	直接费用+管理费+利润+总价措施项目费	0.4	直接费用+管理费+利润+总价措施项目费	0.4
2	职工教育经费	人工费	1.5	人工费	1.5
3	工会经费		2		2
4	住房公积金		6		6
5	社会保险费	直接费用+管理费+利润+总价措施项目费	3.18	直接费用+管理费+利润+总价措施项目费	3.18
6	安全生产责任险		0.2		0.2

7. 税金

(1)增值税。

增值税是对商品生产、流通、劳务服务中多个环节的新增价值或商品的附加值征收的一种流转税。

$$增值税应纳税额 = 销项税额 - 进项税额 \tag{3-16}$$

$$应缴税额 = 不含税销售额 \times 税率 \tag{3-17}$$

$$不含税销售额 = \frac{含税销售额}{1+税率} \tag{3-18}$$

在工程建设领域增值税分为一般计税法和简易计税法两种,其税率如表3-3所示。增值税一般纳税人适用一般计税方法,即销项税额扣减进项税额的计税方法,应纳税额为当期销项税额抵扣当期进项税额后的余额。简易计税方法适用于小规模纳税人,可按照销售额和征收率计算应纳税额,同时不得抵扣进项税额。

表3-3 纳税标准表

项目名称	计费基础	费率/%
销项税额(一般计税法)	建安费用	11
应纳税额(简易计税法)	税前造价	3

$$简易计税法应纳税额 = 销售额 \times 税率 \tag{3-19}$$

(2)城市建设维护税。

城市建设维护税是国家对缴纳增值税、消费税、营业税的单位和个人就其缴纳的"三税"税额为计税依据而征收的一种税。税率分三种情况:①纳税人所在地为城市市区的,税率为7%。②纳税人所在地为县城、建制镇的,税率为5%。③纳税人所在地不在城市市区、县城或者建制镇的,税率为1%。

$$城市建设维护税应纳税额 = 实际缴纳的"三税"税额之和 \times 适用税率 \tag{3-20}$$

(3)教育费附加。

教育费附加是对缴纳增值税、消费税、营业税的单位和个人征收的一种附加费。其作用是发展地方性教育事业,扩大地方教育经费的资金来源。教育费附加是国家为扶持教育事业发展,计征用于教育的政府性基金。征费范围同增值税、消费税、营业税的征收范围相同。分别与增值税、营业税、消费税同时缴纳。教育附加费作为专项收入,由教育部门统筹安排使用。

$$应纳教育费附加 = (实际缴纳的增值税、消费税、营业税"三税"税额) \times 税率 \tag{3-21}$$

(4)附加税费综合税率。

附加征收税费按表3-4给定的税率计算,其综合税率包括了城市建设维护税、教育费附加和地方教育费附加。

表 3 - 4　附加税费综合税率表

项目名称	一般计税法		简易计税法	
	计费基础	税率/%	计费基础	税率/%
纳税地点在市区的企业	建安费用 + 销项税额	0.36	应纳税额	12
纳税地点在县城镇的企业		0.30		10
纳税地点不在市区县城镇的企业		0.18		6

8. 各项费用的计算

（1）分部分项工程费。

$$分部分项工程费 = \sum (分部分项工程量 \times 综合单价) \qquad (3-22)$$

综合单价包括人工费、材料费、施工机具使用费、企业管理费和利润以及一定范围的风险费用。

（2）措施项目费。

国家计量规范规定应予计量的措施项目，其计算公式为：

$$措施项目费 = \sum (措施项目工程量 \times 综合单价) \qquad (3-23)$$

国家计量规范规定不宜计量的措施项目计算方法如下：

①安全文明施工费。

$$安全文明施工费 = 计算基数 \times 安全文明施工费费率/\% \qquad (3-24)$$

计算基数应为定额基价（定额分部分项工程费 + 定额中可以计量的措施项目费）、定额人工费或（定额人工费 + 定额机械费），其费率由工程造价管理机构根据各专业工程的特点综合确定。目前，安全文明施工费费率标准按表 3 - 5 确定。

表 3 - 5　安全文明施工费表

序号	项目名称		计费基础	费率标准/%	
				一般计税法	简易计税法
1	建筑工程		人工费 + 机械费	13.18	12.99
2	装饰装修工程		人工费	14.27	14.27
3	安装工程		人工费	13.76	13.76
4	园林景观绿化		人工费	10.63	10.63
5	仿古建筑		人工费 + 机械费	12.67	12.67
6	市政	给排水、燃气工程	人工费	10.63	10.63
7		道路、桥涵、隧道工程	人工费 + 机械费	10.83	10.81
8	机械土石方		人工费 + 机械费	5.92	5.46
9	机械打桩、地基处理（不包括强夯地基）、基坑支护		人工费 + 机械费	7.02	6.54
10	装配式混凝土—现浇剪力墙		人工费 + 机械费	15.89	15.66

②夜间施工增加费。

$$夜间施工增加费 = 计算基数 × 夜间施工增加费费率/\% \qquad (3-25)$$

③二次搬运费。

$$二次搬运费 = 计算基数 × 二次搬运费费率/\% \qquad (3-26)$$

④冬雨季施工增加费。

$$冬雨季施工增加费 = 计算基数 × 冬雨季施工增加费费率/\% \qquad (3-27)$$

⑤已完工程及设备保护费。

$$已完工程及设备保护费 = 计算基数 × 已完工程及设备保护费费率/\% \qquad (3-28)$$

上述②~⑤项措施项目的计费基数应为定额人工费或(定额人工费 + 定额机械费),其费率由工程造价管理机构根据各专业工程特点和调查资料综合分析后确定。

(3)其他项目费。

①暂列金额由建设单位根据工程特点,按有关计价规定估算,施工过程中由建设单位掌握使用、扣除合同价款调整后如有余额,归建设单位所有。

②计日工由建设单位和施工企业按施工过程中的签证计价。

③总承包服务费由建设单位在招标控制价中根据总包服务范围和有关计价规定编制,施工企业投标时自主报价,施工过程中按签约合同价执行。

(4)规费和税金。

建设单位和施工企业均应按照省、自治区、直辖市或行业建设主管部门发布标准计算规费和税金,不得作为竞争性费用。

3.4　设备及工具、器具购置费

设备及工具、器具购置费由设备购置费和工具、器具及生产家具购置费组成,它是固定资产投资中的积极部分。在生产性工程建设中,设备及工、器具购置费用占工程造价比重的增大,意味着生产技术的进步和资本有机构成的提高。

3.4.1　设备购置费的构成及计算

设备购置费是指为建设项目购置或自制的达到固定资产标准的各种国产或进口设备、工具、器具的购置费用。它由设备原价和设备运杂费构成。

$$设备购置费 = 设备原价 + 设备运杂费 \qquad (3-29)$$

式中:设备原价指国产设备或进口设备的原价;设备运杂费指除设备原价之外的关于设备采购、运输、途中包装及仓库保管等方面支出费用的总和。

1. 国产设备原价的构成及计算

国产设备原价一般指的是设备制造厂的交货价,或订货合同价。它一般根据生产厂或供应商的询价、报价、合同价确定,或采用一定的方法计算确定。国产设备原价分为国产标准设备原价和国产非标准设备原价。

(1)国产标准设备原价。

国产标准设备是指按照主管部门颁布的标准图纸和技术要求,由我国设备生产厂批量生产的,符合国家质量检测标准的设备。国产标准设备原价有两种,即带有备件的原价和不带有备件的原价。在计算时，一般采用带有备件的原价。

（2）国产非标准设备原价。

国产非标准设备是指国家尚无定型标准，各设备生产厂不可能在工艺过程中采用批量生产，只能按一次订货，并根据具体的设计图纸制造的设备。非标准设备原价有多种不同的计算方法，如成本计算估价法、系列设备插入估价法、分部组合估价法、定额估价法等。但无论采用哪种方法都应该使非标准设备计价接近实际出厂价，并且计算方法要简便。按成本计算估价法，非标准设备的原价由以下各项组成：

①材料费。其计算公式如下：

$$材料费 = 材料净重 \times (1 + 加工损耗系数) \times 每吨材料综合价 \qquad (3-30)$$

②加工费。加工费包括生产工人工资和工资附加费、燃料动力费、设备折旧费、车间经费等。其计算公式如下：

$$加工费 = 设备总重量(吨) \times 设备每吨加工费 \qquad (3-31)$$

③辅助材料费（简称辅材费）。辅助材料费包括焊条、焊丝、氧气、氩气、氮气、油漆、电石等费用。其计算公式如下：

$$辅助材料费 = 设备总重量 \times 辅助材料费指标 \qquad (3-32)$$

④专用工具费。按①～③项之和乘以一定百分比计算。

⑤废品损失费。按①～④项之和乘以一定百分比计算。

⑥外购配套件费。按设备设计图纸所列的外购配套件的名称、型号、规格、数量、重量，根据相应的价格加运杂费计算。

⑦包装费。按①～⑥项之和乘以一定百分比计算。

⑧利润。按①～⑤项加第⑦项之和乘以一定利润率计算。

⑨税金。国产非标准设备原价中的税金，是指增值税。

$$增值税 = 当期销项税额 - 进项税额 \qquad (3-33)$$

$$当期销项税额 = 销售额 \times 适用增值税率 \qquad (3-34)$$

⑩非标准设备设计费。按国家规定的设计费收费标准计算。

综上所述，单台非标准设备原价可用下面的公式表达：

$$单台非标准设备原价 = \{[(材料费 + 加工费 + 辅材费) \times (1 + 专用工具费率) \times$$
$$(1 + 废品损失费率) + 外购配套件费] \times$$
$$(1 + 包装费率) - 外购配套件费\} \times (1 + 利润率) +$$
$$销项税金 + 非标准设备设计费 + 外购配套件费 \qquad (3-35)$$

2. 进口设备原价的构成及计算

进口设备的原价是指进口设备的抵岸价，即抵达买方边境港口或边境车站，且交完关税等税费后形成的价格。进口设备抵岸价的构成与进口设备的交货类别有关。

（1）进口设备的交货类别。

进口设备的交货类别可分为内陆交货类、目的地交货类、装运港交货类。

内陆交货类，即卖方在出口国内陆的某个地点交货。在交货地点，卖方及时提交合同规定的货物和有关凭证，并负担交货前的一切费用和风险；买方按时接受货物，交付货款，负担接货后的一切费用和风险，并自行办理出口手续和装运出口。货物的所有权也在交货后由卖方转移给买方。

　　目的地交货类，即卖方在进口国的港口或内地交货，有目的港船上交货价、目的港船边交货价(FOS)和目的港码头交货价(关税已付)及完税后交货价(进口国的指定地点)等几种交货价。它们的特点是：买卖双方承担的责任、费用和风险是以目的地约定交货点为分界线，只有当卖方在交货地点将货物置于买方控制下才算交货，才能向买方收取贷款。这种交货类别对卖方来说承担的风险较大，在国际贸易中卖方一般不愿采用。

　　装运港交货类，即卖方在出口国装运港交货，主要有装运港船上交货价(FOB)，习惯称为离岸价格，运费在内价(CFR)和运费、保险费在内价(CIF)，习惯称为到岸价格。它们的特点是：卖方按照约定的时间在装运港交货，只要卖方把合同规定的货物装船后提供货运单据便完成交货任务，可凭单据收回货款。

　　装运港船上交货价(FOB)是我国进口设备采用最多的一种货价。采用装运港船上交货价时卖方的责任是：在规定的期限内，负责在合同规定的装运港口将货物装上买方指定的船只，并及时通知买方；负担货物装船前的一切费用和风险，负责办理出口手续；提供出口国政府或有关方面签发的证件；负责提供有关装运单据。买方的责任是：负责租船或订舱，支付运费，并将船期、船名通知卖方；负担货物装船后的一切费用和风险；负责办理保险及支付保险费，办理在目的港的进口和收货手续；接受卖方提供的有关装运单据，并按合同规定支付贷款。

　　(2)进口设备抵岸价构成及计算。

　　进口设备采用最多的是装运港船上交货价(FOB)，其抵岸价的构成可概括为：

　　进口设备抵岸价 = 货价 + 国际运费 + 运输保险费 + 银行财务费 + 外贸手续费 +

　　　　　　　　关税 + 增值税 + 消费税 + 海关监管手续费 + 车辆购置附加费　(3 - 36)

　　①货价，一般指装运港船上交货价(FOB)。设备货价分为原币货价和人民币货价，原币货价一律折算为美元表示，人民币货价按原币货价乘以外汇市场美元兑换人民币中间价确定。进口设备货价按有关生产厂商询价、报价、订货合同价计算。

　　②国际运费，即从装运港(站)到达我国抵达港(站)的运费。进口设备大部分采用海洋运输，小部分采用铁路运输，个别采用航空运输。进口设备国际运费计算公式为：

$$国际运费 = 原币货价(FOB) \times 运费率 \qquad (3 - 37)$$

或

$$国际运费 = 运量 \times 单位运价 \qquad (3 - 38)$$

式中：运费率或单位运价参照有关部门或进出口公司的规定执行。

　　③运输保险费，对外贸易货物运输保险是由保险人(保险公司)与被保险人(出口人或进口人)订立保险契约，在被保险人交付议定的保险费后，保险人根据保险契约的规定对货物在运输过程中发生的承保责任范围内的损失给予经济上的补偿。这是一种财产保险。计算公式为：

$$运输保险费 = \frac{原币货价(FOB) + 国际运费}{1 - 保险费率} \times 保险费率 \qquad (3 - 39)$$

式中：保险费率按保险公司规定的进口货物保险费率计算。

　　④银行财务费，一般是指中国银行手续费，可按下式简化计算：

$$银行财务费 = 人民币货价(FOB) \times 银行财务费率 \qquad (3 - 40)$$

　　⑤外贸手续费，指按对外经济贸易部规定的外贸手续费率计取的费用，外贸手续费费率

一般取 1.5%。计算公式为：

外贸手续费 = [装运港船上交货价(FOB) + 国际运费 + 运输保险费] × 外贸手续费率

$$(3-41)$$

⑥关税，是由海关对进出国境或关境的货物和物品征收的一种税。计算公式为：

关税 = 到岸价格(CIF) × 进口关税税率　　　　　　(3-42)

式中：到岸价格(CIF)包括离岸价格(FOB)、国际运费、运输保险费等费用，作为关税完税价格；进口关税税率分为优惠和普通两种。优惠税率适用于与我国签订有关税互惠条款的贸易条约或协定的国家的进口设备；普通税率适用于与我国未订有关税互惠条款的贸易条约或协定的国家的进口设备。进口关税税率按我国海关总署发布的进口关税税率计算。

⑦增值税，是对从事进口贸易的单位和个人，在进口商品报关进口后征收的税种。我国增值税条例规定，进口应税产品均按组成计税价格和增值税税率直接计算应纳税额，即：

进口产品增值税额 = 组成计税价格 × 增值税税率　　　(3-43)

组成计税价格 = 关税完税价格 + 关税 + 消费税　　　(3-44)

增值税税率根据规定的税率计算。

⑧消费税，只对部分进口设备(如轿车、摩托车等)征收，一般计算公式为：

$$应纳消费税税额 = \frac{到岸价 + 关税}{1 - 消费税税率} × 消费税税率 \qquad (3-45)$$

式中：消费税税率根据规定的税率计算。

⑨海关监管手续费，指海关对进口减税、免税、保税货物实施监督、管理、提供服务的手续费。对于全额征收进口关税的货物不计本项费用。其计算公式如下：

海关监管手续费 = 到岸价 × 海关监管手续费率(一般为 0.3%)　　(3-46)

⑩车辆购置附加费，进口车辆需缴纳车辆购置附加费，其计算公式如下：

进口车辆购置附加费 = (到岸价 + 关税 + 消费税 + 增值税) × 进口车辆购置附加费率

$$(3-47)$$

3. 设备运杂费的构成及计算

(1)设备运杂费的构成。

设备运杂费通常由下列各项构成：

①运费和装卸费。国产设备运费和装卸费是指设备由制造厂交货地点起至工地仓库(或施工组织设计指定的需要安装设备的堆放地点)止所发生的运输费用和装卸费用；进口设备运费和装卸费则是指进口设备由我国到岸港口或边境车站起至工地仓库(或施工组织设计指定的需要安装设备的堆放地点)止所发生的运费和装卸费。

②包装费。该费用指设备原价中没有包含的，为运输而进行的包装支出的各种费用。

③设备供销部门的手续费。该费用按有关部门规定的统一费率计算。

④采购与仓库保管费。该费用指采购、验收、保管和收发设备所发生的各种费用，包括设备采购人员、保管人员和管理人员的工资、工资附加费、办公费、差旅交通费，设备供应部门办公和仓库所占固定资产使用费、工具用具使用费、劳动保护费、检验试验费等。这些费用可按主管部门规定的采购与保管费费率计算。

(2)设备运杂费的计算。

设备运杂费按设备原价乘以设备运杂费率计算，其计算公式如下：

$$\text{设备运杂费} = \text{设备原价} \times \text{设备运杂费率} \tag{3-48}$$

式中：设备运杂费率按各部门及省、市等的规定计取。

3.4.2　工具、器具及生产家具购置费的构成及计算

工具、器具及生产家具购置费，是指新建或扩建项目初步设计规定的，保证初期正常生产必须购置的没有达到固定资产标准的设备、仪器、工卡模具、器具、生产家具和备品备件等的购置费用。一般以设备购置费为计算基数，按照部门或行业规定的工具、器具及生产家具费率计算。计算公式为：

$$\text{工具、器具及生产家具购置费} = \text{设备购置费} \times \text{定额费率} \tag{3-49}$$

3.5　工程建设其他费用

工程建设其他费用，是指从工程筹建到工程竣工验收交付使用为止的整个建设期间，除建筑安装工程费用和设备及工具、器具购置费用以外的，为保证工程建设顺利完成和交付使用后能够正常发挥效用而发生的各项费用。

工程建设其他费用，按其内容大体可分为三类：第一类是土地使用费；第二类是与工程建设有关的其他费用；第三类是与未来企业生产经营有关的其他费用。

3.5.1　土地使用费

土地使用费是取得土地使用权而必须付出的费用。农用地必须经国家征用后才能转成建设用地。获取国有土地使用权必须支付土地使用权出让金、城市建设配套费、拆迁补偿与临时安置补助费等。

1. 农用土地征用费

农用土地征用费由土地补偿费、安置补助费、土地投资补偿费、土地管理费、耕地占用税等组成，并按被征用土地的原用途给予补偿。

征用耕地的补偿费用包括土地补偿费、安置补助费以及地上附着物和青苗的补偿费。

①征用耕地的土地补偿费，为该耕地被征用前三年平均年产值的 6~10 倍。

②征用耕地的安置补助费，按照需要安置的农业人口数计算。需要安置的农业人口数，按照被征用的耕地数量除以征地前被征用单位平均每人占有耕地的数量计算。每一个需要安置的农业人口的安置补助费标准，为该耕地被征用前三年平均年产值的 4~6 倍。但是，每公顷被征用耕地的安置补助费，最高不得超过被征用前三年平均年产值的 15 倍。

征用其他土地的土地补偿费和安置补助费标准，由省、自治区、直辖市参照征用耕地的土地补偿费和安置补助费的标准规定。

③征用土地上的附着物和青苗的补偿标准，由省、自治区、直辖市规定。

④征用城市郊区的菜地，用地单位应当按照国家有关规定缴纳新菜地开发建设基金。

2. 取得国有土地使用权费用

取得国有土地使用权费用包括：土地使用权出让金、城市建设配套费、拆迁补偿与临时安置补助费等。

①土地使用权出让金。此项费用是指建设工程通过土地使用权出让方式，取得有限期的

土地使用权，依照《中华人民共和国城镇国有土地使用权出让和转让暂行条例》规定，支付土地使用权出让金。

②城市建设配套费。此项费用是指因进行城市公共设施的建设而分摊的费用。

③拆迁补偿与临时安置补助费。此项费用由两部分构成，即拆迁补偿费和临时安置补助费或搬迁补助费。拆迁补偿费是指拆迁人对被拆迁人，按照有关规定予以补偿所需的费用。拆迁补偿的形式可分为产权调换和货币补偿两种形式。产权调换的面积按照所拆迁房屋的建筑面积计算；货币补偿的金额按被拆房屋的结构和折旧程度划档，按平方米单价计算。在过渡期内，被拆迁人或者房屋承租人自行安排住处的，拆迁人应当支付临时安置补助费。

3.5.2　与项目建设有关的其他费用

根据项目的不同，与项目建设有关的其他费用的构成也不尽相同，一般包括以下各项，在进行工程估算及概算中可根据实际情况进行计算。

1. 建设单位管理费

建设单位管理费是指建设项目从立项、筹建、建设、联合试运转、竣工验收交付使用及后评估等全过程管理所需的费用。建设单位管理费的内容包括：

①建设单位开办费。此项费用指新建项目为保证筹建和建设工作正常进行所需办公设备、生活家具、用具、交通工具等购置费用。

②建设单位经费。此项费用包括工作人员的基本工资、工资性补贴、职工福利费、劳动保护费、劳动保险费、办公费、差旅交通费、工会经费、职工教育经费、固定资产使用费、工具用具使用费、技术图书资料费、生产人员招募费、工程招标费、合同契约公证费、工程质量监督检测费、工程咨询费、法律顾问费、审计费、业务招待费、排污费、竣工交付使用清理及竣工验收费、后评估等费用；不包括应计入设备、材料预算价格的建设单位采购及保管设备材料所需的费用。

建设单位管理费按照单项工程费用之和（包括设备工、器具购置费和建筑安装工程费用）乘以建设单位管理费指标计算。

建设单位管理费率按照建设项目的不同性质、不同规模确定。有的建设项目按照建设工期和规定的金额计算建设单位管理费。

2. 勘察设计费

勘察设计费是指为建设工程提供项目建议书、可行性研究报告及设计文件等所需的费用，内容包括：

①编制项目建议书、可行性研究报告及投资估算、工程咨询、评价以及为编制上述文件所进行勘察、设计、研究试验等所需的费用。

②委托勘察、设计单位进行初步设计、施工图设计及概预算文件编制等所需的费用。

③在规定范围内由建设单位自行完成的勘察、设计工作所需的费用。

勘察设计费中，项目建议书、可行性研究报告按国家颁布的收费标准计算，设计费按国家颁布的工程设计收费标准计算。

3. 研究试验费

研究试验费是指为建设项目提供和验证设计参数、数据、资料等所进行的必要的试验费用以及设计规定在施工中必须进行试验、验证所需费用，包括自行或委托其他部门研究试验所需人工费、材料费、试验设备及仪器使用费等。这项费用按照设计单位根据本工程项目的需要提出的研究试验内容和要求计算。

4. 可行性研究费

可行性研究费是指在工程项目投资决策阶段，依据调研报告对有关建设方案、技术方案或生产经营方案进行的技术经济论证，以及编制、评审可行性研究报告所需的费用。此项费用应依据前期研究委托合同计列，或参照《国家计委关于印发〈建设项目前期工作咨询收费暂行规定〉的通知》规定计算。

5. 环境影响评价费

环境影响评价费是指按照《中华人民共和国环境保护法》《中华人民共和国环境影响评价法》等规定，在工程项目投资决策过程中，为全面、详细评价本建设项目对环境可能产生的污染或造成的重大影响所需的费用，包括编制环境影响报告书（含大纲）、环境影响报告表以及对环境影响报告书（含大纲）、环境影响报告表进行评估等所需的费用。此项费用可参照《关于规范环境影响咨询收费有关问题的通知》规定计算。

6. 劳动安全卫生评价费

劳动安全卫生评价费是指按照劳动部《建设项目（工程）劳动安全卫生监察规定》和《建设项目（工程）劳动安全卫生预评价管理办法》的规定，为预测和分析建设项目存在的职业危险、危害因素的种类和危险危害程度，并提出先进、科学、合理可行的劳动安全卫生技术和管理对策所需的费用。其包括编制建设项目劳动安全卫生预评价大纲和劳动安全卫生预评价报告书以及为编制上述文件所进行的工程分析和环境现状调查等所需费用。必须进行劳动安全卫生预评价的项目包括：

①属于《国家计划委员会、国家基本建设委员会、财政部关于基本建设项目和大中型划分标准的规定》中规定的大中型建设项目。

②属于《建筑设计防火规范》GB 50016—2006 中规定的火灾危险性生产类别为甲类的建设项目。

③属于劳动部颁布的《爆炸危险场所安全规定》中规定的爆炸危险场所等级为特别危险场所和高度危险场所的建设项目。

④大量生产或使用《职业性接触毒物危害程度分级》GBZ 230—2010 规定的 I 级、II 级危害程度的职业性接触毒物的建设项目。

⑤大量生产或使用石棉粉料或含有 10% 以上的游离二氧化硅粉料的建设项目。

⑥其他由劳动行政部门确认的危险、危害因素大的建设项目。

劳动安全卫生评价费依据劳动安全卫生预评价委托合同计列，或按照建设项目所在省、自治区、直辖市劳动行政部门规定的标准计算。

7. 建设单位临时设施费

建设单位临时设施费是指建设期间建设单位所需临时设施的搭设、维修、摊销费用或租赁费用。

临时设施包括临时宿舍、文化福利及公用事业房屋与构筑物、仓库、办公室、加工厂以及规定范围内的道路、水、电、管线等临时设施和小型临时设施。

$$临时设施费 = 建筑安装工程费 \times 临时设施费标准$$

8. 建设工程监理费

工程监理费是指建设单位委托工程监理单位对工程实施监理工作所需的费用。建设工程监理与相关服务收费根据建设项目性质不同,分别实行政府指导价或市场调节价。依法必须实行监理的建设工程施工阶段的监理收费实行政府指导价;其他建设工程施工阶段的监理收费和其他阶段的监理与相关服务收费实行市场调节价。

9. 工程保险费

工程保险费是指建设工程在建设期间根据需要实施工程保险所需的费用,包括以各种建筑工程及其在施工过程中的物料、机器设备为保险标的的建筑工程一切险,以安装工程中的各种机器、机械设备为保险标的的安装工程一切险,以及机器损坏保险等。根据不同的工程类别,分别以其建筑、安装工程费乘以建筑、安装工程保险费率计算。民用建筑(住宅楼、综合性大楼、商场、旅馆、医院、学校)占建筑工程费的 2‰~4‰;其他建筑(工业厂房、仓库、道路、码头、水坝、隧道、桥梁、管道等)占建筑工程费的 3‰~6‰;安装工程(农业、工业、机械、电子、电器、纺织、矿山、石油、化学及钢铁工业、钢结构桥梁)占建筑工程费的 3‰~6‰。

10. 引进技术和进口设备其他费用

引进技术及进口设备其他费用,包括出国人员费用、国外工程技术人员来华费用、技术引进费、分期或延期付款利息、担保费以及进口设备检验鉴定费。

(1)出国人员费用。出国人员费用指为引进技术和进口设备派出人员在国外培训和进行设计联络,设备检验等的差旅费、服装费、生活费等。这项费用根据设计规定的出国培训和工作的人数、时间及派往国家,按财政部、外交部规定的临时出国人员费用开支标准及中国民用航空公司现行国际航线票价等进行计算,其中使用外汇部分应计算银行财务费用。

(2)国外工程技术人员来华费用。国外工程技术人员来华费用指为安装进口设备,引进国外技术等聘用外国工程技术人员进行技术指导工作所发生的费用。包括技术服务费、外国技术人员的在华工资、生活补贴、差旅费、医药费、住宿费、交通费、宴请费、参观游览等招待费用。这项费用按每人每月费用指标计算。

(3)技术引进费。技术引进费指为引进国外先进技术而支付的费用。包括专利费、专有技术费(技术保密费)、国外设计及技术资料费、计算机软件费等。这项费用根据合同或协议的价格计算。

(4)分期或延期付款利息。分期或延期付款利息指利用出口信贷引进技术或进口设备采取分期或延期付款的办法所支付的利息。

(5)担保费。担保费指国内金融机构为买方出具保函的担保费。这项费用按有关金融机构规定的担保费率计算(一般可按承保金额的 5‰计算)。

(6)进口设备检验鉴定费用。指进口设备按规定付给商品检验部门的进口设备检验鉴定费。这项费用按进口设备货价的 3‰~5‰计算。

11. 特殊设备安全监督检验费

特殊设备安全监督检验费是指安全监察部门对在施工现场组装的锅炉及压力容器、压力管道、消防设备、燃气设备、电梯等特殊设备和设施实施安全检验收取的费用。此项费用按照建设项目所在省(市、自治区)安全监察部门的规定准计算。无具体规定的,在编制投资估算和概算时可按受检设备现场安装费的比例估算。

12. 市政公用设施费

市政公用设施费是指使用市政公用设施的工程项目，按照项目所在地省级人民政府有关规定缴纳的市政公用设施建设配套费用，以及绿化工程补偿费用。此项费用按工程所在地人民政府规定标准计列。

3.5.3　与未来企业有关的其他费用

1. 联合试运转费

联合试运转费是指新建企业或新增加生产工艺过程的扩建企业在竣工验收前，按照设计规定的工程质量标准，进行整个车间的负荷或无负荷联合试运转发生的费用支出大于试运转收入的亏损部分。费用内容包括：试运转所需的原料、燃料、油料和动力的费用，机械使用费用，低值易耗品及其他物品的购置费用和施工单位参加联合试运转人员的工资等。试运转收入包括试运转产品销售和其他收入；不包括应由设备安装工程费项下开支的单台设备调试费及无负荷联动试运转费用。以"单项工程费用"总和为基础，按照工程项目的不同规模分别规定的试运转费率计算或以试运转费的总金额包干使用。

2. 生产准备费

生产准备费是指新建企业或新增生产能力的企业，为保证竣工交付使用进行必要的生产准备所发生的费用。费用内容包括：

①生产人员培训费，包括自行培训、委托其他单位培训的人员的工资、工资性补贴、职工福利费、差旅交通费、学习资料费、学习费、劳动保护费等。

②生产单位提前进厂参加施工、设备安装、调试等以及熟悉工艺流程及设备性能等人员的工资、工资性补贴、职工福利费、差旅交通费、劳动保护费等。

生产准备费一般根据需要培训和提前进厂人员的人数及培训时间，按生产准备费指标进行估算。

应该指出，生产准备费在实际执行中是一笔在时间上、人数上、培训深度上很难划分的、活口很大的支出，尤其要严格掌握。

3. 办公和生活家具购置费

办公和生活家具购置费是指为保证新建、改建、扩建项目初期正常生产、使用和管理所必须购置的办公和生活家具、用具的费用。改、扩建项目所需的办公和生活用具购置费，应低于新建项目。其范围包括办公室、会议室、资料档案室、阅览室、文娱室、食堂、浴室、理发室、单身宿舍和设计规定必须建设的托儿所、卫生所、招待所、中小学校等家具用具购置费。这项费用按照设计定员人数乘以综合指标计算。

3.6　预备费、建设期贷款利息、铺底流动资金

3.6.1　预备费

按我国现行规定，预备费包括基本预备费和涨价预备费。

1. 基本预备费

基本预备费是指在初步设计及概算内难以预料的工程费用，费用内容包括：

①在批准的初步设计范围内，技术设计、施工图设计及施工过程中所增加的工程费用；设计变更、局部地基处理等增加的费用。

②一般自然灾害造成的损失和预防自然灾害所采取的措施费用。实行工程保险的工程项目费用应适当降低。

③竣工验收时为鉴定工程质量对隐蔽工程进行必要的挖掘和修复费用。

基本预备费是按建筑安装工程费用、设备及工器具购置费和工程建设其他费用三者之和为计算基础，乘以基本预备费率进行计算。

基本预备费 =（建筑安装工程费用 + 设备及工器具购置费 + 工程建设其他费用）×
　　　　　基本预备费率　　　　　　　　　　　　　　　　　　　　　　　（3 - 50）

式中：基本预备费率的取值应执行国家及部门的有关规定。

2. 涨价预备费

涨价预备费是指建设项目在建设期间内由于价格等变化引起工程造价变化的预测预留费用。费用内容包括：人工、设备、材料、施工机械的价差费，建筑安装工程费及工程建设其他费用调整，利率、汇率调整等增加的费用。

涨价预备费的测算方法，一般根据国家规定的投资综合价格指数，按估算年份价格水平的投资额为基数，采用复利方法计算。计算公式为：

$$PF = \sum_{t=1}^{n} I_t \left[(1+f)^t - 1 \right] \tag{3 - 51}$$

式中：PF—— 涨价预备费；

n—— 建设期年份数；

I_t—— 建设期第 t 年的计划投资额，包括建筑安装工程费、设备及工器具购置费、工程建设其他费用及基本预备费；

f—— 年平均投资价格上涨率。

【例 3 - 1】 某建设项目，建设期为 3 年，各年计划投资额分别为：第一年投资 4000 万元，第二年投资 6000 万元，第三年投资 2000 万元，年平均投资价格上涨率为 5%，求建设项目建设期间涨价预备费。

解： 第一年涨价预备费为：

$$PF_1 = I_1 \left[(1+f)^1 - 1 \right] = 4000 \times 5\% = 200（万元）$$

第二年涨价预备费为：

$$PF_2 = I_2 \left[(1+f)^2 - 1 \right] = 6000 \left[(1+5\%)^2 - 1 \right] = 615（万元）$$

第三年涨价预备费为：

$$PF_3 = I_3 \left[(1+f)^3 - 1 \right] = 2000 \left[(1+5\%)^3 - 1 \right] = 315.25（万元）$$

所以，建设期涨价预备费 = 200 + 615 + 315.25 = 1130.25（万元）

3.6.2　建设期贷款利息

建设期利息是指项目借款在建设期内发生并计入固定资产的利息。为了简化计算，在编制投资估算时通常假定借款均在每年的年中支用，借款第一年按半年计息，其余各年份按全年计息。计算公式为：

各年应计利息 =（年初借款本息累计 + 本年借款额 / 2）× 年利率　　　（3 - 52）

【例 3 - 2】　某新建项目，建设期为 3 年，共向银行贷款 1300 万元，贷款情况为：第一年 300 万元，第二年 600 万元，第三年 400 万元。年利率为 6%，试计算建设期利息。

解： 在建设期，各年利息计算如下：

第 1 年应计利息 $\frac{1}{2} \times 300 \times 6\% = 9$（万元）；

第 2 年应计利息 $= (300 + 9 + \frac{1}{2} \times 600) \times 6\% = 36.54$（万元）；

第 3 年应计利息 $= (300 + 9 + 600 + 36.54 + \frac{1}{2} \times 400) \times 6\% = 68.73$（万元）；

建设期利息总和为 114.27 万元。

3.6.3　铺底流动资金

铺底流动资金是指生产性建设工程为保证生产和经营正常进行，按规定应列入建设工程总投资的铺底流动资金。一般按流动资金的 30% 计算。

【例 3 - 3】　某建设工程在建设期初的建安工程费和设备工器具购置费为 45000 万元。按本项目实施进度计划，项目建设期为 3 年，投资分年使用比例为：第一年 25%，第二年 55%，第三年 20%，建设期内预计年平均价格总水平上涨率为 5%。建设期贷款利息为 1395 万元，建设工程其他费用为 3860 万元，基本预备费率为 10%。试估算该项目的建设投资。

解：（1）计算项目的涨价预备费

第一年末的涨价预备费 $= 45000 \times 25\% \times [(1 + 0.05)^1 - 1] = 562.5$（万元）；

第二年末的涨价预备费 $= 45000 \times 55\% \times [(1 + 0.05)^2 - 1] = 2536.88$（万元）；

第三年末的涨价预备费 $= 45000 \times 20\% \times [(1 + 0.05)^3 - 1] = 1418.63$（万元）；

该项目建设期的涨价预备费 $= 562.5 + 2536.88 + 1418.63 = 4518.01$（万元）。

（2）计算项目的建设投资

建设投资 = 静态投资 + 建设期贷款利息 + 涨价预备费

$= (45000 + 3860) \times (1 + 10\%) + 1395 + 4518.01 = 59659.01$（万元）

思考与练习

问答题：

1. 简述我国现行建设工程投资构成。

2. 简述设备、工器具购置费用的构成。

3. 简述建筑安装工程费用的构成。

4. 简述工程建设其他费用的构成。

5. 按费用构成要素划分建筑安装工程费用项目其组成内容有哪些？

6. 按造价形成划分建筑安装工程费用项目其组成内容有哪些？

7. 措施项目费包括哪些内容？

8. 企业管理费包括哪些内容？

9. 施工机具使用费包括哪些内容？

10. 利润计算有哪几种不同方法？

11. 税金包括哪些内容, 根据不同工程所在地写出税率计算公式。

12. 什么是工程建设其他费用定额, 它主要包括哪些内容?

13. 工程建设其他费用定额有哪些特点?

14. 建设单位管理费包括哪些内容, 其计算基数是什么?

15. 工程监理费一般有几种计取方法, 各适用于什么工程?

16. 土地使用费主要包括哪几种方式, 它们各自包括哪些内容?

17. 城市土地的出让和转让可采用哪几种方式, 各适用于什么用地?

18. 拟由德国某公司引进全套工艺设备和技术, 在我国某港口城市内建设项目。项目建设期两年, 总投资 11800 万元。总投资中引进部分的合同总价 682 万美元。辅助生产装置、公用工程等均由国内设计配套。引进合同价款的细项如下:

(1) 硬件费 620 万美元。

(2) 软件费 62 万美元, 其中计算关税的项目有: 设计费、非专利技术及技术费用 48 万美元; 不计算关税的有: 技术服务及资料费 14 万美元 (人民币兑换美元的外汇牌价均按 1 美元兑 7.00 元人民币计算)。

(3) 中国远洋公司的现行海运费率为 6%, 海运保险费率为 3.5%, 现行外贸手续费率、中国银行财务手续费率、增值税率和关税税率分别按 1.5%、0.5%、17%、17% 计取。

(4) 国内供销手续费率为 0.4%, 运输、装卸和包装费率为 0.1%, 采购保管费率为 1%。

计算并回答:

(1) 引进项目的引进部分硬、软件原价包括哪些费用? 应如何计算?

(2) 本项目引进都分购置投资的估算价格是多少?

19. 某项目总费用为 5000 万元, 其中单项工程费用是 3500 万元, 设备购置及安装单位工程费是 1350 万元, 联合试运转费率为 1.2%。试计算该项目联合试运转费用。

判断题:

1. 失业保险费属于措施费。　　　　　　　　　　　　　　　　　　　　(　　)

2. 规费属于企业管理费。　　　　　　　　　　　　　　　　　　　　　(　　)

3. 利润的计取具有竞争性。　　　　　　　　　　　　　　　　　　　　(　　)

4. 税金就是指增值税。　　　　　　　　　　　　　　　　　　　　　　(　　)

5. 当有两个以上材料供应商供应同一种材料时, 应计算加权平均原价。(　　)

6. 运杂费就是运输费。　　　　　　　　　　　　　　　　　　　　　　(　　)

7. 无论采用什么方式供应和采购材料都应计算采购及保管费。　　　　(　　)

8. 机械台班单价是指一台机械工作一个班的价格。　　　　　　　　　(　　)

9. 第二类费用是不变费用。　　　　　　　　　　　　　　　　　　　　(　　)

10. 折旧费属于第一类费用。　　　　　　　　　　　　　　　　　　　(　　)

11. 养路费属于第一类费用。　　　　　　　　　　　　　　　　　　　(　　)

12. 台班经常修理费可以根据台班大修费计算。　　　　　　　　　　　(　　)

13. 机械使用费是人工费的组成部分。　　　　　　　　　　　　　　　(　　)

14. 脚手架费属于措施费。　　　　　　　　　　　　　　　　　　　　(　　)

15. 安全施工费属于规费。　　　　　　　　　　　　　　　　　　　　(　　)

16. 现场临时管线属于临时设施。　　　　　　　　　　　　　　　　　(　　)

第 4 章

建筑工程概预算

4.1　建设工程投资估算

4.1.1　建设工程投资估算概述

1. 建设工程投资估算的概念

投资估算是指在建设工程投资决策过程中，依据现有的资料和特定的方法，对建设工程未来的全部投资数额进行预测和估计。它是项目建设前期编制项目建议书和可行性研究报告的重要组成部分，是建设项目决策的重要依据之一。投资估算的准确与否不仅影响到可行性研究工作的质量和经济评价结果，而且也直接关系到下一阶段设计概算和施工图预算的编制，对建设项目资金筹措方案也有直接的影响。因此，全面准确地估算建设项目的工程造价，是可行性研究乃至整个决策阶段造价管理的重要任务。

2. 建设工程投资估算的作用

(1) 项目建议书阶段的投资估算，是项目主管部门审批项目建议书的依据之一，并对项目的规划、规模起参考作用。

(2) 项目可行性研究阶段的投资估算，是项目投资决策的重要依据，也是研究、分析、计算项目投资经济效果的重要条件。当可行性研究报告被批准之后，其投资估算额就作为设计任务书中下达的投资限额，即作为建设项目投资的最高限额，不得随意突破。

(3) 项目投资估算对工程设计概算起控制作用，设计概算不得突破批准的投资估算额，并应控制在投资估算额以内。

(4) 项目投资估算可作为项目资金筹措及制订建设贷款计划的依据，建设单位可根据批准的项目投资估算额，进行资金筹措和向银行申请贷款。

(5) 项目投资估算是核算建设项目固定资产投资需要额和编制固定资产投资计划的重要依据。

3. 建设工程投资估算的阶段划分与精度要求

投资估算贯穿于整个投资决策过程，投资决策过程可划分为投资机会研究阶段、项目建议书阶段及初步可行性研究阶段、详细可行性研究阶段、评估和决策阶段，因此投资估算工作也相应分为四个阶段。不同阶段所具备的条件、掌握的资料和对投资估算的要求各有不同，因而投资估算的准确程度在不同阶段也不同，进而每个阶段投资估算所起的作用也不同。

（1）投资机会研究阶段的投资估算。

这一阶段主要是选择有利的投资机会，明确投资方向，提出项目投资建议，并编制项目建议书。该阶段工作比较粗略，投资额的估计一般是通过与已建类似项目的对比分析等快捷方法得来，因而投资的误差率可在±30%以内。

这一阶段的投资估算是作为管理部门审批项目建议书、初步选择投资项目的主要依据之一，对初步可行性研究及其投资估算起指导作用。在这个阶段可否定一个建设项目，但不能完全肯定一个项目是否真正可行。

（2）初步可行性研究阶段的投资估算。

这一阶段主要是在投资机会研究结论的基础上，进一步研究项目的投资规模、原材料来源、工艺技术、厂址、组织机构和建设进度等情况，进行经济效益评价，判断项目的可行性，做出初步投资评价。该阶段是介于投资机会研究和详细可行性研究的中间阶段，投资估算的误差率一般要求控制在±20%以内。这一阶段的投资估算是作为决定是否进行详细可行性研究的依据之一，同时也是确定有哪些关键问题需要进行辅助性专题研究的依据之一。在这个阶段可对项目是否真正可行做出初步的决定。

（3）详细可行性研究阶段的投资估算。

详细可行性研究阶段可称为最终可行性研究报告阶段，主要是对项目进行全面、详细、深入的技术经济分析论证，评价选择拟建项目的最佳投资方案，对项目的可行性提出结论性意见。该阶段研究内容详尽、深入，投资估算的误差率应控制在±10%以内。

这一阶段的投资估算是对项目进行详细的经济评价，对拟建项目是否真正可行进行最后决定，是选择最佳投资方案的主要依据，也是编制设计文件、控制初步设计及概算的主要依据。

（4）评估和决策阶段的投资评估。

该阶段主要是对拟建项目的可行性研究报告提出评价意见，最终决策该项目是否可行，确定最佳采用方案。这是建设项目前期工作中最重要的一环，投资估算的精度越高越好。一般投资估算的误差率应控制在±10%以内。

在不同的阶段，工作深度不同，估算的精度要求也不一样。

4. 建设工程投资估算的内容

建设工程投资估算包括该项目从筹建、施工直至竣工投产所需的全部费用，按照国家有关规定，从满足建设项目投资设计和投资规模的角度来看，建设工程投资的估算包括固定资产投资估算和流动资金估算两部分。

固定资产投资估算的内容按照费用性质划分，包括建筑安装工程费、设备及工器具购置费、工程建设其他费用、预备费、建设期贷款利息等。其中，建筑安装工程费、设备及工器具购置费直接形成实体固定资产，被称为工程费用；工程建设其他费用可分别形成固定资产、无形资产及其他资产。预备费、建设期贷款利息，在可行性研究阶段为简化计算，一并计入固定资产。

流动资金是指生产经营性项目投产后，用于购买原材料、燃料、支付工资及其他经营费用等所需的周转资金。它是伴随着固定资产投资而发生的长期占用的流动资产，流动资金 = 流动资产 − 流动负债。其中，流动资金主要考虑现金、应收账款和存货；流动负债主要考虑应付账款。因此，流动资金的概念，实际上就是财务中的营运资金。

4.1.2 投资估算编制的依据、要求与步骤

1.投资估算的编制依据

建设项目投资估算的编制依据一般包括：

①项目的基本情况，包括根据项目建议书或可行性研究报告提供的拟建项目的类型、产品方案、建设规模、建设地点、时间、总体规划、结构特征，施工方案、主要设备、类型及建设标准等。它是进行投资估算的最主要的依据，这些依据越准确，则估算结果相对越准确。

②投资估算指标、概算指标、技术经济指标。

③造价指标(包括单项工程和单位工程造价指标)。

④已建类似工程的竣工决算资料。这些依据为投资估算提供可比资料。

⑤项目所在地区的技术经济条件情况。项目所在地区的水文、地质、地貌、交通情况，当地材料、燃料动力、设备预算价格及市场价格(包括设备、材料价格、专业分包报价等)。

⑥当地的有关规定和政策。如当地建筑工程取费标准，如规费、税金以及与建设有关的其他费用标准等。

⑦拟建项目各单项工程的建设内容及工程量。

⑧资金来源与建设工期。

⑨其他经验参考数据。如材料、设备运杂费率。设备安装费率、零星工程及辅材的比率等。

以上资料越具体、越完备，编制投资估算就越准确。

2.投资估算的编制要求

①建设工程费用构成符合要求，计算合理，不重复计算，不提高或者降低估算标准，不漏项、不少算。

②选用指标与具体工程之间存在标准或者条件差异时，应进行必要的换算或调整。

③投资估算精度应能满足控制初步设计概算要求。

3.投资估算的编制步骤

①分别估算各单项工程所需的建筑工程费、设备及工器具购置费、安装工程费。

②在汇总各单项工程费用的基础上，估算工程建设其他费用和基本预备费。

③估算涨价预备费和建设期贷款利息。

④估算流动资金。

4.1.3 建设工程投资估算的编制方法

固定资产投资的估算包括静态投资部分的估算和动态投资部分的估算。

固定资产投资的静态投资部分包括建筑安装工程费、设备及工器具购置费、工程建设其他费用、基本预备费。固定资产静态投资部分的估算，要按某一确定的时间来进行，一般以开工的前一年为基准年，以这一年的价格为依据估算，否则就会失去基准作用。固定资产投资的动态部分包括涨价预备费、建设期贷款利息的估算，估算时按实际动态变化率进行估算。

固定资产投资估算的方法包括综合估算法和分类投资估算法。综合估算法有生产能力指数法、系数估算法、投资指标估算法、资金周转率法、单位生产能力估算法、比例估算法。综

合估算法主要适用于投资机会研究和初步可行性研究阶段，精度相对不高；而分类投资估算法就是按照拟建项目的总投资构成，分别计算每项的投资费用，汇总形成投资总费用的方法。分类投资估算法主要用于项目可行性研究阶段。

1. 综合估算法

1）静态投资部分的估算

不同阶段的投资估算，其方法和允许误差都是不同的。建设项目投资机会研究和初步可行性研究阶段，投资估算精度要求低，可采取综合估算法。在详细可行性研究阶段，建设项目投资估算精度要求高，需要采用相对详细的分类投资估算方法，即指标估算法。

（1）单位生产能力估算法。

依据调查的统计资料，利用相近规模的单位生产能力投资乘以建设规模，即得拟建项目投资。其计算公式为：

$$C_2 = \frac{C_1}{Q_1} \cdot Q_2 \cdot f \qquad (4-1)$$

式中：C_1——已建类似项目的投资额；

　　　C_2——拟建项目投资额；

　　　Q_1——类似项目的生产能力；

　　　Q_2——拟建项目的生产能力；

　　　f——不同时期、不同地点的定额、单价、费用变更等的综合调整系数。

这种方法把项目的建设投资与其生产能力的关系视为简单的线性关系，估算结果精确度较差，可达 ±30%。使用这种方法时要注意拟建项目的生产能力和类似项目的可比性，否则误差很大。

（2）生产能力指数法。

生产能力指数法又称指数估算法，它是根据已建成的类似项目生产能力和投资额来粗略估算拟建项目投资额的方法。其计算公式为：

$$C_2 = C_1 \left(\frac{Q_2}{Q_1} \right)^n \cdot f \qquad (4-2)$$

式中：n——生产能力指数；其他符号含义同前。

若已建类似项目的生产规模与拟建项目生产规模相差不大，Q_1 与 Q_2 的比值为 0.5～2 时，则指数 n 的取值近似为 1。

若已建类似项目的生产规模与拟建项目生产规模相差不大于 50 倍，且拟建项目生产规模的扩大仅靠增大设备规模来达到时，则 n 的取值为 0.6～0.7；若是靠增加相同规格设备的数量达到时，n 的取值为 0.8～0.9。

指数法主要应用于拟建装置或项目与用来参考的已知装置或项目的规模不同的场合。它与单位生产能力估算法相比精确度略高，其误差可控制在 ±20% 以内，尽管估价误差仍较大，但有它独特的好处，即这种估价方法不需要详细的工程设计资料，只知道工艺流程及规模就可以；其次对于总承包工程而言，可作为估价的旁证，在总承包工程报价时，承包商大都采用这种方法估价。

（3）系数估算法。

系数估算法也称为因子估算法，它是以拟建项目的主体工程费或主要设备费为基数，以其他工程费占主体工程费的百分比为系数估算项目总投资的方法。这种方法简单易行，但是精度较低，一般用于项目建议书阶段。系数估算法的种类很多，下面介绍几种主要类型。

①设备系数法。以拟建项目的设备费为基数，根据已建成的同类项目的建筑安装费和其他工程费等占设备价值的百分比，求出拟建项目建筑安装工程费和其他工程费，进而求出建设项目总投资。其计算公式如下：

$$C = E(1 + f_1 P_1 + f_2 P_2 + f_3 P_3 + \cdots) + I \tag{4-3}$$

式中：C——拟建项目投资额；

　　　E——拟建项目设备费；

　　　P_1、P_2、P_3…——已建项目中建筑安装费及其他工程费等占设备费的比重；

　　　f_1、f_2、f_3…——由于时间因素引起的定额、价格、费用标准等变化的综合调整系数；

　　　I——拟建项目其他费用。

②主体专业系数法。以拟建项目中投资比重较大，并与生产能力直接相关的工艺设备投资为基数，根据已建同类项目的有关统计资料，计算出拟建项目各专业工程(总图、土建、采暖、给排水、管道、电气、自控等)占工艺设备投资的百分比，据以求出拟建项目各专业投资，然后加总即为项目总投资。其计算公式为：

$$C = E(1 + f_1 P_1' + f_2 P_2' + f_3 P_3' + \cdots) + I \tag{4-4}$$

③朗格系数法。这种方法是以设备费为基数，乘以适当系数来推算项目的建设费用。其计算公式为：

$$C = E \cdot (1 + \sum K_i) \cdot K_c \tag{4-5}$$

式中：C——总建设费用；

　　　E——主要设备费；

　　　K_i——管线、仪表、建筑物等项费用的估算系数；

　　　K_c——管理费、合同费、应急费等项费用的总估算系数。

总建设费用与设备费用之比称为朗格系数 K_L。即：

$$K_L = (1 + \sum K_i) \cdot K_c \tag{4-6}$$

朗格系数包含的内容如表 4-1 所示。

表 4-1　朗格系数包含的内容

项目		固体流程	固流流程	流体流程
朗格系数 K_L		3.1	3.63	4.74
内容	(a)包括基础、设备、绝热、油漆及设备安装费	E×1.43		
	(b)包括上述在内和配管工程费	(a)×1.1	(a)×1.25	(a)×1.6
	(c)装置直接费	(b)×1.25		
	(d)包括上述在内和间接费，即总费用 C	(c)×1.31	(a)×1.35	(a)×1.38

(4)比例估算法。

根据统计资料，先求出已有同类企业主要设备投资占全厂建设投资的比例，然后再估算出拟建工程的主要设备投资，即可按比例求出拟建项目的建设投资。其表达式为：

$$I = \frac{1}{K} \sum_{i=1}^{n} Q_i P_i \qquad (4-7)$$

式中：I——拟建项目的建设投资；

K——主要设备投资占拟建项目投资的比例；

n——设备种类数；

Q_i——第 i 种设备的数量；

P_i——第 i 种设备的单价（到厂价格）。

2）动态部分投资估算

建设项目的动态投资包括价格变动可能增加的投资额、建设期利息等。如果是涉外项目，还应计算汇率的影响。在实际估算时，主要考虑涨价预备费、建设期贷款利息、汇率变化等方面。

涨价预备费、建设期贷款利息的估算问题将在第 5 章讨论。

汇率是两种不同货币之间的兑换比率，或者说是以一种货币表示的另一种货币的价格。汇率的变化意味着一种货币相对于另一种货币的升值或贬值。在我国，人民币与外币之间的汇率采取以人民币表示外币价格的形式给出，如 1 美元 = 8.23 元人民币。由于涉外项目的投资中包含人民币以外的币种，需要按照相应的汇率把外币投资额换算为人民币投资额，所以汇率变化就会对涉外项目的投资额产生影响。

①外币对人民币升值。项目从国外市场购买设备材料所支付的外币金额不变，但换算成人民币的金额增加；从国外借款，本息所支付的外币金额不变，但换算成人民币的金额增加。

②外币对人民币贬值。项目从国外市场购买设备材料所支付的外币金额不变，但换算成人民币的金额减少；从国外借款，本息所支付的外币金额不变，但换算成人民币的金额减少。

估计汇率变化对建设项目投资的影响，是通过预测汇率在项目建设期内的变动程度以估算年份的投资额为基数，计算求得。

2. 分类投资估算法

这种方法是把建设项目划分为建筑工程、设备安装工程、设备及工器具购置费及其他基本建设费等费用项目或单位工程，再根据各种具体的投资估算指标，进行各项费用项目或单位工程投资的估算，在此基础上，可汇总成每一单项工程的投资。另外，再估算工程建设其他费用及预备费，即求得建设项目总投资。

（1）建筑工程费用估算。建筑工程费用是指为建造永久性建筑物或构筑物所需的费用，一般采用单位建筑工程投资估算法、单位实物工程量投资估算法、概算指标投资估算法等进行估算。

①单位建筑工程投资估算法，是以单位建筑工程量投资乘以建筑工程总量计算。一般工业与民用建筑以单位建筑面积（m^2）的投资、工业窑炉砌筑以单位容积（m^3）的投资、水库以水坝单位长度（m）的投资、铁路路基以单位长度（km）的投资、矿井掘进以单位长度（m）的投资，乘以相应的建筑工程量计算建筑工程费。

②单位实物工程量投资估算法，是以单位实物工程量的投资乘以实物工程总量计算。土石方工程按每立方米投资、矿井巷道衬砌工程按每延长米投资、路面铺设工程按道路等级分别以每延长米投资，乘以相应的实物工程总量计算建筑工程费。

③概算指标投资估算法，对于没有上述估算指标且建筑工程费占总投资比重较大的项目，可采用概算指标投资估算法。采用该方法，应占有较为详细的工程资料、建筑材料价格和工程费用指标，投入的时间和工作量大，但计算结果相对其他几种方法要更准确。

（2）设备及工器具购置费估算。设备购置费根据项目主要设备表及价格、费用资料编制，工器具购置费按设备费的一定比例计取。对于价格高的设备应按单台(套)估算购置费，价格较小的设备可按类估算，国内设备和进口设备应分别估算。

（3）安装工程费估算。安装工程费通常按行业或专门机构发布的安装工程定额、取费标准和指标估算投资。具体可按安装费率、每吨设备安装费或单位安装实物工程量的费用估算，即：

$$安装工程费 = 设备原价 \times 安装费率 \qquad (4-8)$$

$$安装工程费 = 设备吨位 \times 每吨安装费 \qquad (4-9)$$

$$安装工程费 = 安装工程实物量 \times 安装费用指标 \qquad (4-10)$$

（4）工程建设其他费用估算。工程建设其他费用按各项费用项目的费率或取费标准估算。

（5）基本预备费估算。基本预备费在工程费用和工程建设其他费用的基础上乘以基本预备费率。

使用分类投资估算法，应注意以下事项：一是使用的估算指标应根据不同地区、年代进行调整。因为地区、年代不同，设备与材料的价格均有差异，调整方法可以按主要材料消耗量或"工程量"为计算依据；也可以按不同的工程项目的"万元工料消耗定额"而制定不同的系数进行调整。二是使用分类投资估算法进行投资估算决不能生搬硬套，必须对工艺流程、定额、价格及费用标准进行分析，经过实事求是的调整与换算后，才能提高其精确度。

3. 建设工程流动资金估算方法

流动资金是指生产经营性项目投产后，为进行正常生产运营，用于购买原材料、燃料，支付工资及其他经营费用等所需的周转资金。流动资金估算一般采用分项详细估算法。个别情况或者小型项目可采用扩大指标法。

（1）分项详细估算法。

流动资金的显著特点是在生产过程中不断周转，其周转额的大小与生产规模及周转速度直接相关。分项详细估算法是根据周转额与周转速度之间的关系，对构成流动资金的各项流动资产和流动负债分别进行估算。在可行性研究中，为简化计算，仅对存货、现金、应收账款和应付账款四项内容进行估算，计算公式为：

$$流动资金 = 流动资产 - 流动负债 \qquad (4-11)$$

$$流动资产 = 应收账款 + 存货 + 现金 \qquad (4-12)$$

$$流动负债 = 应付账款 \qquad (4-13)$$

$$流动资金本年增加额 = 本年流动资金 - 上年流动资金 \qquad (4-14)$$

估算的具体步骤，首先计算各类流动资产和流动负债的年周转次数，然后再分项估算占用资金额。

①周转次数计算。

周转次数是指流动资金的各个构成项目在一年内完成多少个生产过程。

$$周转次数 = 360/流动资金最低周转天数 \qquad (4-15)$$

存货、现金、应收账款和应付账款的最低周转天数，可参照同类企业的平均周转天数并结合项目特点确定。又因为：

$$周转次数 = 周转额/各项流动资金平均占用额 \qquad (4-16)$$

如果周转次数已知，则：

$$各项流动资金平均占用额 = 周转额/周转次数 \qquad (4-17)$$

②应收账款估算。

应收账款是指企业对外赊销商品、劳务而占用的资金。应收账款的周转额应为全年赊销销售收入。在可行性研究时，用销售收入代替赊销收入。计算公式为：

$$应收账款 = 年销售收入/应收账款周转次数 \qquad (4-18)$$

③存货估算。

存货是企业为销售或者生产耗用而储备的各种物资，主要有原材料、辅助材料、燃料、低值易耗品、维修备件、包装物、在产品、自制半成品和产成品等。为简化计算，仅考虑外购原材料、外购燃料、在产品和产成品，并分项进行计算。计算公式为：

$$存货 = 外购原材料 + 外购燃料 + 在产品 + 产成品 \qquad (4-19)$$
$$外购原材料占用资金 = 年外购原材料总成本/原材料周转次数 \qquad (4-20)$$
$$外购燃料 = 年外购燃料/按种类分项周转次数 \qquad (4-21)$$
$$在产品 = \frac{年外购原材料、燃料 + 年工资及福利 + 年修理费 + 年其他制造费}{在产品周转次数} \qquad (4-22)$$
$$产成品 = 年经营成本/产成品周转次数 \qquad (4-23)$$

④现金需要量估算。

项目流动资金中的现金是指货币资金，即企业生产运营活动中停留于货币形态的那部分资金，包括企业库存现金和银行存款。计算公式为：

$$现金需要量 = (年工资及福利费 + 年其他费用)/现金周转次数 \qquad (4-24)$$

年其他费用 = 制造费用 + 管理费用 + 销售货用 − (以上三项费用中所含的工资及福利费、折旧费、维简费、摊销费、修理费) $\qquad (4-25)$

⑤流动负债估算。

流动负债是指在一年或者超过一年的一个营业周期内，需要偿还的各种债务。在可行性研究中，流动负债的估算只考虑应付账款一项。计算公式为：

$$应付账款 = (年外购原材料 + 年外购燃料)/应付账款周转次数 \qquad (4-26)$$

（2）扩大指标估算法。

扩大指标估算法是根据现有同类企业的实际资料，求得各种流动资金率指标，亦可依据行业或部门给定的参考值或经验确定比率。将各类流动资金率乘以相对应的费用基数来估算流动资金。一般常用的基数有销售收入、经营成本、总成本费用和固定资产投资等，究竟采用何种基数依行业习惯而定。扩大指标估算法简便易行，但准确度不高，适用于项目建议书阶段的估算。扩大指标估算法计算流动资金的公式为：

$$年流动资金额 = 年费用基数 × 各类流动资金率 \qquad (4-27)$$
$$年流动资金额 = 年产量 × 单位产品产量占用流动资金额 \qquad (4-28)$$

（3）估算流动资金应注意的问题。

①在采用分项详细估算法时，应根据项目实际情况分别确定现金、应收账款、存货和应

付账款的最低周转天数,并考虑一定的保险系数。因为最低周转天数减少,将增加周转次数,从而减少流动资金需用量,因此,必须切合实际地选用最低周转天数。对于存货中的外购原材料和燃料,要分品种和来源,考虑运输方式和运输距离,以及占用流动资金的比重大小等因素确定。

②在不同生产负荷下的流动资金,应按不同生产负荷所需的各项费用金额,分别按照上述的计算公式进行估算,而不能直接按照 100% 生产负荷下的流动资金乘以生产负荷百分比求得。

③流动资金属于长期性(永久性)流动资产,流动资金的筹措可通过长期负债和资本金(一般要求占 30%)的方式解决。流动资金一般要求在投产前一年开始筹措,为简化计算,可规定在投产的第一年开始按生产负荷安排流动资金需用量。其借款部分按全年计算利息,流动资金利息应计入生产期间财务费用,项目计算期末收回全部流动资金(不含利息)。

4.2 建设工程设计概算

建筑工程设计概算是初步设计文件的重要组成部分,是在投资估算的控制下,由设计单位根据初步设计(或扩大初步设计)图纸、概算定额或概算指标、各项费用定额(或取费标准)、建设地区自然条件和技术经济条件,以及设备、材料预算价格等资料,编制和确定的建设项目从筹建至竣工交付生产或使用所需全部费用的经济文件。它是设计文件的一个重要组成部分。

采用两阶段设计的建设项目,初步设计阶段必须编制设计概算:采用三阶段设计的建设项目在技术设计阶段,必须编制修正概算。

设计概算文件必须完整地反映工程项目初步设计的内容,严格执行国家有关的方针、政策和制度,实事求是地根据工程所在地的建设条件。按有关的依据及资料进行编制。设计概算文件包括概算编制说明书、总概算书、单项工程综合概算书、单位工程概算书、工程建设其他费用概算书、分年度投资汇总表、资金供应量汇总表、主要材料表等。

4.2.1 设计概算的编制原则与依据

1. 设计概算的编制原则

①严格执行国家的建设方针和经济政策的原则。设计概算是一项重要的技术经济工作,要严格按照党和国家的方针、政策办事,坚决执行勤俭节约的方针,严格执行规定的设计标准。

②完整、准确地反映设计内容的原则。编制设计概算时,要认真了解设计意图,根据设计文件、图纸准确计算工程量,避免重算和漏算。设计修改后,要及时修正概算。

③坚持结合拟建工程的实际,反映工程所在地当时价格水平的原则。为提高设计概算的准确性,要实事求是地对工程所在地的建设条件,可能影响造价的各种因素进行认真的调查研究。在此基础上正确使用定额、指标、费率和价格等各项编制依据,按照现行工程造价的构成,根据有关部门发布的价格信息及价格调整指数,考虑建设期的价格变化因素,使概算尽可能地反映设计内容、施工条件和实际价格。

2. 设计概算的编制依据

设计概算编制的主要依据有：

①批准的可行性研究报告。

②设计工程量。

③项目涉及的概算指标或定额。

④国家、行业和地方政府有关法律、法规或规定。

⑤资金筹措方式。

⑥施工组织设计。

⑦项目涉及的设备材料供应及价格。

⑧项目的管理(含监理)及施工条件。

⑨项目所在地区有关的气候、水文、地质地貌等自然条件。

⑩项目所在地区有关的经济、人文等社会条件。

⑪项目的技术复杂程度，以及新技术、专利使用情况等。

⑫有关文件、合同、协议等。

4.2.2　设计概算的作用和内容

1. 设计概算的作用

(1)设计概算是编制建设项目投资计划、确定和控制建设项目投资的依据。

设计概算一经批准，将作为控制建设项目投资的最高限额。竣工结算不能突破施工图预算，施工图预算不能突破设计概算。如果由于设计变更等原因使建设费用超过概算，必须重新审查批准。

(2)设计概算是向银行申请贷款的依据。

银行贷款或各单项工程的拨款累计总额不能超过设计概算，如果项目投资计划所列支的投资额与贷款突破设计概算，必须查明原因。之后由建设单位报请上级主管部门调整或追加设计概算总投资，凡未批准之前，银行对其超支部分拒不拨付。

(3)设计概算是控制施工图设计和施工图预算的依据。

设计单位必须按批准的初步设计和总概算进行施工图设计，施工图预算不得突破设计概算，如确需突破总概算时，应按规定程序报批。

(4)设计概算是衡量设计方案经济合理性和选择最佳设计方案的依据。

设计部门在初步设计阶段要选择最佳设计方案，设计概算是从经济角度衡量设计方案经济合理性的重要依据。因此，设计概算是衡量设计方案经济合理性和选择最佳设计方案的依据。

(5)设计概算是考核建设项目投资效果的依据。

通过设计概算与竣工决算对比，可以分析和考核投资效果的好坏，同时还可以验证设计概算的准确性，有利于加强设计概算管理和建设项目的造价管理工作。

2. 设计概算的内容

设计概算可分单位工程概算、单项工程综合概算和建设项目总概算三级。各级之间概算的相互关系如图 4-1 所示。

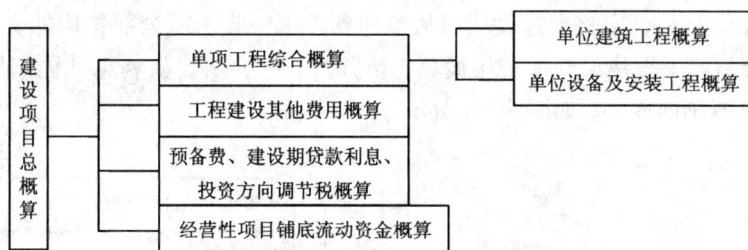

图 4-1 设计概算的内容和组成

(1)单位工程概算。

单位工程概算是确定各单位工程建设费用的文件,是编制单项工程综合概算的依据,是单项工程综合概算的组成部分。单位工程概算按其工程性质分为建筑工程概算和设备及安装工程概算两大类。

(2)单项工程综合概算。

单项工程综合概算是确定一个单项工程所需建设费用的文件,它是由单项工程中的各单位工程概算汇总编制而成的,是建设项目总概算的组成部分。单项工程综合概算的组成内容如图 4-2 所示。

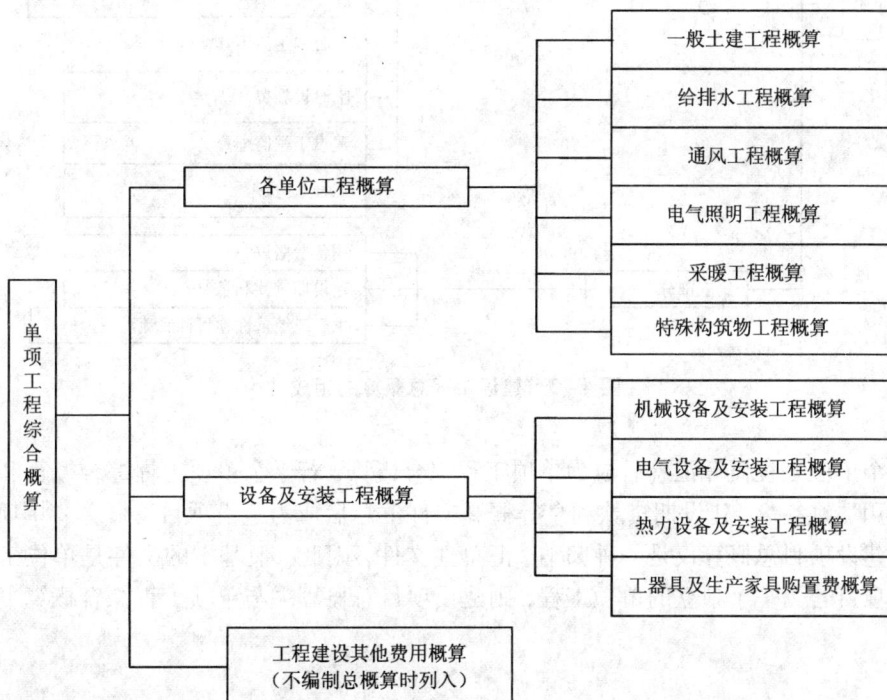

图 4-2 单项工程综合概算的组成

（3）建设项目总概算。

建设项目总概算是确定整个建设项目从筹建到竣工验收所需全部费用的文件，它是由各单项工程综合概算、工程建设其他费用概算、预备费、建设期贷款利息和固定资产投资方向调节税概算汇总编制而成的，如图4-3所示。

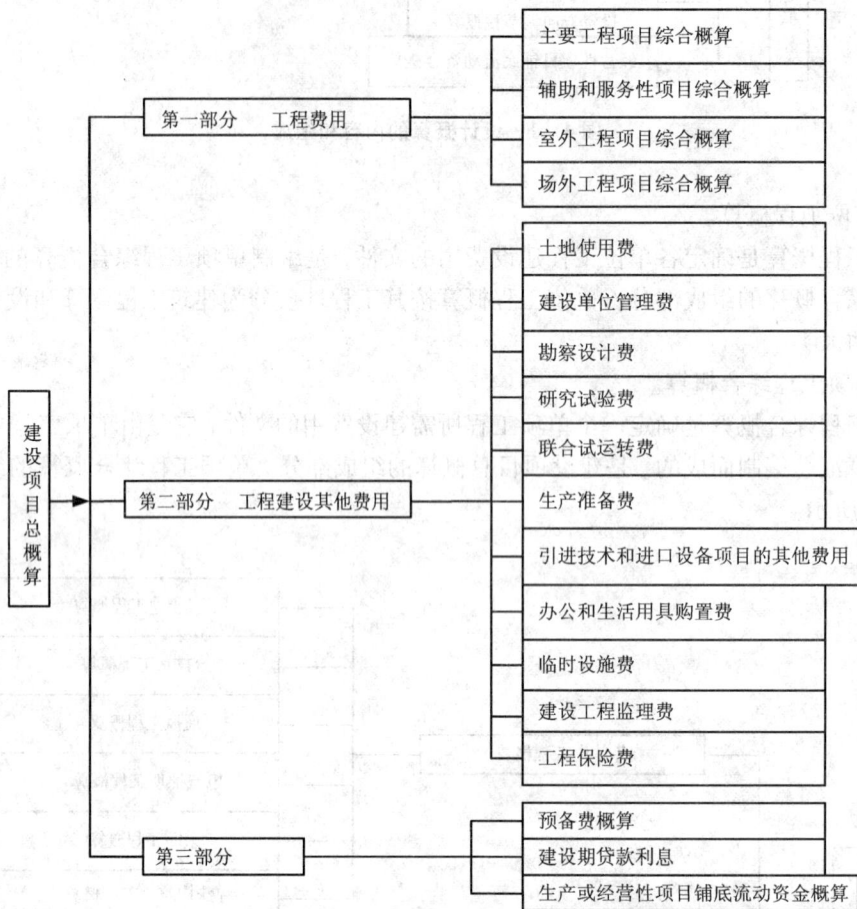

图4-3　建设工程总概算的组成

若干个单位工程概算汇总后成为单项工程综合概算，若干个单项工程综合概算和工程建设其他费用、预备费、建设期贷款利息等概算文件汇总后成为建设项目总概算。单项工程综合概算和建设项目总概算仅是一种归纳、汇总性文件，因此，最基本的文件是单位工程概算书。建设项目若为一个独立的单项工程，则建设项目总概算书与单项工程综合概算书可合并编制。

4.2.3　设计概算的编制方法

1. 单位工程概算的编制方法

（1）单位工程概算内容

单位工程概算书是计算一个独立建筑物或构筑物（即单项工程）中每个专业工程所需工程费用的文件，包括建筑工程概算书和设备及安装工程概算书两类。

单位工程概算是编制单项工程综合概算（或项目总概算）的依据，单位工程概算项目根据单项工程中所属的每个单体按专业分别编制。

建筑工程概算费用内容及组成按照《建筑安装工程费用项目组成》确定，按构成单位工程的主要分部分项工程编制，根据初步设计工程量按工程所在省、市、自治区颁发的概算定额（概算指标）或行业概算定额（概算指标）以及工程费用定额计算。以房屋建筑为例，根据初步设计工程量按工程所在省、市、自治区颁发的概算定额（指标）分土石方工程、基础工程、墙壁工程、梁柱工程、楼地面工程、门窗工程、屋面工程、保温防水工程、室外附属工程、装饰工程等项编制概算，编制深度应达到《建设工程工程量清单计价规范》的要求。

设备及安装工程概算由设备购置费和安装工程费组成。

$$定型或成套设备购置费 = 设备出厂价格 + 运输费 + 采购保管费 \qquad (4-29)$$

非标准设备原价有多种不同的计算方法，如综合单价法、成本计算估价法、系列设备插入估价法、分部组合估价法、定额估价法等。工具、器具及生产家具购置费一般以设备购置费为计算基数，按照部门或行业规定的工具、器具及生产家具费率计算（参见第 5 章）。设备及安装工程概算采用"设备及安装工程概算表"形式，按构成单位工程的主要分部分项工程编制，根据初步设计工程量按工程所在省、市、自治区颁发的概算定额（概算指标）或行业概算定额（概算指标），以及工程费用定额计算。概算编制深度参照《建筑安装工程工程量清单计价规范》深度执行。

（2）单位工程概算费用计算程序

单位工程概算的计算程序和费率因取费计价基础的不同，有如表 4-3 和表 4-4 两种情况，当采用一般计税法时，材料、机械台班单价均执行除税单价。

2. 建筑工程概算的编制方法

编制建筑单位工程概算一般有扩大单价法、概算指标法两种，可根据编制条件、依据和要求的不同适当选取。对于通用结构建筑可采用"造价指标"编制概算；对于特殊或重要的建构筑物，必须按构成单位工程的主要分部分项工程编制，必要时结合施工组织设计进行详细计算。

（1）扩大单价法。

首先根据概算定额编制成扩大单位估价表（概算定额基价）。概算定额一般以分部工程为对象，包括分部工程所含的分项工程，完成某单位分部工程所消耗的各种材料人工、机具的数量额度，以及相应的费用。扩大单位估价表是确定单位工程中各扩大分部分项工程或完整的结构构件所需全部材料费、人工费、施工机具使用费之和的文件。计算公式为：

表4-3 单位工程概算费用计算程序及费率表(一般计税法,人工费和机械费为计价基础)

序号	费用名称	计算基础及计算程序	费率/%			
			建筑	市政道路、桥涵、隧道、构筑物	机械土石方	仿古建筑
1	直接费	1.1~1.8项				
1.1	人工费	直接工程费和施工措施费中的人工费				
1.2	材料费	直接工程费和施工措施费中的材料费				
1.3	机械费	直接工程费和施工措施费中的机械费				
1.4	主材费	除1.2项以外的主材费				
1.5	大型施工机械进出场及安拆费	(1.1~1.4项)×费率	0.5	0.5	1.5	0.5
1.6	工程排水费	(1.1~1.4项)×费率	0.2	0.2	0.2	0.2
1.7	冬雨季施工增加费	(1.1~1.4项)×费率	0.16	0.16	0.16	0.16
1.8	零星工程费	(1.1~1.4项)×费率	5	4	3	4
2	企业管理费	按规定计算的(人工费+机械费)×费率	23.33	18.27	6.19	24.36
3	利润	按规定计算的(人工费+机械费)×费率	25.42	23.54	7.97	26.54
4	安全文明施工增加费	按规定计算的(人工费+机械费)×费率	24.77	19.76	6.87	24.90
5	其他					
6	规费	(1~5项)×费率	3.78	3.78	3.78	3.78
		1.1项人工费总额×费率	9.5	9.5	9.5	9.5
7	建安费用	1~6项合计				
8	销项税额	7项×税率	11	11	11	11
9	附加税费	(7+8项)×费率 市区	0.36	0.36	0.36	0.36
		县镇	0.3	0.3	0.3	0.3
		其他	0.18	0.18	0.18	0.18
10	单位工程概算总价	7~9项合计				

表4-4　单位工程概算费用计算程序及费率表
（一般计税法，人工费为计价基础）

序号	费用名称	计算基础及计算程序		费率/%			
				单独装饰工程	安装	市政给排水、燃气	园林景观、绿化
1	直接费	1.1～1.8项					
1.1	人工费	直接工程费和施工措施费中的人工费					
1.2	材料费	直接工程费和施工措施费中的材料费					
1.3	机械费	直接工程费和施工措施费中的机械费					
1.4	主材费	除1.2项以外的主材费					
1.5	大型施工机械进出场及安拆费	(1.1～1.4项)×费率		0.5	0.5	0.5	0.5
1.6	工程排水费	(1.1～1.4项)×费率		0.2	0.2	0.2	0.2
1.7	冬雨季施工增加费	(1.1～1.4项)×费率		0.16	0.16	0.16	0.16
1.8	零星工程费	(1.1～1.4项)×费率		5	4	3	4
2	企业管理费	按规定计算的人工费×费率		33.18	28.98	23.32	25.02
3	利润	按规定计算的人工费×费率		36.16	31.59	30.01	32.25
4	安全文明施工增加费	按规定计算的人工费×费率		29.62	27.33	23.22	26.04
5	其他						
6	规费	(1～5项)×费率		3.78	3.78	3.78	3.78
		1.1项人工费总额×费率		9.5	9.5	9.5	9.5
7	建安费用	1～6项合计					
8	销项税额	7项×税率		11	11	11	11
9	附加税费	(7+8项)×费率	市区	0.36	0.36	0.36	0.36
			县镇	0.3	0.3	0.3	0.3
			其他	0.18	0.18	0.18	0.18
10	单位工程概算总价	7～9项合计					

概算定额基价 = 概算定额单位材料费 + 概算定额人工费 + 概算定额单位施工机具使用费

$$= \sum（概算定额中材料消耗量 × 材料预算价格）+$$

$$\sum（概算定额中人工工日消耗量 × 人工工资单价）+$$

$$\sum（概算定额中施工机具台班消耗量 × 机具台班费用单价）\quad（4-30）$$

将扩大分部分项工程的工程量乘以扩大单位估价进行计算。其中工程量的计算，必须按概算定额中规定的各个分部分项工程内容，遵循定额中规定的计量单位、工程量计算规则及方法来进行。具体的编制步骤为：

①根据初步设计图纸和说明书，按概算定额中划分的项目计算工程量。

②根据计算的工程量套用相应的扩大单位估价，计算出材料费、人工费、施工机械使用费三者之和。

③根据有关取费标准计算企业管理费、规费、利润和税金。

④将上述各项费用累加，其和为建筑工程概算造价。

采用扩大单价法编制建筑工程概算比较准确，但计算较繁琐。在套用扩大单位估价表时，若所在地区的工资标准及材料预算价格与概算定额不符，则需要重新编制扩单位估价或测定系数加以修正。

当初步设计达到一定深度、建筑结构比较明确时，可采用这种方法编制建筑工程概算。

（2）概算指标法。

由于设计深度不够等原因，对一般附属、辅助和服务工程等项目，以及住宅和文化福利工程项目或投资比较小、比较简单的工程项目，可采用概算指标法编制概算。

概算指标是比概算定额更综合和简化的综合造价指标。一般以单位工程或分部工程为对象，包括所含的分部工程或分项工程，完成某计量单位的单位工程或分部工程所需的直接费用。通常以每 $100 \ m^2$ 建筑面积或每 $1000 \ m^3$ 建筑体积的人工、材料消耗以及施工机具消耗指标，结合本地的工资标准、材料预算价格计算人工费、材料费、施工机具使用费。

其具体步骤如下：

①计算单位建筑面积或体积（以 100 或 1000 为单位）的人工费、材料费、施工机具使用费。

②计算单位建筑面积或体积的企业管理费、利润、规费、税金及概算单价。概算单价为各项费用之和。

③计算单位工程概算价值。

$$概算价值 = 单位工程建筑面积或建筑体积 × 概算单价 \quad（4-31）$$

④计算技术经济指标。

当设计对象结构特征与概算指标的结构特征局部有差别时，可用修正概算指标，再根据已计算的建筑面积或建筑体积乘以修正后的概算指标及单位价值，算出工程概算价值。

3. 设备及安装工程概算的编制

设备及安装工程分为机械设备及安装工程和电气设备及安装工程两部分。设备及安装工程的概算由设备购置费和安装工程费两部分组成。

设备购置费构成内容及估算方法参见第 3 章。

设备安装工程概算编制的基本方法有：

①预算单价法。当初步设计有详细设备清单时，可直接按预算单价(预算定额单价)编制设备安装工程概算。根据计算的设备安装工程量，乘以安装工程预算单价，经汇总求得。

用预算单价法编制概算，计算比较具体，精确性较高。

②扩大单价法。当初步设计的设备清单不完备，或仅有成套设备的重量时，可采用主体设备，成套设备或工艺线的综合扩大安装单价编制概算。

③概算指标法。当初步设计的设备清单不完备，或安装预算单价及扩大综合单价不全，无法采用预算单价法和扩大单价法时，可采用概算指标编制概算。

4. 建设工程总概算及单项工程综合概算的编制

1)单项工程综合概算的编制

单项工程综合概算是确定单项工程建设费用的综合性文件，是由该单项工程的各专业的单位工程概算汇总而成的，是建设项目总概算的组成部分。

单项工程综合概算文件一般包括编制说明(不编制总概算时列入)、综合概算表(含其所附的单位工程概算表和建筑材料表)两大部分。当建设项目只有一个单项工程时，此时综合概算文件(实为总概算)除包括上述两大部分外，还应包括工程建设其他费用、建设期贷款利息、预备费和固定资产投资方向调节税的概算。

单项工程综合概算文件的内容包括以下几个部分。

(1)编制说明。编制说明应列在综合概算表的前面，其内容为：

①工程概况。简述建设项目性质、特点、生产规模、建设周期、建设地点等主要情况。引进项目要说明引进内容以及与国内配套工程等主要情况。

②编制依据。包括国家和有关部门的规定、设计文件。现行概算定额或概算指标、设备材料的预算价格和费用指标的等。

③编制方法。说明设计概算是采用概算定额法，还是采用概算指标法，或其他方法。

④其他必要的说明。

(2)综合概算表。综合概算表是根据单项工程所辖范围内的各单位工程概算等基础资料，按照国家或部委所规定统一表格进行编制。

①综合概算表的项目组成。工业建设项目综合概算表由建筑工程和设备及安装工程两大部分组成；民用工程项目综合概算表就是建筑工程一项。

②综合概算的费用组成。一般应包括建筑工程费用、安装工程费用、设备购置及工器具和生产家具购置费。当不编制总概算时，还应包括工程建设其他费用、建设期贷款利息、预备费等费用项目。

2)建设项目总概算的编制

建设项目总概算是设计文件的重要组成部分，是确定整个建设项目从筹建到竣工交付使用所预计花费的全部费用的文件。它是由各单项工程综合概算、工程建设其他费用、建设期贷款利息、预备费和经营性项目的铺底流动资金概算所组成、按照主管部门规定的统一表格进行编制而成的。

设计总概算文件一般应包括：编制说明、总概算表、各单项工程综合概算表、工程建设其他费用概算表、主要建筑安装材料汇总表等。独立装订成册的总概算文件应加封面、签署页(扉页)和目录。

(1)概算编制说明。概算编制说明应包括以下主要内容：

①项目概况：简述建设项目的建设地点、设计规模、建设性质（新建、扩建或改建）、工程类别、建设期（年限）主要工程内容、主要工程量、主要工艺设备及数量等。

②主要技术经济指标：项目概算总投资（有引进的给出所需外汇额度）及主要分项投资、主要技术经济指标（主要单位投资指标）等。

③资金来源：按资金来源的不同渠道分别说明，发生资产租赁的说明租赁方式及租金。

④编制依据。

⑤其他需要说明的问题。

⑥附录表：建筑、安装工程工程费用计算程序表；引进设备材料清单及从属费用计算表；具体建设项目概算要求的其他附表及附件。

（2）总概算表。概算总投资由工程费用、其他费用、预备费及应列入项目概算总投资中的几项费用组成。

第一部分工程费用：按单项工程综合概算组成编制，采用二级编制的按单位工程概算组成编制（图4-1，图4-2）。市政民用建设项目一般排列顺序：主体建（构）筑物、辅助建（构）筑物、配套系统。工业建设项目一般排列顺序：主要工艺生产装置、辅助工艺生产装置、公用工程、总图运输、生产管理服务性工程、生活福利工程、场外工程。

第二部分其他费用：一般按其他费用概算顺序列项。

第三部分预备费：包括基本预备费和涨价预备费。

第四部分应列入项目概算总投资中的几项费用：建设期利息，铺底流动资金。

4.2.4　设计概算的审查

1. 概算文件的质量要求

设计概算文件编制必须建立在正确、可靠、充分的编制依据基础之上。

设计概算文件编制人员应与设计人员密切配合，以确保概算的质量，项目设计负责人和概算负责人应对全部设计概算的质量负责。有关的设计概算文件编制人员应参与设计方案的讨论，与设计人员共同做好方案的技术经济比较工作，以选出技术先进、经济合理的最佳设计方案。设计人员要坚持正确的设计指导思想，树立以经济效益为中心的观念，严格按照批准的可行性研究报告或立项批文所规定的内容及控制投资额度进行限额设计，并严格按照规定要求，提出满足概算文件编制深度的设计技术资料。设计概算文件编制人员应对投资的合理性负责，杜绝不合理的人为增加或减少投资额度。

设计单位完成初步设计概算后发送发包人，发包人必须及时组织力量对概算进行审查，并提出修改意见反馈设计单位。由设计、建设双方共同核实取得一致意见后，由设计单位进行修改，再随同初步设计一并报送主管部门审批。

概算负责人、审核人、审定人应由国家注册造价工程师担任，具体规定由省、市建委或行业造价主管部门制定。

设计概算应按编制时项目所在地的价格水平编制，总投资应完整地反映编制时建设项目的实际投资；设计概算应考虑建设项目施工条件等因素对投资的影响；还应按项目合理工期预测建设期价格水平，以及资产租赁和贷款的时间价值等动态因素对投资的影响；建设项目总投资还应包括铺底流动资金。

2. 设计概算审查的主要内容

1）审查设计概算的编制依据

①合法性审查。采用的各种编制依据必须经过国家或授权机关的批准，符合国家的编制规定。未经过批准的不得以任何借口采用，不得强调特殊理由擅自提高费用标准。

②时效性审查。对定额、指标、价格、取费标准等各种依据，都应根据国家有关部门的现行规定执行。对颁发时间较长、已不能全部适用的应按有关部门做的调整系数执行。

③适用范围审查。各主管部门、各地区规定的各种定额及其取费标准均有其各自的适用范围，特别是各地区的材料预算价格区域性差别较大，在审查时应给予高度重视。

2）审查设计概算构成内容

由于单位工程概算是设计概算的主要组成部分，本节主要介绍单位工程设计概算构成的审查。

（1）建筑工程概算的审查。

①工程量审查。根据初步设计图纸、概算定额、工程量计算规则的要求进行审查。

②采用的定额或指标的审查。审查定额或指标的使用范围、定额基价、指标的调整、定额或指标缺项的补充等。其中，审查补充的定额或指标时，其项目划分、内容组成、编制原则等须与现行定额水平相一致。

③材料预算价格的审查。以耗用量最大的主要材料作为审查的重点，同时着重审查材料原价、运输费用及节约材料运输费用的措施。

④各项费用的审查。审查各项费用所包含的具体内容是否重复计算或遗漏、取费标准是否符合国家有关部门或地方规定的标准。

（2）设备及安装工程概算的审查。

设备及安装工程概算审查的重点是设备清单与安装费用的计算。

①标准设备原价，应根据设备所被管辖的范围，审查各级规定的统一价格标准。

②非标准设备原价，除审查价格的估算依据、估算方法外还要分析研究非标准设备估价准确度的有关因素及价格变动规律。

③设备运杂费审查，需注意：若设备价格中已包括包装费和供销部门手续费时不应重复计算，应相应降低设备运杂费率。

④进口设备费用的审查，应根据设备费用各组成部分及国家设备进口、外汇管理、海关、税务等有关部门不同时期的规定进行。

⑤设备安装工程概算的审查，除编制方法、编制依据外，还应注意审查：采用预算单价或扩大综合单价计算安装费时的各种单价是否合适、工程量计算是否符合规则要求、是否准确无误；当采用概算指标计算安装费时采用的概算指标是否合理、计算结果是否达到精度要求；审查所需计算安装费的设备数量及种类是否符合设计要求，避免某些不需安装的设备安装费计入在内。

3. 设计概算审查的方式

设计概算审查一般采用集中会审的方式进行。根据审查人员的业务专长分组，将概算费用进行分解，分别审查，最后集中讨论定案。

设计概算审查是一项复杂而细致的技术经济工作，审查人员既应懂得有关专业技术知识，又应具有熟练编制概算的能力，可按如下步骤进行：

（1）概算审查的准备。

概算审查的准备工作包括了解设计概算的内容组成、编制依据和方法；了解建设规模、设计能力和工艺流程；熟悉设计图纸和说明书，掌握概算费用的构成和有关技术经济指标；明确概算各种表格的内涵；收集概算定额、概算指标、取费标准等有关规定的文件资料等。

（2）进行概算审查。

根据审查的主要内容，分别对设计概算的编制依据、单位工程设计概算、综合概算、总概算进行逐级审查。

（3）进行技术经济对比分析。

利用规定的概算定额或指标以及有关的技术经济指标与设计概算进行分析对比，根据设计和概算列明的工程性质、结构类型、建设条件、费用构成、投资比例、占地面积、生产规模、建筑面积、设备数量、造价指标、劳动定员等与国内外同类型工程规模进行对比分析，找出与同类型项目的主要差距。

（4）调查研究。

对概算审查中出现的问题要在对比分析、找出差距的基础上深入现场进行实际调查研究。了解设计是否经济合理、概算编制依据是否符合现行规定和施工现场实际、有无扩大规模、多估投资或预留缺口等情况，并及时核实概算投资。对于当地没有同类型的项目而不能进行对比分析时，可向国内同类型企业进行调查，收集资料，作为审查的参考。经过会审决定的定案问题应及时调整概算，并经原批准单位下发文件。

（5）概算调整。

对审查过程中发现的问题要逐一理清，对建成项目的实际成本和有关数据资料等进行整理调整并积累相关资料。

设计概算投资一般应控制在立项批准的投资控制额以内；如果设计概算值超过控制额，必须修改设计或重新立项审批；设计概算批准后不得任意修改和调整；如需修改或调整时，须经原批准部门重新审批。

4.2.5　限额设计及设计方案的优化

设计阶段是分析处理工程技术和经济的关键环节，也是有效控制工程造价的重要阶段。在工程设计阶段，工程造价管理人员需要密切配合设计人员，协助其处理好工程技术先进性与经济合理性之间的关系。在初步设计阶段，要按照可行性研究报告及投资估算进行多方案的技术经济比较，确定初步设计方案；在施工图设计阶段，要按照审批的初步设计内容、范围和概算造价进行技术经济评价与分析，确定施工图设计方案。

设计阶段工程造价管理的主要方法是通过多方案技术经济分析，优化设计方案；同时，通过推行限额设计和标准化设计，有效控制工程造价。

1. 限额设计

限额设计是指按照批准的可行性研究报告中的投资限额进行初步设计、按照批准的初步设计概算进行施工图设计、按照施工图预算造价编制施工图设计中各个专业设计文件的过程。

限额设计中，工程使用功能不能减少，技术标准不能降低，工程规模也不能削减。因此，限额设计需要在投资额度不变的情况下，实现使用功能和建设规模的最大化。限额设计是工程造价控制系统中的一个重要环节，是设计阶段进行技术经济分析，实施工程造价控制的一项重要措施。

（1）限额设计的工作内容。

①投资决策阶段。投资决策阶段是限额设计的关键。对政府工程而言，投资决策阶段的可行性研究报告是政府部门核准投资总额的主要依据，而批准的投资总额则是进行限额设计的重要依据，因此，应在多方案技术经济分析和评价后确定最终方案，提高投资估算的准确度，合理确定设计限额目标。

②初步设计阶段。初步设计阶段需要依据最终确定的可行性研究方案和投资估算，对影响投资的因素按照专业进行分解，并将规定的投资限额下达到各专业设计人员。设计人员应用价值工程的基本原理，通过多方案技术经济比选，创造出价值较高、技术经济性较为合理的初步设计方案，并将设计概算控制在批准的投资估算内。

③施工图设计阶段。施工图是设计单位的最终成果文件，应按照批准的初步设计方案进行限额设计，施工图预算需控制在批准的设计概算范围内。

（2）限额设计的实施程序。

限额设计强调技术与经济的统一，需要工程设计人员和工程造价管理专业人员密切合作。工程设计人员进行设计时，应基于建设工程全寿命期，充分考虑工程造价的影响因素，对方案进行比较，优化设计；工程造价管理专业人员要及时进行投资估算，在设计过程中协助工程设计人员进行技术经济分析和论证，从而达到有效控制工程造价的目的。

限额设计的实施是建设工程造价目标的动态反馈和管理过程，可分为目标制定、目标分解、目标推进和成果评价四个阶段。

①目标制定。限额设计的目标包括：造价目标、质量目标、进度目标、安全目标及环境目标。工程项目各目标之间既相互关联又相互制约，因此，在分析论证限额设计目标时，应统筹兼顾，全面考虑，追求技术经济合理的最佳整体目标。

②目标分解。分解工程造价目标是实行限额设计的一个有效途径和主要方法。首先，将上一阶段确定的投资额分解到建筑、结构、电气、给排水和暖通等设计部门的各个专业。其次，将投资限额再分解到各个单项工程、单位工程、分部工程及分项工程。在目标分解过程中，要对设计方案进行综合分析与评价。最后，将各细化的目标明确到相应的设计人员，制定明确的限额设计方案。通过层层目标分解和限额设计，实现对投资限额的有效控制。

③目标推进。目标推进通常包括限额初步设计和限额施工图设计两个阶段。

限额初步设计阶段应严格按照分配的工程造价控制目标进行方案的规划和设计。在初步设计方案完成后，由工程造价管理专业人员及时编制初步设计概算，并进行初步设计方案的技术经济分析，直至满足限额要求。初步设计只有在满足各项功能要求并符合限额设计目标的情况下，才能作为下一阶段的限额目标给予批准。

施工图设计阶段应遵循各目标协调并进的原则，做到各目标之间的有机结合和统一，防止偏废其中任何一个。在施工图设计完成后，进行施工图设计的技术经济论证，分析施工图预算是否满足设计限额要求，以供设计决策者参考。

④成果评价。成果评价是目标管理的总结阶段。通过对设计成果的评价，总结经验和教训，作为指导和开展后续工作的重要依据。

值得指出的是，当考虑建设工程全寿命期成本时，按照限额要求设计出的方案可能不一定具有最佳的经济性，此时亦可考虑突破原有限额，重新选择设计方案。

2. 设计方案优化

设计方案优化是设计过程的重要环节，它是指通过技术比较、经济分析和效益评价，正确处理技术先进与经济合理之间的关系，力求达到技术先进与经济合理的和谐统一。

优化设计方案，首先需进行设计方案的评价。通常采用技术经济分析法，即将技术与经济相结合，按照建设工程经济效果，针对不同的设计方案，分析其技术经济指标，从中选出经济效果最优的方案。由于设计方案不同，其功能、造价、工期和设备、材料、人工消耗等标准均存在差异，因此，技术经济分析法不仅要考察工程技术方案，更要关注工程费用。

（1）基本程序。

设计方案评价与优化的基本程序如下：

①按照使用功能、技术标准、投资限额的要求，结合工程所在地实际情况，探讨和建立可能的设计方案。

②从所有可能的设计方案中初步筛选出各方而都较为满意的方案作为比选方案。

③根据设计方案的评价目的，明确评价的任务和范围。

④确定能反映方案特征并能满足评价目的的指标体系。

⑤根据设计方案计算各项指标及对比参数。

⑥根据方案评价的目的，将方案的分析评价指标分为基本指标和主要指标，通过评价指标的分析计算，排出方案的优劣次序，并提出推荐方案。

⑦综合分析，进行方案选择或提出技术优化建议。

⑧对技术优化建议进行组合搭配，确定优化方案。

⑨实施优化方案并总结备案。

在设计方案评价与优化过程中，建立合理的指标体系，并采取有效的评价方法进行方案优化是最基本和最重要的工作内容。

（2）评价指标体系。

设计方案的评价指标是方案评价与优化的衡量标准，对于技术经济分析的准确性和科学性具有重要作用。内容严谨、标准明确的指标体系，是对设计方案进行评价与优化的基础。

评价指标应能充分反映工程项目满足社会需求的程度，以及为取得使用价值所需投入的社会必要劳动和社会必要消耗量。因此，指标体系应包括以下内容：

①使用价值指标，即工程项目满足需要程度（功能）的指标。

②反映创造使用价值所消耗的社会劳动消耗量的指标。

③其他指标。

对建立的指标体系，可按指标的重要程度设置主要指标和辅助指标，并选择主要指标进行分析比较。

（3）评价方法。

设计方案的评价方法主要有多指标法、单指标法以及多因素评分法。

①多指标法。多指标法就是采用多个指标，将各个对比方案的相应指标值逐一进行分析比较，按照各种指标数值的高低对其作出评价。其评价指标包括：

a. 工程造价指标。造价指标是指反映建设工程一次性投资的综合货币指标，根据分析和评价工程项目所处的时间段，可依据设计概（预）算予以确定。例如，每平方米建筑造价、给排水工程造价、采暖工程造价、通风工程造价、设备安装工程造价等。

b. 主要材料消耗指标。该指标从实物形态的角度反映主要材料的消耗数量，如钢材消耗量指标、水泥消耗量指标、木材消耗量指标等。

c. 劳动消耗指标。该指标所反映的劳动消耗量，包括现场施工和预制加工厂的劳动消耗。

d. 工期指标。工期指标是指建设工程从开工到竣工所耗费的时间，可用来评价不同方案对工期的影响。

以上四类指标，可以根据工程的具体特点来选择。从建设工程全面造价管理的角度考虑，仅利用这四类指标还不能完全满足设计方案的评价，还需要考虑建设工程全寿命期成本，并考虑工期成本、质量成本、安全成本及环保成本等诸多因素。

在采用多指标法对不同设计方案进行分析和评价时，如果某一方案的所有指标都优于其他方案，则为最佳方案 1 如果各个方案的其他指标都相同，只有一个指标相互之间有差异，则该指标最优的方案就是最佳方案。这两种情况对于优选决策来说都比较简单，但实际中很少有这种情况。在大多数情况下，不同方案之间往往是各有所长，有些指标较优，有些指标较差，而且各种指标对方案经济效果的影响也不相同。这时，若采用加权求和的方法，各指标的权重又很难确定，因而需要采用其他分析评价方法，如单指标法。

①单指标法。单指标法是以单一指标为基础对建设工程技术方案进行综合分析与评价的方法。单指标法有很多种类，各种方法的使用条件也不尽相同，较常用的有以下几种：

a. 综合费用法。这里的费用包括方案投产后的年度使用费、方案的建设投资以及由于工期提前或延误而产生的收益或亏损等。该方法的基本出发点在于将建设投资和使用费结合起来考虑，同时考虑建设周期对投资效益的影响，以综合费用最小为最佳方案。综合费用法是一种静态价值指标评价方法，没有考虑资金的时间价值，只适用于建设周期较短的工程。此外，由于综合费用法只考虑费用，未能反映功能、质量、安全、环保等方面的差异，因而只有在方案的功能、建设标准等条件相同或基本相同时才能采用。

b. 全寿命期费用法。建设工程全寿命期费用除包括筹建、征地拆迁、咨询、勘察、设计、施工、设备购置以及贷款支付利息等与工程建设有关的一次性投资费用之外，还包括工程完成后交付使用期内经常发生的费用支 m，如维修费、设施更新费、采暖费、电梯费、空调费、保险费等。这些费用统称为使用费，按年计算时称为年度使用费。全寿命期费用评价法考虑了资金的时间价值，是一种动态的价值指标评价方法。由于不同技术方案的寿命期不同，因此，应用全寿命期费用评价法计算费用时，不用净现值法，而用年度等值法，以年度费用最小者为最优方案。

c. 价值工程法。价值工程法主要是对产品进行功能分析，研究如何以最低的全寿命期成本实现产品的必要功能，从而提高产品价值。在建设工程施工阶段应用该方法来提高建设工程价值的作用是有限的。要使建设工程的价值能够大幅提高，获得较高的经济效益，必须首先在设计阶段应用价值工程法，使建设工程的功能与成本合理匹配。也就是说，在设计中应用价值工程的原理和方法，在保证建设工程功能不变或功能改善的情况下，力求节约成本，以设计出更加符合用户要求的产品。

价值工程在工程设计中的运用过程实际上是发现矛盾、分析矛盾和解决矛盾的过程。具体地说，就是分析功能与成本间的关系，以提高建设工程的价值系数。工程设计人员要以提高价值为目标，以功能分析为核心，以经济效益为出发点，从而真正实现对设计方案的优化。

d. 多因素评分优选法。多因素评分法是多指标法与单指标法相结合的一种方法。对需要进行分析评价的设计方案设定若干个评价指标，按其重要程度分配权重，然后按照评价标准给各指标打分，将各项指标所得分数与其权重采用综合方法整合，得出各设计方案的评价总分，以获总分最高者为最佳方案。多因素评分优选法综合了定量分析评价与定性分析评价的优点，可靠性高，应用较广泛。

(4)方案优化。

设计优化是使设计质量不断提高的有效途径，在设计招标以及设计方案竞赛过程中可以将各方案的可取之处重新组合，吸收众多设计方案的优点，使设计更加完美。而对于具体方案，则应综合考虑工程质量、造价、工期、安全和环保五大目标，基于全要素造价管理进行优化。

工程项目五大目标之间的整体相关性，决定了设计方案的优化必须考虑工程质量、造价、工期、安全和环保五大目标之间的最佳匹配，力求达到整体目标最优，而不能孤立、片面地考虑某一目标或强调某一目标而忽略其他目标。在保证工程质量和安全、保护环境的基础上，追求全寿命期成本最低的设计方案。

4.3 施工图预算

4.3.1 施工图预算概述

1. 施工图预算及计价模式

施工图预算是以施工图设计文件为主要依据，按照规定的程序、方法和依据，在施工图设计阶段编制的工程计价文件。

按预算造价的计算方式和管理方式的不同，施工图预算可以划分为以下两种计价模式。

(1)传统计价模式。

传统计价模式是采用国家、部门或地区统一规定的定额和取费标准进行工程计价的模式，通常也称为定额计价模式。先根据预算定额中的工程量计算规则计算工程量，再根据定额单价(单位估价表)计算出对应工程所需的工料机费用、管理费用及利润和税金等，汇总得到工程造价。

传统计价模式对我国建设工程的投资计划管理和招投标起到过很大的作用，但其计价模式的工、料、机消耗量是根据"社会平均水平"综合测定，取费标准是根据不同地区价格水平的平均测算，企业自主报价的空间很小，不能结合项目具体情况、自身技术管理水平和市场价格自主报价，也不能满足招标人对建筑产品质优价廉的要求。同时，由于工程量计算由招投标的各方单独完成，计价基础不统一，不利于招标工作的规范性。在工程施工过程中及完工后进行工程进度款结算和竣工结算都非常繁琐，易引起争议。目前，主要是在施工图设计阶段确定投资额时采用此种计价方式。

(2)工程量清单计价模式。

工程量清单计价模式是指按照建设工程工程量计算规范规定的工程量计算规则，由招标人提供工程量清单和有关技术说明，投标人根据自身实力，按企业定额、资源市场单价以及市场供求及竞争状况进行的计价模式。目前，在招投标阶段进行工程交易时都采用此种计价方式编制招标控制价及投标报价。

2. 施工图预算的作用

①施工图预算是施工图设计阶段控制工程造价的重要环节，是控制施工图预算部突破设计概算的重要措施。

②施工图预算是编制招标控制价的基础。

③施工图预算是发包人在施工期间安排建设资金计划和使用建设资金的依据。

④施工图预算是工程造价管理部门监督检查企业执行定额标准情况、确定合理的工程造价、测算造价指数的依据。

⑤施工图预算是仲裁、管理、司法机关在处理合同经济纠纷时的重要依据。

3. 施工图预算的编制依据

①国家、行业和地方政府发布的计价依据，有关法律、法规和规定。

②建设项目有关文件、合同、协议等。

③批准的初步设计概算。

④批准的施工图设计图纸及相关标准图集和规范。

⑤相应预算定额和地区单位估价表。

⑥合理的施工组织设计和施工方案等文件。

⑦项目有关的设备、材料供应合同、价格及相关说明书。

⑧项目所在地区有关的气候、水文、地质地貌等的自然条件。

⑨项目的技术复杂程度，以及新技术、专利使用情况等。

⑩项目所在地区有关的经济、人文等社会条件。

⑪建筑工程费用定额和各类成本与费用价差调整的有关规定。

⑫造价工作手册及有关工具书。

4.3.2　施工图预算的编制内容

根据《建设项目施工图预算编审规程》CECA/GC 5—2010，施工图预算的构成如图 4-4 所示。

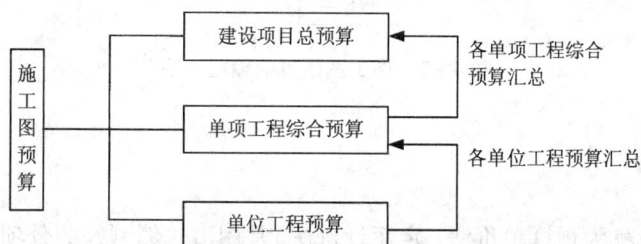

图 4-4　施工图预算构成

施工图预算根据建设项目实际情况可采用三级预算编制或二级预算编制形式。当建设项目有多个单项工程时，应采用三级预算编制形式，三级预算编制形式由建设项目总预算、单项工程综合预算、单位工程预算组成。当建设项目只有一个单项工程时,应采用二级预算编制形式,二级预算编制形式由建设项目总预算和单位工程预算组成。

1.建设项目总预算

建设项目总预算是反映施工图设计阶段建设项目投资总额的造价文件,是施工图预算文件的主要组成部分。总预算由组成该建设项目的各个单项工程综合预算和相关费用组成。

2.单项工程综合预算

单项工程综合预算是反映施工图设计阶段一个单项工程(设计单元)造价的文件,是总预算的组成部分。单项工程综合预算由构成该单项工程的各个单位工程施工图预算组成。

3.单位工程预算

单位工程预算是依据单位工程施工图设计文件、现行预算定额以及人工、材料和施工机具台班价格等,按照规定的计价方法编制的工程造价文件。

4.工程预算文件的内容

采用三级预算编制形式的工程预算文件包括:封面、签署页及目录、编制说明、总预算表、综合预算表、单位工程预算表、附件等内容。

采用二级预算编制形式的工程预算文件包括:封面、签署页及目录、编制说明、总预算表、单位工程预算表、附件等内容。

各表格形式详见《建设项目施工图预算编审规程》CECA/GC 5—2010。

4.3.3 单位工程施工图预算的编制

单位工程施工图预算的编制是编制各级预算的基础。单位工程预算包括单位建筑工程预算和单位设备及安装工程预算。单位建筑工程预算与安装工程预算包含的内容参见图4-5。

《建设项目施工预算编审规程》CECA/GC 5—2010中给出的单位工程施工图预算的编制方法,如图4-5所示。

图4-5 施工图预算的编制方法

1.单价法

1)定额单价法

定额单价法(也称为预算单价法、定额计价法)是用事先编制好的分项工程的单位估价表来编制施工图预算的方法。按施工图及计算规则计算的各分项工程的工程量,乘以相应工料机单价,汇总相加,得到单位工程的人工费、材料费、施工机具使用费之和;再加上按规定程序计算出企业管理费、利润、措施费、其他项目费、规费、税金,便可得出单位工程的施工图预算造价。

定额单价法编制施工图预算的基本步骤如下：

（1）编制前的准备工作。

编制施工图预算的过程是具体确定建筑安装工程预算造价的过程。编制施工图预算，不仅要严格遵守国家计价政策、法规，严格按施工图计量，而且还要考虑施工现场条件因素，是一项复杂而细致的工作，是一项政策性和技术性都很强的工作。因此，必须事前做好充分准备，方能编制出高水平的施工图预算。准备工作包括两大方面：一是组织准备；二是资料的收集和现场情况的调查。

（2）熟悉图纸和预算定额以及单位估价表。

图纸是编制施工图预算的基本依据。熟悉图纸不但要弄清图纸的内容，还应对图纸进行审核。

①图纸间相关尺寸是否有误。

②设备与材料表上的规格、数量是否与图示相符，详图、说明、尺寸和其他符号是否正确等，若发现错误应及时纠正。

③图纸是否有设计更改通知（或类似文件通过对图纸的熟悉，要了解工程的性质、系统的组成，设备和材料的规格型号和品种，以及有无新材料、新工艺的采用。

预算定额和单位估价表是编制施工图预算的计价标准，对其适用范围、工程量计算规则及定额系数等都要充分了解，做到心中有数，这样才能使预算编制准确、迅速。

（3）了解施工组织设计和施工现场情况。

要熟悉与施工安排相关的内容。例如各分部分项工程的施工方法，土方工程中余土外运使用的工具、运距，施工平面图对建筑材料、构件等堆放点到施工操作地点的距离等，以便能正确计算工程量和正确套用或确定某些分项工程的基价。

（4）划分工程项目和计算工程量。

①划分工程项目。划分的工程项目必须和定额规定的项目一致，这样才能正确地套用定额。不能重复列项计算，也不能漏项少算。

②计算并整理工程量。必须按定额规定的工程量计算规则进行计算，当按照工程项目将工程量全部计算完以后，要对工程项目和工程量进行整理，即合并同类项和按序排列，为套用定额、计算人、料、机费用和进行工料分析打下基础。

工程量计算一般按如下步骤进行：

a. 根据工程内容和定额项目，列出需计算工程量的分部分项工程；

b. 根据一定的计算顺序和计算规则，列出分部分项工程量的计算式；

c. 根据施工图纸上的设计尺寸及有关数据，代入计算式进行数值计算；

d. 对计算结果的计量单位进行调整，使之与定额中相应的分部分项工程的计量单位保持一致。

（5）套单价（计算定额基价）。

即将定额子项中的基价填于预算表单价栏内，并将单价乘以工程量得出合价，将结果填入合价栏。在进行套价时，需注意以下几项内容：

①分项工程的名称、规格、计量单位与预算单价或单位估价表中所列内容完全一致时，可以直接套用预算单价；

②分项工程的主要材料品种与预算单价或单位估价表中规定材料不一致时，不能直接套

用预算单价；需要按实际使用材料价格换算预算单价；

③分项工程施工工艺条件与预算单价或单位估价表不一致而造成人工、机械的数量增减时，一般调量不换价；

④分项工程不能直接套用定额、不能换算和调整时，应编制补充单位估价表。

⑤由于预算定额的时效性，在编制施工图预算时，应动态调整相应的人工、材料费用价差。

(6)工料分析。

工料分析即按分项工程项目，依据定额或单位估价表，计算人工和各种材料的实物耗量，并将主要材料汇总成表。工料分析的方法是首先从定额项目表中分别将各分项工程消耗的每项材料和人工的定额消耗量查出；再分别乘以该工程项目的工程量，得到分项工程工料消耗量，最后将各分项工程工料消耗量加以汇总，得出单位工程人工、材料的消耗数量。

(7)计算主材费(未计价材料费)。

因为有些定额项目(如许多安装工程定额项目)基价为不完全价格，即未包括主材费用在内。计算所在地定额基价费(基价合计)之后，还应计算出主材费，以便计算工程造价。

(8)按费用定额取费。

如不可计量的总价措施费、管理费、规费、利润、税金等应按相关的定额取费标准(或范围)合理取费。

(9)计算汇总工程造价。

将人料机费用及各类取费汇总，确定工程造价。

(10)复核。

对项目填列、工程量计算公式、计算结果、套用的单价、采用的取费费率、数字计算、数据精确度等进行全面复核，以便及时发现差错，及时修改，提高预算的准确性。

(11)编制说明、填写封面。

编制说明主要应写明预算所包括的工程内容范围、依据的图纸编号、承包方式、有关部门现行的调价文件号、套用单价需要补充说明的问题及其他需说明的问题等。封面应写明工程编号、工程名称、预算总造价和单方造价、编制单位名称、负责人和编制日期以及审核单位的名称、负责人和审核日期等。

2)工程量清单单价法

工程量清单单价法是指招标人按照设计图纸和国家统一的工程量计算规则提供工程数量，采用综合单价的形式计算工程造价的方法。综合单价是指完成一个规定计量单位的分部分项工程量清单项目或措施清单项目所需的人工费、材料费、施工机具使用费和企业管理费与利润，以及一定范围内的风险费用。工程量清单计价法将在第七章详细叙述。

2. 实物量法

实物量法编制施工图预算即依据施工图纸和预算定额的项目划分及工程量计算规则，先计算出分部分项工程量，然后套用预算定额(实物量定额)计算出各类人工、材料、机械的实物消耗量，根据预算编制期的人工、材料、机械价格，计算出人工费、材料费、施工机具使用费、企业管理费和利润，再加上按规定程序计算出的措施费、其他项目费、规费、税金，便可得出单位工程的施工图预算造价。

实物量法编制施工图预算的步骤为：

（1）准备资料、熟悉施工图纸。

全面收集各种人工、材料、机械的当时当地的实际价格，应包括不同品种、不同规格的材料预算价格；不同工种、不同等级的人工工资单价；不同种类、不同型号的机械台班单价等。要求获得的各种实际价格应全面、系统、真实、可靠。具体可参考预算单价法相应步骤的内容。

（2）计算工程量。

本步骤的内容与预算单价法相同。

（3）套用消耗量定额，计算人料机消耗量。

定额消耗量中的"量"应是符合国家技术规范和质量标准要求、并能反映现行施工工艺水平的分项工程计价所需的人工、材料、施工机具的消耗量。

根据预算人工定额所列各类人工工日的数量，乘以各分项工程的工程量，计算出各分项工程所需各类人工工日的数量，统计汇总后确定单位工程所需的各类人工工日消耗量。同理，根据材料预算定额、机具预算台班定额分别确定出工程各类材料消耗数量和各类施工机具台班数量。

（4）计算并汇总人工费、材料费、施工机具使用费。

根据当时当地工程造价管理部门定期发布的或企业根据市场价格确定的人工工资单价、材料预算价格、施工机具台班单价分别乘以人工、材料、机具消耗量，汇总即为单位工程人工费、材料费和施工机具使用费。

（5）计算其他各项费用，汇总造价。

其他各项费用的计算及汇总，可以采用与预算单价法相似的计算方法，只是有关的费率是根据当时当地建筑市场供求情况来确定。

（6）复核。

检查人工、材料、机具台班的消耗量计算是否准确，有无漏算、重算或多算；套取的定额是否正确；检查采用的实际价格是否合理。其他内容可参考预算单价法相应步骤的介绍。

（7）编制说明、填写封面。

本步骤的内容和方法与预算单价法相同。

实物量法编制施工图预算的步骤与预算单价法基本相似，但在具体计算人工费、材料费和施工机具使用费及汇总三种费用之和方面有一定区别。实物量法编制施工图预算所用人工、材料和机械台班的单价都是当时当地的实际价格，编制出的预算可较准确地反映实际水平，误差较小，适用于市场经济条件波动较大的情况。

4.3.4　单项工程综合预算和建设项目总预算的编制

1. 单项工程综合预算的编制

单项工程综合预算造价由组成该单项工程的各个单位工程预算造价汇总而成。计算公式如下：

$$单项工程施工图预算 = \sum 单位建筑工程费用 + \sum 单位设备及安装工程费用$$

$$(4-32)$$

2. 建设项目总预算的编制

建设项目总预算的编制费用项目是各单项工程的费用汇总，以及经计算的工程建设其他费、预备费和建设期利息和铺底流动资金汇总而成。

三级预算编制中总预算由综合预算和工程建设其他费、预备费、建设期利息及铺底流动资金汇总而成，计算公式如下：

$$总预算 = \sum 单项工程施工图预算 + 工程建设其他费 + 预备费 +$$

$$建设期利息 + 铺底流动资金 \tag{4 - 33}$$

4.3.5　施工图预算的审查

1. 施工图预算审查的内容

施工图预算文件的审查，应当委托具有相应资质的工程造价咨询机构进行。

从事建设工程施工图预算审查的人员，应具备相应的执业（从业）资格，需要在施工图预算审查文件上签署注册造价工程师执业资格专用章或造价员从业资格专用章，并出具施工图预算审查意见报告，报告要加盖工程造价咨询企业的公章和资格专用章。

(1)审查施工图预算的编制是否符合现行国家、行业、地方政府有关法律、法规和规定要求。

(2)审查工程量计算的准确性、工程量计算规则与计价规范规则或定额规则的一致性。工程量是确定建筑安装工程造价的决定因素，是预算审查的重要内容。工程量审查中常见的问题有：

①多计工程量。计算尺寸以大代小，按规定应扣除的不扣除。

②重复计算工程量，虚增工程量。

③项目变更后，该减的工程量未减。

④未考虑施工方案对工程量的影响。

(3)审查在施工图预算的编制过程中，各种计价依据使用是否恰当，各项费率计取是否正确；审查依据主要有施工图设计资料、有关定额、施工组织设计、有关造价文件规定和技术规范、规程等。

(4)审查各种要素市场价格选用、应计取的费用是否合理。

预算单价是确定工程造价的关键因素之一，审查的主要内容包括单价的套用是否正确，换算是否符合规定，补充的定额是否按规定执行。

根据现行规定，除规费、措施费中的安全文明施工费和税金外，企业可以根据自身管理水平自主确定费率，因此，审查各项应计取费用的重点是费用的计算基础是否正确。

除建筑安装工程费用组成的各项费用外，还应列入调整某些建筑材料价格变动所发生的材料差价。

(5)审查施工图预算是否超过概算以及进行偏差分析。

2. 施工图预算审查常用方法

(1)逐项审查法。

逐项审查法又称全面审查法，即按定额顺序或施工顺序，对各项工程细目逐项全面详细审查的一种方法。其优点是全面、细致，审查质量高、效果好。缺点是工作量大，时间较长。这种方法适合于一些工程量较小、工艺比较简单的工程。

（2）标准预算审查法。

标准预算审查法就是对利用标准图纸或通用图纸施工的工程，先集中力量编制标准预算，以此为准来审查工程预算的一种方法。按标准设计图纸施工的工程，一般上部结构和做法相同，只是根据现场施工条件或地质情况不同，仅对基础部分做局部改变。凡这样的工程，以标准预算为准，对局部修改部分单独审查即可，不需逐一详细审查。该方法的优点是时间短、效果好、易定案。其缺点是适用范围小，仅适用于采用标准图纸的工程。

（3）分组计算审查法。

分组计算审查法就是把预算中有关项目按类别划分若干组，利用同组中的一组数据审查分项工程量的一种方法。这种方法首先将若干分部分项工程按相邻且有一定内在联系的项目进行编组，利用同组分项工程间具有相同或相近计算基数的关系，审查一个分项工程数，由此判断同组中其他几个分项工程的准确程度。如一般的建筑工程中将底层建筑面积可编为一组。先计算底层建筑面积或楼（地）面面积，从而得知楼面找平层、天棚抹灰的工程量等，依此类推。该方法特点是审查速度快、工作量小。

（4）对比审查法。

对比审查法是当工程条件相同时，用已完工程的预算或未完但已经过审查修正的工程预算对比审查拟建工程的同类工程预算的一种方法。采用该方法一般须符合下列条件：

①拟建工程与已完或在建工程预算采用同一施工图，但基础部分和现场施工条件不同，则相同部分可采用对比审查法。

②工程设计相同，但建筑面积不同，两个工程的建筑面积之比与两个工程各分部分项工程量之比大体一致。此时可按分项工程量的比例，审查拟建工程各分部分项工程的工程量，或用两个工程每平方米建筑面积造价、每平方米建筑面积的各分部分项工程量对比进行审查。

③两个工程面积相同，但设计图纸不完全相同，则相同的部分，如厂房中的柱子、屋架、屋面、砖墙等，可进行工程量的对照审查。对不能对比的分部分项工程可按图纸计算。

（5）"筛选"审查法。

"筛选"是能较快发现问题的一种方法。建筑工程虽面积和高度不同，但其各分部分项工程的单位建筑面积指标变化却不大。将这样的分部分项工程加以汇集、优选，找出其单位建筑面积工程量、单价、用工的基本数值，归纳为工程量、价格、用工 3 个单方基本指标，并注明基本指标的适用范围。这些基本指标用来筛选各分部分项工程，对不符合条件的应进行详细审查，若审查对象的预算标准与基本指标的标准不符，就应对其进行调整。

"筛选法"的优点是简单易懂，便于掌握，审查速度快，便于发现问题。但问题出现的原因尚需继续审查。该方法适用于审查住宅工程或不具备全面审查条件的工程。

（6）重点审查法。

重点审查法就是抓住施工图预算中的重点进行审核的方法。审查的重点一般是工程量大或者造价较高的各种工程、补充定额、计取的各种费用（计费基础、取费标准）等。重点审查法的优点是突出重点，审查时间短、效果好。

应当注意的是，除了逐项审查法之外，其他各种方法应注意综合运用，单一使用某种方法可能会导致审查不全面或者漏项。

思考与练习

问答题：

1. 什么是设计概算？设计概算的作用有哪些？

2. 什么是建设工程总概算？总概算的内容有哪些？

3. 什么是单位工程概算？其编制方法有哪些？

4. 什么是单项工程概算？包括哪些内容？

5. 概算指标法的适用范围包括哪些？

6. 简述施工图预算的计价模式并分析其特点。

7. 简述单位工程施工图预算的编制方法。分析定额单价法和实物法在编制中的主要区别。

8. 简述建设工程投资估算的编制方法。

9. 简述施工图预算编制的程序。

10. 工料单价法与综合单价法在施工图预算编制上有何异同？

11. 简述施工图预算审查的方法及各自的特点。

12. 某施工机械预计使用 10 年，耐用总台班数为 3000 台班，使用期内有 4 个大修周期，一次大修理费为 5000 元。求该机械台班大修理费。

13. 某工程购置袋装水泥 100 t，供应价为 300 元/t，运杂费为 30 元/t，运输损耗率为 2.5%，采购及保管费率为 3%。求该工程水泥的价格。

14. 某工程需采购特种钢材 50 t，出厂价为 5500 元/t，供销部门手续费率为 1%，材料运杂费为 60 元/t，运输损耗率为 2%，采购及保管费率为 5%。求该特种钢材的价格。

15. 某施工机械年工作台班为 400 台班，年平均安拆 0.85 次，机械一次安拆费为 20000 元，台班辅助设施费为 150 元。求该施工机械的台班安拆费。

16. 查阅本地区预算定额（消耗量标准），列出下列分项工程定额编号、预算单价（基价）人工及主要材料消耗量。

(1) 场地平整。

(2) 房屋基础挖地槽（三类土、$H = 2$ m）。

(3) M5 砂浆砌筑标准砖基础。

(4) C25 钢筋混凝土有梁式带形基础。

(5) C25 混凝土振动式灌注桩。

(6) C30 钢筋混凝土现浇圈梁。

(7) C25 钢筋混凝土现浇楼梯。

(8) 楼梯白水泥白石子浆水磨石面层。

(9) 水泥砂浆雨篷抹面。

(10) 玻璃幕墙（隐框）。

(11) 胶合板门制作安装（有亮子、不带纱）。

(12) 铝合金推拉窗。

(13) 木门奶黄色醇酸调和漆。

17.某建设项目一期工程的土方开挖由某机械化施工公司承包，经审定的施工方案为：采用反铲挖土机挖土，液压推土机推土(平均推土距离为 50 m)，为防止超挖和扰动地基土，按开挖总土方总量的 20% 作为人工清底、修边坡工程量。为确定该土方开挖的预算单价，双方决定采用实测的方法对人工及机械台班的消耗量进行确定，实测的有关数据如下：

(1)反铲挖土机纯工作 1 h 的生产率为 56 m³，机械利用系数为 0.80，机械幅度差系数为 25%。

(2)液压推土机纯工作 1 h 的生产率为 92 m³，机械利用系数为 0.85，机械幅度差系数为 20%。

(3)人工连续作业挖 1 m³ 土方需要基本工作时间为 90 min，辅助工作时间、准备与结束工作时间、不可避免中断时间、休息时间分别占工作延续时间的 2%、2%、1.5% 和 20.5%。人工幅度差系数为 10%。

(4)挖、推土机作业时，需要人工进行配合，其标准为每个台班配合 1 个工日。

(5)根据有关资料，当地人工综合日工资标准为 85 元，反铲挖土机台班预算单价 989.20 元，推土机台班预算单价 873.40 元。

试确定每 1000 m³ 土方开挖的预算单价。

判断题：

1.预算定额是确定单位分项工程的消耗量标准。　　　　　　　　　　　(　)

2.预算定额是预算列项的必不可少的依据。　　　　　　　　　　　　(　)

3.本地区建筑工程(预算)计价定额适用于单位估价法。　　　　　　　(　)

4.全国统一建筑工程基础定额适用于实物金额法。　　　　　　　　　(　)

5.编制施工图预算也可以按人工费为基础计算措施费。　　　　　　　(　)

6.税率可以通过施工承包合同确定。　　　　　　　　　　　　　　　(　)

7.利润率可以通过施工承包合同确定。　　　　　　　　　　　　　　(　)

8.工程单价是指预算定额基价。　　　　　　　　　　　　　　　　　(　)

9.人工单价是指基本工资。　　　　　　　　　　　　　　　　　　　(　)

10.预算定额的人工单价是综合平均单价。　　　　　　　　　　　　　(　)

11.月平均工作天数是 20.92 d。　　　　　　　　　　　　　　　　　(　)

12.预算定额基价中人工费 = 工程量×人工单价。　　　　　　　　　　(　)

13.实物金额法也称工料单价法。　　　　　　　　　　　　　　　　　(　)

14.采用单位估价法一般要进行材料价差调整。　　　　　　　　　　　(　)

15.建筑安装工程费用亦称建筑安装工程造价。　　　　　　　　　　　(　)

第 5 章

工程量清单计价

5.1 工程量清单计价概述

按照《建设工程工程量清单计价规范》GB 50500—2013 的规定，招投标中必须采用工程量清单计价方式。工程招标是招标人选择工程承包商、确定工程合同价格的过程。为了合理确定合同价格，招标人须编制招标控制价；而投标人需编制投标报价。

5.1.1 工程量清单的概念

1. 工程量清单计价的产生

工程量清单计价，是我国改革传统的工程造价计价方法和招投标中报价方法与国际通行惯例接轨所采取的一种方式。

长期以来我国沿袭苏联工程造价计价模式，建筑工程项目或建筑产品实行"量价合一、固定取费"的政府指令性计价模式：即"定额预算计价法"。这种方法按预算定额规定的分部分项子目，逐项计算工程量，套用定额单价（或单位估价表）确定直接工程费费，然后按规定的取费标准计算措施费、间接费、利润、税金、加上材料价差和适当的不可预见费，经汇总即成为工程预算价，用作标底和投标报价。这种方法千人一面，重复"算量、套价、取费、调差（扯皮）"的模式，使本来就千差万别的工程造价，却统一在预算定额体系中；这种方法计算出的标价看起来似乎很准确详细，但其弊端是显而易见的。

随着我国市场经济体系的建立，2003 年我国颁布了《建设工程工程量清单计价规范》，经过这些年的实践和不断总结完善，继 2008 年之后 2013 年又对规范进行了修订。修订后的《建设工程工程量清单计价规范》GB 50500—2013 于 2013 年 7 月 1 日起实施。

2. 工程量清单的概念

建设工程的工程量清单是载明分部分项工程项目、措施项目、其他项目、规费项目和税金项目的名称和相应数量等的明细清单。工程量清单分为以下两类：

（1）招标工程量清单。招标人依据国家标准、招标文件、设计文件以及施工现场实际情况编制的，随招标文件发布供投标报价的工程量清单，包括其说明和表格。

（2）已标价工程量清单。构成合同文件组成部分的投标文件中已标明价格，经算术性错误修正（如有）且承包人已确认的工程量清单，包括其说明和表格。

3. 工程量清单的作用

工程量清单的主要作用为：

（1）在招投标阶段，招标工程量清单为投标人的投标竞争提供了一个平等和共同的基础。工程量清单将要求投标人完成的工程项目及其相应工程实体数量全部列出，为投标人提供拟建工程的基本内容、实体数量和质量要求等信息。这使所有投标人所掌握的信息相同，受到的待遇是客观、公正和公平的。

（2）工程量清单是建设工程计价的依据。在招投标过程中，招标人根据工程量清单编制招标工程的招标控制价；投标人按照工程量清单所表述的内容，依据企业定额计算投标价格，自主填报工程量清单所列项目的单价与合价。

（3）工程量清单是工程付款和结算的依据。发包人根据承包人是否完成工程量清单规定的内容以投标时在工程量清单中所报的单价作为支付工程进度款和进行结算的依据。

（4）工程量清单是调整工程量、进行工程索赔的依据。在发生工程变更、索赔、增加新的工程项目等情况时，可以选用或者参照工程量清单中的分部分项工程或计价项目与合同单价来确定变更项目或索赔项目的单价和相关费用。

4. 工程量清单的适用范围

（1）工程量清单适用于建设工程发、承包及实施阶段的计价活动，包括工程量清单的编制、招标控制价的编制、投标报价的编制、工程合同价款的约定、工程施工过程中计量与合同价款的支付、索赔与现场签证、竣工结算的办理和合同价款争议的解决以及工程造价鉴定等活动。

（2）现行计价规范规定，使用国有资金投资的工程建设工程发、承包项目，必须采用工程量清单计价。

（3）对于非国有资金投资的工程建设项目，是否采用工程量清单方式计价由项目业主自主确定。当确定采用工程量清单计价时，则按现行计价规范规定执行；对于不采用工程量清单计价的建设工程，除不执行工程量清单计价的专门性规定外，仍应执行现行计价规范规定的工程价款调整、工程计量和价款支付、索赔与现场签证、竣工结算以及工程造价争议处理等条文。

5. 工程量清单计价规范的构成

现行的《建设工程工程量清单计价规范》50500—2013 包括规范条文和附录两部分。

规范条文共 16 章，包括总则、术语、一般规定、工程量清单编制、招标控制价、投标报价、合同价款约定、工程计量、合同价款调整、合同价款期中支付、竣工结算与支付、合同解除的价款结算与支付、合同价款争议的解决、工程造价鉴定、工程计价资料与档案、工程计价表格。

规范条文就适用范围、作用以及计量活动中应遵循的原则、工程量清单编制的规则、工程量清单计价的规则、工程量清单计价格式及编制人员资格等作出了明确规定。

附录分为 A、B、C、D、E、F、G、H、J、K、L，共计 11 个。除附录 A 外，其余为工程计价表格。附录分别对招标控制价、投标报价、竣工结算的编制等使用的表格作出了明确规定。

5.1.2　工程量清单的编制

工程量清单应由具有编制能力的招标人或受其委托，具有相应资质的工程造价咨询人编制。采用工程量清单方式招标，招标工程量清单必须作为招标文件的组成部分，其准确性和完整性由招标人负责。

工程量清单由分部分项工程量清单、措施项目清单、其他项目清单、规费项目清单、税金项目清单组成。

1. 工程量清单编制依据

（1）现行计价规范和相关工程的国家计量规范。

（2）国家或省级、行业建设主管部门颁发的计价定额和办法。

（3）建设工程设计文件及相关资料。

（4）与建设工程项目有关的标准、规范、技术资料。

（5）拟定的招标文件。

（6）施工现场情况、地勘水文资料、工程特点及常规施工方案。

（7）其他相关资料。

2. 分部分项工程项目清单

分部分项工程项目清单为不可调整的闭口清单。在投标阶段，投标人对招标文件提供的分部分项工程项目清单必须逐一计价，对清单所列内容不允许进行任何更改变动。投标人如果认为清单内容有不妥或遗漏，只能通过质疑的方式由清单编制人做统一的修改更正。清单编制人应将修正后的工程量清单发往所有投标人。

分部分项工程量清单应按《建设工程工程量清单计价规范》的规定，确定项目编码、项目名称、项目特征、计量单位，并按不同专业工程量计量规范给出的工程量计算规则，进行工程量的计算。

（1）项目编码

项目编码是分部分项工程量清单项目名称的数字标志。现行计量规范项目编码由十二位数字构成。一至九位应按现行计量规范的规定设置，十至十二位应根据拟建工程的工程量清单项目名称和项目特征设置，同一招标工程的项目编码不得有重码。

在十二位数字中，一至二位为专业工程码，如建筑工程与装饰工程为01、仿古建筑工程为02、通用安装工程为03、市政工程为04、园林绿化工程为05、矿山工程为06、构筑物工程为07、城市轨道交通工程为08、爆破工程为09。

三至四位为附录分类顺序码；五至六位为分部工程顺序码；七、八、九位为分项工程项目名称顺序码；十至十二位为清单项目名称顺序码如图5-1所示。

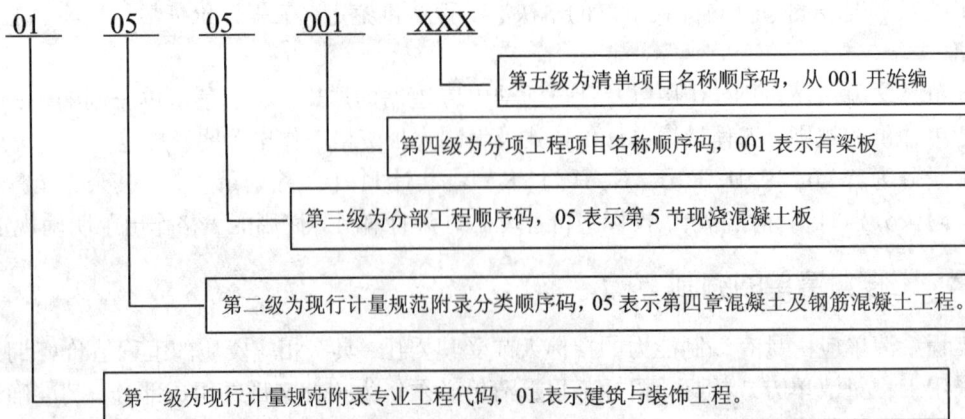

图5-1

项目编码结构图：

01　05　05　001　XXX

第五级为清单项目名称顺序码，从001开始编

第四级为分项工程项目名称顺序码，001表示有梁板

第三级为分部工程顺序码，05表示第5节现浇混凝土板

第二级为现行计量规范附录分类顺序码，05表示第四章混凝土及钢筋混凝土工程。

第一级为现行计量规范附录专业工程代码，01表示建筑与装饰工程。

（2）项目名称

分部分项工程项目清单的项目名称应按现行计量规范的项目名称结合拟建工程的实际确定。分项工程项目清单的项目名称一般以工程实体命名，项目名称如有缺项，编制人应作补充，并报省级或行业工程造价管理机构备案。补充项目的编码由现行计量规范的专业工程代码 X，即（01≈09）与 B 和三位阿拉伯数字组成，并应从 XXB001 起顺序编制，同一招标工程的项目不得重码。分部分项工程项目清单中应附补充项目名称、项目特征、计量单位、工程量计算规则、工作内容。

（3）项目特征

项目特征是确定分部分项工程项目清单综合单价的重要依据，在编制的分部项工程项目清单时，必须对其项目特征进行准确和全面的描述。

但有的项目特征用文字往往又难以准确和全面地描述，因此为达到规范、简捷、准确、全面描述项目特征的要求，在描述分部分项工程项目清单项目特征时应按以下原则进行：

①项目特征描述的内容应按现行计量规范，结合拟建工程的实际，满足确定综合单价的需要。

②对采用标准图集或施工图纸能够全部或部分满足项目特征描述要求的，项目特征描述可直接采用详见××图集或××图号的方式。但对不能满足项目特征描述要求的部分，仍应用文字描述。

（4）计量单位

分部分项工程项目清单的计量单位应按现行计量规范规定的计量单位确定。如"t""m²""m³""m""kg"或"项""个"等。在现行计量规范中有两个或两个以上计量单位的，如门窗工程的计量单位为"樘/m²"，钢筋混凝土桩的单位为"m³/根"，应结合拟建工程实际情况，确定其中一个为计量单位。同一工程项目计量单位应一致。

（5）工程量计算

现行计量规范明确了清单项目的工程量计算规则，其工程量是以形成工程实体为准，并以完成后的净值来计算的。这一计算方法避免了因施工方案不同而造成计算的工程量大小各异的情况，为各投标人提供了一个公平的平台。

3. 措施项目清单

措施项目清单为可调整清单，投标人对招标文件中所列项目，可根据企业自身特点做适当的变更增减。投标人要对拟建工程可能发生的措施项目和措施费用作通盘考虑，清单一经报出，即被认为是包括了所有应该发生的措施项目的全部费用。如果报出的清单中没有列项，且施工中又必须发生的项目，业主有权认为，其已经综合在分部分项工程量清单的综合单价中，将来措施项目发生时投标人不得以任何借口提出索赔与调整。

现行计价规范中，将措施项目分为能计量和不能计量的两类。

对能计量的措施项目（即单价措施项目），同分部分项工程量一样，编制措施项目清单时应列出项目编码、项目名称、项目特征、计量单位，并按现行计量规范规定，采用对应的工程量计算规则计算其工程量。

对不能计量的措施项目（即总价措施项目），措施项目清单中仅列出了项目编码、项目名称，但未列出项目特征、计量单位的项目，编制措施项目清单时，应按现行计量规范附录（措施项目）的规定执行。

由于工程建设施工的特点和承包人组织施工生产的施工装备水平、施工方案及其管理水平的差异，同一工程、不同的承包人组织施工采用的施工措施并不完全一致，因此，措施项目清单应根据拟建工程和承包人的实际情况列项。

4. 其他项目清单

其他项目清单是指因招标人的特殊要求而发生的与拟建工程有关的其他费用项目和相应数量的清单。其他项目清单应根据拟建工程的具体情况列项。

（1）暂列金额。

暂列金额是招标人暂定并包括在合同中的一笔款项。中标人只有按照合同约定程序，实际发生了暂列金额所包的工作，才能将其纳入合同结算价款中。扣除实际发生金额后的暂列金额余额仍属于招标人所有。

（2）暂估价。

暂估价包括材料暂估价、工程设备暂估价和专业工程暂估价。暂估价中的材料、工程设备暂估单价应根据工程造价信息或参照市场价格估算，列出明细表；专业工程暂估价应分不同专业，按有关计价规定估算，列出明细表。

一般而言，为方便合同管理和计价，需要纳入分部分项工程量清单项目综合单价中的暂估价则最好只是材料、工程设备费，以方便投标人组价。对专业工程暂估价一般应是综合暂估价，应当包括除规费、税金以外的管理费、利润等。

（3）计日工。

计日工是为了解决现场发生的零星工作的计价而设立的。计日工对完成零星工作所消耗的人工工时、材料数量、施工机械台班进行计量，并按照计日工表中填报的适用项目的单价进行计价支付。

计日工适用的零星工作一般是指合同约定之外的或者因变更而产生的、工程量清单中没有相应项目的额外工作，尤其是那些时间不允许事先商定价格的额外工作。为了获得合理的计日工单价，在计日工表中一定要尽可能把项目列全，并给出一个比较贴近实际的暂定数量。

（4）总承包服务费。

总承包服务费是为了解决招标人在法律、法规允许的条件下进行专业工程发包以及自行采购供应材料、设备时，要求总承包人对发包的专业工程提供协调和配合服务（如分包人使用总包人的脚手架、水电接剥等）；对供应的材料、设备提供收、发和保管服务以及对施工现场进行统一管理；对竣工资料进行统一汇总整理等发生并向总承包人支付的费用。招标人应当预计该项费用并按投标人的投标报价向投标人支付该项费用。

5. 规费项目清单

规费是指按国家法律、法规规定，由省级政府和省级有关权力部门规定必须缴纳或计取的费用。

6. 税金项目清单

税金项目清单是指目前国家税法规定应计入建筑安装工程造价内的税种。如国家税法发生变化或地方政府及税务部门依据职权对税种进行了调整，应对税金项目清单进行相应调整。

5.2　工程量清单计价方法

5.2.1　工程量清单计价的计算方法

工程量清单计价是按照工程造价的构成分别计算各类费用，再经过汇总而得。计算方法如下：

$$\text{分部分项工程费} = \sum \text{分部分项工程量} \times \text{分部分项工程综合单价} \tag{5-1}$$

$$\text{措施项目费} = \sum \text{措施项目工程量} \times \text{措施项目综合单价} + \sum \text{单项措施费} \tag{5-2}$$

$$\text{单位工程造价} = \text{分部分项工程费} + \text{措施项目费} + \text{其他项目费} + \text{规费} + \text{税金} \tag{5-3}$$

$$\text{单项工程造价} = \sum \text{单位工程造价} \tag{5-4}$$

$$\text{建设项目造价} = \sum \text{单项工程造价} \tag{5-5}$$

5.2.2　工程量清单计价内容

在工程交易阶段采用清单模式计价的主要是招标控制价、投标报价和竣工结算，三者在计价形式上有些表格是通用的，这里一并介绍。

依据《建设工程工程量清单计价规范》GB 50500—2013及地方造价管理部门的相关规定，工程量清单计价文件的内容及格式都要符合其规定。

1. 工程量清单计价文件封面

(1)招标工程量清单的封面，见图5－2。

(2)招标控制价的封面，见图5－3。

______工程

招标工程量清单

招标人：______
（单位盖章）

造价咨询人：______
（单位盖章）

时间：　　年　　月　　日

图5－2　招标工程量清单封面

______工程

招标控制价

招标人：______
（单位盖章）

造价咨询人：______
（单位盖章）

时间：　　年　　月　　日

图5－3　招标控制价封面

(3)投标总价的封面,见图5-4。

(4)竣工结算书的封面,见图5-5。

＿＿＿＿＿＿＿＿工程 投标总价 投标人:＿＿＿＿＿＿＿ 　　　　　(单位盖章) 时间:　　年　月　日	＿＿＿＿＿＿＿＿工程 竣工结算书 发包人:＿＿＿＿＿＿＿ 　　　　　(单位盖章) 承包人:＿＿＿＿＿＿＿ 　　　　　(单位盖章) 造价咨询人:＿＿＿＿＿＿＿ 　　　　　(单位盖章) 时间:　　年　月　日
图5-4　投标总价封面	**图5-5　竣工结算书封面**

(5)工程造价鉴定意见书的封面,见图5-6。

＿＿＿＿＿＿＿＿工程

编号:×××[2×××]××号

工程造价鉴定意见书

造价咨询人:＿＿＿＿＿＿＿＿＿＿
　　　　　(单位盖章)

时间:　　年　月　日

图5-6　工程造价鉴定意见书封面

2. 工程量清单计价文件扉页

（1）招标工程量清单文件扉页，见图 5 – 7。

```
_____工程


                 招标工程量清单


    招标人：_____      造价咨询人：_____
            （单位盖章）            （单位资质专用章）



    法定代表人                  法定代表人
    或其授权人：_____    或其授权人：_____
            （签字或盖章）                （签字或盖章）



    编制人：_____        复核人：_____
    （造价人员签字盖专用章）        （造价工程师签字盖专用章）


    编制时间：   年 月 日       复核时间：   年 月 日
```

图 5 – 7　招标工程量清单文件扉页

（2）招标控制价文件扉页，见图 5 – 8。

```
_____工程


                 招标控制价
    招标控制价（小写）：_____
            （大写）：_____


    招标人：_____      造价咨询人：_____
            （单位盖章）            （单位资质专用章）


    法定代表人                  法定代表人
    或其授权人：_____    或其授权人：_____
            （签字或盖章）                （签字或盖章）


    编制人：_____      复核人：_____
    （造价人员签字盖专用章）        （造价工程师签字盖专用章）


    编制时间：   年 月 日    复核时间：   年 月 日
```

图 5 – 8　招标控制价文件扉页

（3）投标总价文件扉页，见图 5 – 9。

投标总价

招标人：

工程名称：

投标总价（小写）：

（大写）：

投标人：

（单位盖章）

法定代表人

或其授权人：

（签字或盖章）

编制人：

（造价人员签字盖专用章）

时间：　　　　　　　　　　　　　　　　年　　月　　日

图 5 – 9　投标总价文件扉页

（4）竣工结算总价文件扉页，见图 5 – 10。

工程

竣工结算总价

签约合同价（小写）：　　　　　　（大写）：

竣工结算价（小写）：　　　　　　（大写）：

发包人：　　　　　　　承包人：　　　　　　　造价咨询人：

（单位盖章）　　　　　　　（单位盖章）　　　　　　（单位资质专用章）

法定代表人　　　　　　　法定代表人　　　　　　　法定代表人

或其授权人：　　　　　　或其授权人：　　　　　　或其授权人：

（签字或盖章）　　　　　　（签字或盖章）　　　　　　（签字或盖章）

编制人：　　　　　　　　　核对人：

（造价人员签字盖专用章）　　　　（造价工程师签字盖专用章）

编制时间：　　年　　月　　日　　核对时间：　　年　　月　　日

图 5 – 10　竣工结算总价文件扉页

（5）工程造价鉴定意见书文件扉页，见图 5 – 11。

工程造价鉴定意见书

鉴定结论：_____

造价咨询人：_____
（盖单位章及资质专用章）

法定代表人：_____
　　　　　　　　　　（签字或盖章）

造价工程师：_____
　　　　　　　　　　（签字盖专用章）

时间：　　　　　　　　　　　　　年　　月　　日

图 5 – 11　工程造价鉴定意见书文件扉页

3. 工程量清单计价汇总表及说明

（1）工程计价总说明，编制招标控制价、投标报价、竣工结算都应编制此表。见图 5 – 12。

工程名称：　　　　　　　　　　　　　　　　　　　　第　页　共　页

图 5 – 12　总　说　明

（2）建设项目（或单项工程）工程造价汇总表（一般计税法），见表 5 – 1。
（3）建设项目（或单项工程）工程造价汇总表（简易计税法），见表 5 – 2。

表 5 - 1 建设项目(单项工程)工程造价汇总表(招标控制价/投标报价/竣工结算)

(一般计税法)

工程名称: 标段: 第 页 共 页

序号	单项工程名称(单位工程名称)	建安工程造价/元	直接费用/元(包括分部分项工程费和能计量的措施项目费)	费用利润/元							销项税额/元	附加税费/元	其他项目费/元
				管理费	利润	总价措施项目费	其中:安全文明施工费	规费	其中:社会保险费				
本页合计													
累 计													

表 5－2　建设项目（单项工程）工程造价汇总表（招标控制价／投标报价／竣工结算）

（简易计税法）

工程名称：　　　　　　标段：　　　　　　　　　　　　　　　　　　　　　　　　第　　页　共　　页

序号	单项工程名称（单位工程名称）	建安工程造价/元	直接费用/元（包括分部分项工程费和能计量的措施项目费）	费用和利润/元						销项税额/元	附加税费/元	其他项目费/元
				管理费	利润	总价措施项目费	其中：安全文明施工费	规费	其中：社会保险费			
本页合计												
累计												

（4）单位工程费用计算表（一般计税法）

采用一般计税法时，材料、机械台班单价均执行除税单价，按表5-3其他项目计价表列项计算汇总本项，其中，材料（工程设备）暂估价进入直接费用与综合单价，此处不重复汇总。编制招标控制价、投标报价、竣工结算时其计价程序均适用此表，见表5-3。

表中建安费用＝直接费用＋费用和利润。社会保险费包括养老保险费、失业保险费、医疗保险费、生育保险费和工伤保险费。

表5-3 单位工程费用计算表（招标控制价/投标报价/竣工结算）

（一般计税法）

工程名称：　　　　标段：　　　　单位工程名称：　　　　　　　　第　页共　页

序号	工程内容	计费基础说明	费率/%	金额/元	备注
1	直接费用	1.1＋1.2＋1.3			包括分部分项工程费和能计量的措施项目费
1.1	人工费				
1.1.1	其中:取费人工费				
1.2	材料费				
1.3	机械费				
1.3.1	其中:取费机械费				
2	费用和利润	2.1＋2.2＋2.3＋2.4			
2.1	管理费	1.1.1 或 1.1.1＋1.3.1			
2.2	利润	1.1.1 或 1.1.1＋1.3.1			
2.3	总价措施项目费				按E.7总价措施项目清单计费表列项计算汇总本项
2.3.1	其中: 安全文明施工费				
2.4	规费	2.4.1＋2.4.2＋2.4.3＋2.4.4＋2.4.5			
2.4.1	工程排污费	1＋2.1＋2.2＋2.3	0.4		
2.4.2	职工教育和工会经费	1.1	3.5		
2.4.3	住房公积金	1.1	6.0		
2.4.4	安全生产责任险	1＋2.1＋2.2＋2.3	0.2		
2.4.5	社会保险费	1＋2.1＋2.2＋2.3	3.18		
3	建安费用	1＋2			
4	销项税额	3×税率	11.0		
5	附加税费	(3＋4)×费率			
6	其他项目费				
	建安工程造价	3＋4＋5＋6			

(5)单位工程费用计算表(简易计税法)

采用简易计税法时,材料、机械台班单价均执行含税单价,材料(工程设备)暂估单价进入直接费用与综合单价,此处不重复汇总,按表5-4其他项目计价表列项计算汇总本项。编制招标控制价、投标报价、竣工结算时其计价程序均适用此表,见表5-5。表中税前造价 = 直接费用 + 费用和利润。社会保险费包括养老保险费、失业保险费、医疗保险费、生育保险费和工伤保险费。

表 5 - 4　单位工程费用计算表(招标控制价/投标报价/竣工结算)
(简易计税法)

工程名称:　　　　标段:　　　　单位工程名称:　　　　　　　　　　　　第　页　共　页

序号	工程内容	计费基础说明	费率/%	金额/元	备注
1	直接费用	1.1 + 1.2 + 1.3			包括分部分项工程费和能计量的措施项目费
1.1	人工费				
1.1.1	其中:取费人工费				
1.2	材料费				
1.3	机械费				
1.3.1	其中:取费机械费				
2	费用和利润	2.1 + 2.2 + 2.3 + 2.4			
2.1	管理费	1.1.1 或 1.1.1 + 1.3.1			
2.2	利润	1.1.1 或 1.1.1 + 1.3.1			
2.3	总价措施项目费				按 E.7 总价措施项目清单计费表列项计算汇总本项
2.3.1	其中:安全文明施工费				
2.4	规费	2.4.1 + 2.4.2 + 2.4.3 + 2.4.4 + 2.4.5			
2.4.1	工程排污费	1 + 2.1 + 2.2 + 2.3	0.4		
2.4.2	职工教育和工会经费	1.1	3.5		
2.4.3	住房公积金	1.1	6.0		
2.4.4	安全生产责任险	1 + 2.1 + 2.2 + 2.3	0.2		
2.4.5	社会保险费	1 + 2.1 + 2.2 + 2.3	3.18		
3	税前造价	1 + 2			
4	应纳税额	3 × 税率	3.0		
5	附加税费	4 × 费率			
6	其他项目费				
	建安工程造价	3 + 4 + 5 + 6			

4. 工程量清单项目计价表

（1）单位工程工程量清单与造价表（一般计税法），能计量的措施项目也在此表编码列项。见表5－5。

表5－5　单位工程工程量清单与造价表（招标控制价／投标报价／竣工结算）
（一般计税法）

工程名称：　　　　　　标段：　　　　　　单位工程名称　　　　　　　　　第　页　共　页

序号	项目编码	项目名称	项目特征描述	计量单位	工程量	金额/元				
						综合单价	合价	其中		
								建安费用	销项税额	附加税费
本页合计										
累　计										

（2）单位工程工程量清单与造价表（简易计税法），能计量的措施项目也在此表编码列项，见表5－6。

表5－6　单位工程工程量清单与造价表（招标控制价／投标报价／竣工结算）
（简易计税法）

工程名称：　　　　　　标段：　　　　　　单位工程名称：　　　第　页　共　页

序号	项目编码	项目名称	项目特征描述	计量单位	工程量	金额/元				
						综合单价	合价	其中		
								税前造价	应纳税额	附加税费
本页合计										
累　计										

（3）清单项目直接费用预算表，采用一般计税法时，材料、机械台班单价均执行除税单价；安装工程材料费中已包含主材费和设备费用。采用简易计税法时，材料、机械台班单价均执行含税单价；安装工程材料费中已包含主材费和设备费用。表中清单直接费用指标 = 累计金额 ÷ 数量，见表 5 - 7。

表 5 - 7　清单项目直接费用预算表(招标控制价/投标报价/竣工结算)

工程名称：　　　　　　标段：　　　　　　　　　　　　　　　第　页　共　页

清单编码		名称			计量单位		数量		直接费用指标	
消耗量标准编号	项目名称	单位	数量	基期价		市场价				
				单价	小计	单价	小计	其中		
								人工费	材料费	机械费
本页合计/元										
累　计/元										

（4）清单项目人、材、机用量与单价表，见表 5 - 8。

表 5 - 8　清单项目人、材、机用量与单价表(招标控制价/投标报价/竣工结算)

工程名称：　　　　　　　　　　标段：

清单编号：　　　　　　　　　　单位：

清单名称：　　　　　　　　　　数量：　　　　　　　　　第　页　共　页

序号	编码	名称(材料、机械规格型号)	单位	数量	基期价/元	市场价/元		合价/元	备注
						含税	除税		
本　页　合　计									
累　计									

(5)清单项目费用计算表(综合单价表、一般计税法),见表5-9。

表5-9　清单项目费用计算表(综合单价表)(招标控制价/投标报价/竣工结算)(一般计税法)

工程名称:　　　　　　　　　　标段:

清单编号:　　　　　　　　　　单位:

清单名称:　　　　　　　　　　数量:　　　　综合单价:　　　　第　页　共　页

序号	工程内容	计费基础说明	费率/%	金额/元	备注
1	直接费用	1.1+1.2+1.3			
1.1	人工费				
1.1.1	其中:取费人工费				
1.2	材料费				
1.3	机械费				
1.3.1	其中:取费机械费				
2	费用和利润	2.1+2.2+2.3			
2.1	管理费	1.1.1 或 1.1.1+1.3.1			
2.2	利润	1.1.1 或 1.1.1+1.3.1			
2.3	规费	2.3.1+2.3.2+2.3.3+2.3.4+2.3.5			
2.3.1	工程排污费	1+2.1+2.2	0.4		
2.3.2	职工教育和工会经费	1.1	3.5		
2.3.3	住房公积金	1.1	6		
2.3.4	安全生产责任险	1+2.1+2.2	0.2		
2.3.5	社会保险费	1+2.1+2.2	3.18		
3	建安费用	1+2			
4	销项税额	3×税率			
5	附加税费	(3+4)×费率			
	合计	3+4+5			

（6）清单项目费用计算表（综合单价表，简易计税法），采用简易计税法时，材料、机械台班单价均执行含税单价。表中税前造价 = 直接费用 + 费用和利润，表中综合单价 = 合计 ÷ 数量，见表 5 – 10。

表 5 – 10　清单项目费用计算表（综合单价表）（招标控制价/投标报价/竣工结算）
（简易计税法）

工程名称：　　　　　　　　　　标段：
清单编号：　　　　　　　　　　单位：
清单名称：　　　　　　　　　　数量：　　　　综合单价：　　　　　　第　页　共　页

序号	工程内容	计费基础说明	费率/%	金额/元	备注
1	直接费用	1.1 + 1.2 + 1.3			
1.1	人工费				
1.1.1	其中：取费人工费				
1.2	材料费				
1.3	机械费				
1.3.1	其中：取费机械费				
2	费用和利润	2.1 + 2.2 + 2.3			
2.1	管理费	1.1.1 或 1.1.1 + 1.3.1			
2.2	利润	1.1.1 或 1.1.1 + 1.3.1			
2.3	规费	2.3.1 + 2.3.2 + 2.3.3 + 2.3.4 + 2.3.5			
2.3.1	工程排污费	1 + 2.1 + 2.2	0.4		
2.3.2	职工教育和工会经费	1.1	3.5		
2.3.3	住房公积金	1.1	6		
2.3.4	安全生产责任险	1 + 2.1 + 2.2	0.2		
2.3.5	社会保险费	1 + 2.1 + 2.2	3.18		
3	税前造价	1 + 2			
4	应纳税额	3 × 税率			
5	附加税费	4 × 费率			
	合计	3 + 4 + 5			

（7）总价措施项目清单计费表，见表5－11，表中施工方案计算的措施费，若无"计算基础"和"费率"的数值，也可只填"金额"数值，但应在备注栏说明施工方案出处或计算方法。

表5－11 总价措施项目清单计费表

工程名称： 标段： 第 页 共 页

序号	项目编码	项目名称	计算基础	费率/%	金额/元	备注
1		安全文明施工费				
2		夜间施工增加费				
3		提前竣工（赶工）费				
4		冬雨季施工增加费				
5		工程定位复测费				
6		（专业工程中的有关措施项目费）				
	合计					

编制人： 复核人：

（8）工程计量申报（核准）表，见表5－12。

表5－12 工程计量申报（核准）表

工程名称： 标段： 第 页 共 页

序号	项目编码	项目名称	计量单位	承包人申报数量	发包人核实数量	发、承包人确认数量	备注

承包人代表： 监理工程师： 造价工程师： 发包人代表：

日期： 日期： 日期： 日期：

5. 其他项目计价表

（1）其他项目清单与计价汇总表（一般计税法），见表 5 – 13，表中材料（工程设备）暂估单价及调价表在表 5 – 16 填报时按除税价填报；材料（工程设备）暂估单价计入直接费与清单项目综合单价，此处不汇总。

表 5 – 13　其他项目清单与计价汇总表（招标控制价/投标报价/竣工结算）（一般计税法）

工程名称：　　　　　　　　　　　　　标段：　　　　　　　　　　第　页　共　页

序号	项目名称	金额/元	结算金额/元	备注
1	暂列金额			明细详见 F.3
2	暂估价			
2.1	材料（工程设备）暂估价/结算价			明细详见 F.4
2.2	专业工程暂估价/结算价			明细详见 F.5
3	计日工			明细详见 F.6
4	总承包服务费			明细详见 F.7
5	索赔与现场签证			明细详见 F.8
6	1＋2.2＋3＋4＋5 合计			
7	销项税额　6×11%			
8	附加税费（6＋7）×费率			
	6＋7＋8 合计			

（2）其他项目清单与计价汇总表（简易计税法），见表 5 – 14，表中材料（工程设备）暂估单价及调价表在表 5 – 16 填报时按含税价填报；材料（工程设备）暂估单价计入直接费与清单项目综合单价，此处不汇总。

表 5 – 14　其他项目清单与计价汇总表（招标控制价/投标报价/竣工结算）（简易计税法）

工程名称：　　　　　　　　　　　　　标段：　　　　　　　　　　第　页　共　页

序号	项目名称	金额/元	结算金额/元	备注
1	暂列金额			明细详见 F.3
2	暂估价			
2.1	材料（工程设备）暂估价/结算价			明细详见 F.4
2.2	专业工程暂估价/结算价			明细详见 F.5
3	计日工			明细详见 F.6
4	总承包服务费			明细详见 F.7
5	索赔与现场签证			明细详见 F.8
6	1＋2.2＋3＋4＋5 合计			
7	应纳税额　6×3%			
8	附加税费　7×费率			
	6＋7＋8 合计			

（3）暂列金额明细表，见表 5 – 15，此表由招标人填写，如不能详列，也可只列暂定金额总额，投标人应将上述暂列金额计入投标总价中。检验试验费按直接费用的 0.5%～1.0% 计取。

表 5 – 15　暂列金额明细表

工程名称：　　　　　　　　　　　　　标段：　　　　　　　　　　　　　第　页　共　页

序号	项目名称	计量单位	暂定金额/元	备注
1	不可预见费			
2	检验试验费			
3				
4				
5				
6				
	合　计			

　　（4）材料（工程设备）暂估单价及调整表，见表 5 – 16。此表由招标人填写"暂估单价"，并在备注栏说明暂估价的材料、工程设备拟用在那些清单项目上，投标人应将上述材料、工程设备暂估单价计入工程量清单综合单价报价中。采用一般计税法时按除税价填报；采用简易计税法时按含税价填报。表中材料（工程设备）暂估单价计入直接费与清单项目综合单价，此处汇总后不再重复相加。

表 5 – 16　材料（工程设备）暂估单价及调整表

工程名称：　　　　　　　　　　　　　标段：　　　　　　　　　　　　　第　页　共　页

序号	材料（工程设备）名称、规格、型号	计量单位	数量		暂估/元		确认/元		差额±/元		备注
			暂估	确认	单价	合价	单价	合价	单价	合价	
	合　计										

　　（5）专业工程暂估价及结算价表，见表 5 – 17 注。此表"暂估金额"由招标人填写，投标人应将"暂估金额"计入投标总价中。结算时按合同约定结算金额填写。专业工程暂估价及结算价应包含费用和利润。

表 5 – 17 专业工程暂估价及结算价表

工程名称： 标段： 第 页 共 页

序号	工程名称	工程内容	暂估金额/元	结算金额/元	差额±/元	备 注
合 计						

(6)计日工表,见表 5 – 18。此表项目名称、暂定数量由招标人填写,编制招标控制价时,单价由招标人按有关计价规定确定;投标时,单价由投标人自主报价,按暂定数量计算合价计入投标总价中;结算时,按发、承包双方确认的实际数量计算合价。表中综合单价应包含费用和利润。

表 5 – 18 计日工表

工程名称： 标段： 第 页 共 页

编号	项 目 名 称	单位	暂定数量	实际数量	综合单价/元	合 价	
						暂定	实际
一	人工						
1							
2							
3							
4							
人工小计							
二	材料						
1							
2							
3							
4							
5							
6							
材料小计							
三	施工机械						
1							
2							
3							
4							
施工机械小计							
总 计							

(7)总承包服务费计价表,见表5-19。发包人发包专业工程服务费一般按发包工程直接费用的1.0~2.%计取。

表5-19 总承包服务费计价表

工程名称:　　　　　　　　　　标段:　　　　　　　　　　　第　页　共　页

序号	项目名称	项目价值/元	服务内容	费率/%	金额/元
1	发包人发包专业工程服务费	(直接费)			
2	发包人提供材料采保费	(发包人提供材料总值)			
	合　计				

(8)索赔与现场签证计价汇总表,见表5-20。表中索赔与签证依据栏填写经双方认可的索赔依据与签证单的编号。索赔与现场签证计价汇总应包含费用和利润。

表5-20 索赔与现场签证计价汇总表

工程名称:　　　　　　　　　　标段:　　　　　　　　　　　第　页　共　页

序号	索赔与签证项目名称	计量单位	数量	单价/元	合价/元	索赔与签证依据
	本页小计					
	合　计					

(9)费用索赔申请(核准)表,见表5-21。填表时只需在选择栏中的"□"内做标志"√"即可。本表一式四份,由承包人填报,发包人、监理人、造价咨询人、承包人各存一份。表中造价工程师系指监理人委派驻现场的造价工程师或发包人聘任的造价工程师(下同)。费用索赔申请(核准)表应包含费用和利润。

表 5 − 21 费用索赔申请（核准）表

工程名称：＿＿＿＿＿＿＿＿＿　标段：＿＿＿＿＿＿＿＿＿＿　　　　　　第　页　共　页

致：＿＿＿＿＿＿＿＿＿＿＿＿＿＿＿＿＿＿＿＿＿＿＿＿＿＿（发包人全称）

根据施工合同条款＿＿＿＿＿条的约定，由于＿＿＿＿＿＿＿＿＿＿＿＿＿＿原因，我方要求索赔金额（大写）＿＿＿＿＿＿＿＿＿＿＿＿＿＿＿＿＿＿＿，（小写＿＿＿＿＿＿＿＿＿＿＿），请予核准。

附：1. 费用索赔的详细理由和依据：

2. 索赔金额的计算：

3. 证明材料：

承包人（章）＿＿＿＿＿＿＿

造价人员＿＿＿＿＿＿＿＿＿　承包人代表＿＿＿＿＿＿＿＿＿　日期＿＿＿＿＿＿＿＿＿

复核意见： 根据施工合同条款第＿＿＿条的约定，你方提出的费用索赔申请经复核： □ 不同意此项索赔，具体意见见附件。 □ 同意此项索赔，索赔金额的计算，由造价工程师复核。 监理工程师＿＿＿＿＿＿＿＿＿ 日期＿＿＿＿＿＿＿＿＿＿＿	复核意见： 根据施工合同条款第＿＿＿＿＿＿条的约定，你方提出的费用索赔申请经复核，索赔金额为 （大写）＿＿＿＿＿＿＿＿＿＿＿＿＿＿＿＿， （小写＿＿＿＿＿＿＿＿＿）。 造价工程师＿＿＿＿＿＿＿＿＿ 日期＿＿＿＿＿＿＿＿＿＿＿

审核意见：

□ 不同意此项索赔。

□ 同意此项索赔，与本期进度款同期支付。

发包人（章）＿＿＿＿＿＿＿＿

发包人代表＿＿＿＿＿＿＿＿

日期＿＿＿＿＿＿＿＿＿＿

（10）现场签证表，见表 5 − 22。填表时在选择栏中的"□"内做标志"√"。此表一式四份，由承包人在收到发包人（监理人）的口头或书面通知后填写，发包人、监理人、造价咨询人、承包人各存一份。现场签证表应包含费用和利润。

表 5-22 现场签证表

工程名称：_____ 标段：_____ 第 页 共 页

施工部位		日期	

致：_____（发包人全称）

根据_____（指令人姓名）_____年___月___日的口头指令或你方_____（或监理人）_____年___月___日的书面通知，我方要求完成此项工作应支付价款金额为（小写）_____元，（大写）_____元，请予核准。

附：1. 签证事由及原因：

2. 附图及计算式：

承包人（章）_____

造价人员_____ 承包人代表_____ 日期 _____

审核意见： 你方提出的此项签证申请经复核： □ 不同意此项签证，具体意见见附件。 □ 同意此项签证，签证金额的计算，由造价工程师复核。 监理工程师_____ 日期_____	审核意见： □ 此项签证按承包人中标的计日工单价计算，金额为（小写）_____元，（大写 _____元）。 □ 此项签证因无计日工单价，金额为（小写）_____元，（大写）_____元。 造价工程师_____ 日期_____

审核意见：

□ 不同意此项签证。

□ 同意此项签证，价款与本期进度款同期支付。

发包人（章）_____
发包人代表_____
日　　期_____

6. 合同价款支付申请（核准）表

（1）预付款支付申请（核准）表，见表 5-23。填表时在选择栏中的"□"内做标志"√"。此表一式四份，由承包人填报，发包人、监理人、造价咨询人、承包人各存一份。

表5－23　预付款支付申请(核准)表

工程名称：　　　　　　　标段：　　　　　　　　　　　　　　　　第　页　共　页

致：＿＿＿＿＿＿＿＿＿＿＿＿＿＿＿＿＿＿＿＿＿＿＿＿＿＿＿＿＿＿＿（发包人全称）

我方根据施工合同约定，现申请支付工程预款额为(小写)＿＿＿＿＿＿＿＿＿其中税金＿＿＿＿＿＿＿＿＿附加税费＿＿＿＿＿＿＿元，(大写)＿＿＿＿＿＿＿＿＿，请予核准。

序号	名　称	申请金额/元	复核金额/元	备注
1	已签约合同价款金额			
2	其中：安全文明施工费			
3	应支付的预付款			
4	应支付的安全文明施工费			
5	合计应支付的预付款			

承包人(章)

造价人员＿＿＿＿＿＿＿＿＿　承包人代表＿＿＿＿＿＿＿＿＿＿＿　日期＿＿＿＿＿＿＿＿

复核意见： 　□ 与合同约定不相符，修改意见见附件。 　□ 与合同约定相符，具体金额由造价工程师复核。	复核意见： 　　你方提出的支付申请经复核，应支付金额为(小写＿＿＿＿＿＿＿其中税金＿＿＿＿＿＿＿附加税费＿＿＿＿＿＿＿元)，(大写＿＿＿＿＿＿＿＿＿)。
监理工程师＿＿＿＿＿＿＿ 日期＿＿＿＿＿＿＿＿	造价工程师＿＿＿＿＿＿＿ 日期＿＿＿＿＿＿＿＿

审核意见：

　□ 不同意。

　□ 同意，支付时间为本表签发后的15天内。

发包人(章)＿＿＿＿＿＿＿

发包人代表＿＿＿＿＿＿＿＿

日期＿＿＿＿＿＿＿＿＿＿

(2)工程款支付申请(核准)表，见表5－24。填表时在选择栏中的"□"内做标志"√"。此表一式四份，由承包人填报，发包人、监理人、造价咨询人、承包人各存一份。

表 5 - 24   工程款支付申请(核准)表

工程名称：　　　　　　　标段：　　　　　　　　　　　　　　　　　　第　页　共　页

致：＿＿＿＿＿＿＿＿＿＿＿＿＿＿＿＿＿＿＿＿＿＿＿＿＿(发包人全称)

　　我方于＿＿＿至＿＿＿期间已完成了＿＿＿＿＿＿工作，根据施工合同的约定，现申请支付本周期的合同款额为(小写)＿＿＿＿＿＿＿＿＿，(大写)＿＿＿＿＿＿＿＿，请予核准。

序号	名　称	实际金额/元	申请金额/元	复核金额/元	备注
1	累计已完成的合同价款				
2	累计已实际支付的合同价款				
3	本周期合计完成的合同价款				
3.1	本周期已完成单价项目的金额				
3.2	本周期应支付的总价项目的金额				
3.3	本周期已完成的计日工价款				
3.4	本周期应支付的安全文明施工款				
3.5	本周期应增加的合同价款				
4	本周期合计应扣减的金额				
4.1	本周期应抵扣的预付款				
4.2	本周期应扣减的金额				
5	本周期应支付的合同价款				

附：上述 3、4 详见附件清单

承包人(章)

造价人员＿＿＿＿＿＿　　承包人代表＿＿＿＿＿＿　　日　期＿＿＿＿＿＿＿＿

复核意见： 　□ 与实际施工情况不相符，修改意见见附件。 　□ 与实际施工情况相符，具体金额由造价工程师复核。	复核意见： 　　你方提出的支付申请经复核，本周期已完成合同款额为 (小写)＿＿＿＿＿＿＿＿＿＿， (大写)＿＿＿＿＿＿＿＿＿＿， 本期间应支付金额为(小写)＿＿＿＿＿， (大写)＿＿＿＿＿＿＿＿＿＿。
监理工程＿＿＿＿＿＿ 日　期＿＿＿＿＿＿	造价工程师＿＿＿＿＿＿ 日　期＿＿＿＿＿＿

审核意见：

　□ 不同意。

　□ 同意，支付时间为本表签发后的 15 天内。

发包人(章)

发包人代表＿＿＿＿＿＿

日　期＿＿＿＿＿＿＿＿

（3）竣工结算款支付申请（核准）表，见表 5 - 25。填表时在选择栏中的"口"内做标志"√"。此表一式四份，由承包人填报，发包人、监理人、造价咨询人、承包人各存一份。

表 5 - 25　竣工结算款支付申请（核准）表

工程名称：　　　　　　　标段：　　　　　　　　　　　　　　　　第　页　共　页

致：_____（发包人全称）

我方于_____至_____期间已完成合同约定的工作，工程已经完工，根据施工合同的约定，现申请支付本期的工程价款为（小写）_____其中税金_____附加税费_____元，（大写）_____，请予核准。

序号	名　称	申请金额/元	复核金额/元	备注
1	竣工结算合同价款总额			
2	累计已实际支付的合同价款			
3	应预留的质量保证金			
4	应支付的竣工结算款金额			

承包人（章）

造价人员_____　承包人代表_____　　日期_____

复核意见 　□与实际施工情况不相符，修改意见见附件。 　□与实际施工情况相符，具体金额由造价工程师复核。	复核意见： 　　你方提出竣工结算款支付申请经复核，竣工结算款总额为（小写）_____其中税金____附加税费_____元，（大写）_____，扣除前期支付以及质量保证金后应支付金额为（小写）____其中税金____附加税费_____元，（大写）_____
监理工程师_____ 日期_____	造价工程师_____ 日期_____

审核意见：
　□不同意。
　□同意，支付时间为本表签发后的 15 天内。

发包人（章）

发包人代表_____
日期_____

（4）最终结算支付申请（核准）表，见表 5 - 26。填表时在选择栏中的"□"内做标志"√"。此表一式四份，由承包人填报，发包人、监理人、造价咨询人、承包人各存一份。

表5-26　最终结算支付申请(核准)表

工程名称:　　　　　　标段:　　　　　　　　　　　　　　　　　第 页 共 页

　　致:_____(发包人全称)

　　我方于_____至_____期间已完成了缺陷修复工作,根据施工合同的约定,现申请支付最终结清合同款额为(小写)_____其中税金_____附加税费_____元,(大写)_____,请予核准。

序号	名称	申请金额/元	复核金额/元	备注
1	已预留的质量保证金			
2	应增加因发包人原因造成缺陷的修复金额			
3	应扣减承包人不修复缺陷、发包人组织修复的金额			
4	最终应支付的合同价款			

承包人(章)

造价人员_____　承包人代表_____　　　日期_____

复核意见: 　□ 与实际施工情况不相符,修改意见见附件。 　□ 与实际施工情况相符,具体金额由造价工程师复核。	复核意见: 　你方提出的支付申请经复核,最终应支付金额为(小写)_____其中税金_____附加税费_____,(大写)_____
监理工程师_____ 日期_____	造价工程师_____ 日期_____

审核意见:

□ 不同意。

□ 同意,支付时间为本表签发后的15天内。

发包人(章)

发包人代表_____

日期_____

7. 主要材料、设备一览表

（1）发包人提供材料与工程设备一览表，见表 5 - 27。此表由招标人填写，供投标人在投标报价、确定总承包服务费（计取发包人提供材料采保费）时参考。发包人提供材料与工程设备按含税单价填报。

表 5 - 27　发包人提供材料与工程设备一览表

工程名称：　　　标段：　　　　　　　　　　　　　　　　　　　　第　页　共　页

序号	材料（工程设备）名称、规格、型号	单位	数量	单价/元	交货方式	送达地点	备注

（2）人工、主要材料（工程设备）、机械用量汇总与单价表，见表 5 - 28。招标控制价、投标报价、竣工结算通用表，也是单位工程、单项工程、建设项目通用表。

采用一般计税法时，市场价含税、除税栏均需填写，采用简易计税法时，市场价填写含税栏。此表合价栏按市场含税价填报，表中合价＝市场价（含税）×数量。发包人提供材料和工程设备及承包人提供材料和工程设备均按含税单价填报。

表 5 - 28　人工、主要材料（工程设备）、机械用量汇总与单价表

工程名称：　　　　　　　标段：　　　　　　　　　　　　　　　　第　页　共　页

序号	编码	名称（材料、机械规格型号）	单位	数量	基期价/元	市场价/元		合价/元	备注
						含税	除税		
		本页合计	元						
		合计	元						

5.3　招标控制价的编制

招标控制价是招标人根据国家或省级、行业建设主管部门颁发的有关计价依据和办法，以及拟定的招标文件和招标工程量清单，结合工程具体情况编制的招标工程的最高投标限价。

招标控制价也称"拦标价"或"预算控制价"，是招标人根据工程量清单计价规范计算的招标工程的工程造价，是业主对招标工程发包的最高投标限价。

招标控制价的作用决定了它不同于"标底"，无需保密。为体现招标的公开、公正，防止招标人有意抬高或压低工程造价，招标控制价应在招标时公布，不应上调或下浮，并应将招标控制价及有关资料报送工程所在地工程造价管理机构备查。

5.3.1　招标控制价编制的原则及注意事项

1. 招标控制价的编制原则

《建设工程工程量清单计价规范》50500—2013 规定，国有资金投资的建设工程招标，招标人必须编制招标控制价。招标控制价应由具有编制能力的招标人或受其委托具有相应资质的工程造价咨询人编制和复核。工程造价咨询人接受招标人委托编制招标控制价，不得再就同一工程接受投标人委托编制投标报价。

2. 招标控制价编制的注意事项

①严格依据招标文件（包括招标答疑纪要）和发布的工程量清单编制招标控制价。

②正确全面地使用行业和地方的计价定额（包括相关文件）和价格信息，对招标文件规定可使用的市场价格应有可靠依据。

③依据国家有关规定计算不参与竞争的措施费用、规费和税金。

④竞争性的措施方案依据专家论证后的方案进行合理确定，并正确计算其费用。

⑤编制招标控制价时，施工机械设备的选型应根据工程特点和施工条件，本着经济适用、先进高效的原则确定。

⑥严格执行、准确理解工程量计算规范。计算工程量时，计算规范中的规则要准确理解、反复推敲、严格执行。

⑦计算必须准确。计算工程量时，计算底稿要整洁，计算数据要清晰，项目部位要注明，计算精度要一致。

⑧计算工程量要做到不重不漏。

5.3.2　招标控制价的编制方法

1. 招标控制价的编制流程

招标控制价的编制流程如图 5 – 13 所示。

2. 各项费用及税金的确定方法

招标人应在招标文件中如实公布招标控制价，不得对所编制的招标控制价进行上浮或下调。为体现招标的公开、公平、公正性，防止招标人有意抬高或压低工程造价，给投标人以错误信息，招标人在招标文件中应公布招标控制价各组成部分的详细内容，不得只公布招标控制价总价，并应将招标控制价报工程所在地工程造价管理机构备查。编制招标控制价时的相关费率和税率按第 3 章给定的相关税率、费率确定。

（1）分部分项工程费的确定。

分部分项工程费由各分项工程的综合单价与对应的工程量（清单所列工程量）相乘后汇总而得。

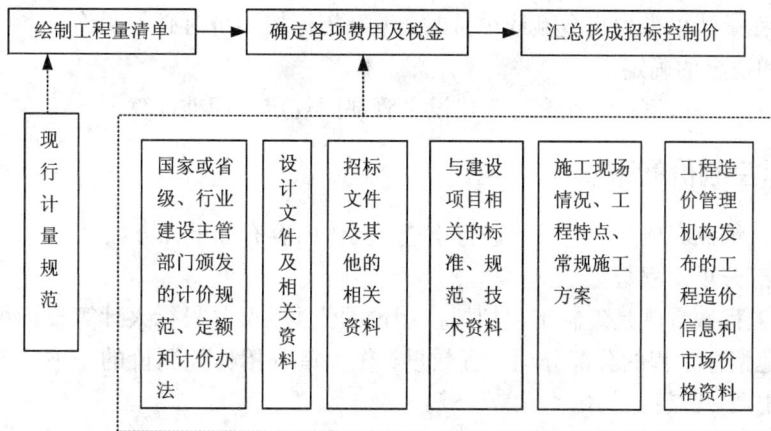

图 5 – 13　招标控制价的编制流程

综合单价应根据拟定的招标文件和招标工程量清单项目中的特征描述及有关要求确定，综合单价还应包括招标文件中划分的应由投标人承担的风险范围及其费用。工程量按国家有关行政主管部门颁布的不同专业的工程量计算规范确定。

如招标文件提供了暂估单价材料的，按暂估的单价计入综合单价。

（2）措施项目费的确定。

措施项目应按招标文件中提供的措施项目清单确定，措施项目采用分部分项工程综合单价形式进行计价的工程量，应按措施项目清单中的工程量确定综合单价；以"项"为单位的方式计价的，价格包括除规费、税金以外的全部费用。措施项目费中的安全文明施工费应当按照国家或省级、行业建设主管部门的规定标准计价。

（3）其他项目费的确定。

①暂列金额。应按招标工程量清单中列出的金额填写。

②暂估价。暂估价中的材料、工程设备单价、控制价应按招标工程量清单列出的单价计入综合单价。暂估价中专业工程金额应按招标工程量清单中列出的金额填写。

③计日工。编制招标控制价时，对计日工中的人工单价和施工机械台班单价应按省级、行业建设主管部门或其授权的工程造价管理机构公布的单价计算；材料应按工程造价管理机构发布的工程造价信息中的材料单价计算，工程造价信息未发布材料单价的，其价格应按市场调查确定的单价计算。

④总承包服务费。编制招标控制价时，总承包服务费应按照省级或行业建设主管部门的规定计算，或参考相关规范计算。在现行计价规范条文的说明中，总承包服务费的参考值一般按如下比例确定：

当招标人仅要求总包人对其发包的专业工程进行现场协调和统一管理、对竣工资料进行统一汇总整理等服务时，总包服务费按发包的专业工程估算造价的 1.5% 左右计算。

当招标人要总包人对其发包的专业工程既进行总承包管理和协调，又要求提供相应配合服务时，总承包服务费根据招标文件列出的配合服务内容，按发包的专业工程估算造价的 3%～5% 计算。

招标人自行供应材料、设备的,按招标人供应材料、设备价值的1%计算。暂列金额、暂估价如招标工程量清单未列出金额或单价时,编制招标控制价时必须明确。

(4)规费和税金的确定。

规费和税金应按国家或省级、行业建设主管部门规定的标准计算。

5.3.3 招标控制价的审核

招标控制价编制完成后,应对其进行审查,具体内容有如下几方面。

1. 审查分部分项工程数量

由于分部工程数量既是编制工程招标控制价的依据,又是投标人计算投标报价的主要资料,因此,应把招标工程的分部分项工程数量,作为审查招标控制价的一项重要内容。主要审查内容包括以下几点:

①列项是否正确,工程量清单的项目是否与定额或计价规范的项目一致,有无漏项或重复列项。

②工程量的计算单位是否与定额或工程量清单计价规范的计量单位一致,计算方法是否符合计算规则的规定。

③计算数据是否与图示尺寸符合,应加减的尺寸是否已经增加或扣除等。

2. 审查各项费用

各项费用的审查主要包括以下几点:

①费用项目是否齐全,有无重复和漏项。

②费用标准是否正确,是否符合工程类型,费率选择是否合适。

③各项费用的计算方法是否正确,计算基础是否符合要求。

3. 审查"活口"费用

所谓"活口"费用,主要指措施性项目费用和价差等。这些费用情况较复杂,计算依据准确性较差,在审查时要搞好调查研究,在全面熟悉工程实际情况的基础上进行。

5.4 投标报价

工程投标是投标人通过投标竞争,获得工程承包权的一种方法。投标价是投标人投标时,响应招标文件要求所报出的对已标价工程量清单(或项目涉及的工作内容)汇总后标明的总价。它是投标人对拟建工程的期望价格。

5.4.1 投标价格的编制

1. 投标报价的编制原则

①投标价应由投标人或受其委托具有相应资质的工程造价咨询人编制。

②投标人应依据行业部门的相关规定自主确定投标报价。

③投标人必须按招标工程量清单填报价格。项目编码、项目名称、项目特征、计量单位、工程量必须与招标工程量清单一致。

④投标人的投标报价不得低于工程成本。

⑤投标人的投标报价高于招标控制价的应予废标。

2. 投标报价的特点

投标报价是与市场经济相适应的投标报价方法，也是国际通用的竞争性招标方式所要求的报价。一般由招标控制价编制单位根据业主委托，将拟建招标工程全部项目和内容按《建设工程工程量清单计价规范》中的计算规则计算出工程量，列在清单上作为招标文件的组成部分，供投标人逐项填报单价，计算出总价，作为投标报价，然后通过评标竞争，最终确定合同价。

投标人要报出工程造价，应首先对工程量清单中的工程量进行审核，投标报价应根据投标文件中的工程量清单和有关要求、施工现场实际情况及拟定的施工方案或施工组织设计、企业定额和市场价格信息，并参照建设行政主管部门发布的消耗量定额进行编制。

因为投标人依据企业自己的定额确定人工、材料、机械消耗量和价格、各项措施费率、利润率，结合市场因素自主报价，而投标人的企业定额又是根据企业本身的技术专长、材料采购渠道和管理水平制定的，因此各投标报价体现自身的优势与经验，反映市场竞争状况。

投标报价最基本的特点是投标人自主报价、计价的基础依据是企业定额。

①一般应使用企业定额。当企业没有能力编制企业定额的时候，也可以使用国家或省级、行业建设主管部门颁发的计价定额。

②采用的价格应是市场价格，也可以使用工程造价管理机构发布的工程造价信息。

③须严格执行国家或省级、行业建设主管部门颁布的相关计价办法。

3. 投标报价的编制流程

投标价格的编制流程如图 5 - 14 所示。由图 5 - 12 可知，投标价格的编制流程虽与招标控制价有相似之处，但却复杂一些，其关键问题是要合理的确定各项目的综合单价。投标报价既要保证没有遗漏的项目与费用，又要使其具有竞争性。

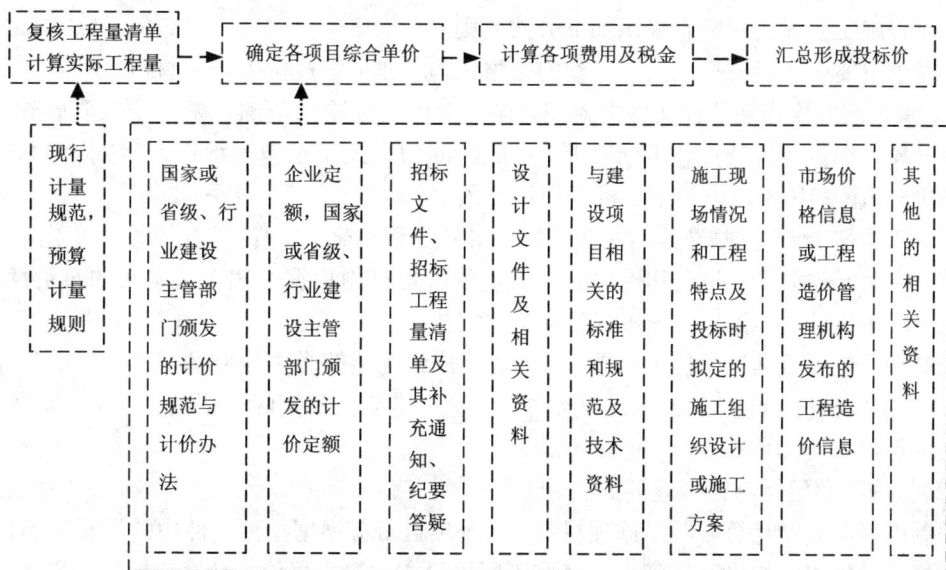

图 5 - 14　投标报价的编制流程

4. 投标报价的编制

投际人首先应根据招标人提供的工程量清单编制分部分项工程量清单计价表、措施项目清单计价表、其他项目清单计价表、规费、税金项目清单计价表，汇总得到单位工程投标报价汇总表，再层层汇总，分别得出单项工程投标报价汇总表和工程项目投标总价汇总表。在编制过程中投标人应按招标人提供的工程量清单填报价格。填写的项目编码、项目名称、项目特征、计量单位、工程量必须与招标人提供的一致。

（1）分部分项工程量清单与计价表的编制。

投标人投标价中的分部分项工程费应按招标文件中分部分项工程量清单项目的特征描述确定综合单价。因此确定综合单价是分部分项工程工程量清单与计价表编制过程中最主要的内容。分部分项工程量清单综合单价，包括完成单位分部分项工程所需的人工费、材料费、施工机具使用费、管理费、利润，并考虑风险费用的分摊。编制分部分项工程综合单价时应注意以下事项。

①以项目特征描述为依据。项目特征是确定综合单价的重要依据之一，投标人投标报价应依据招标文件中分部分项工程量清单中项目特征描述确定综合单价。当招标文件中分部分项工程量清单项目特征描述与设计图纸不符时，投标人应以招标文件的项目特征描述为准，确定投标报价的综合单价。当施工中施工图纸或设计变更与工程量清单项目特征描述不一致时，发、承包双方应按实际施工的项目特征，依据合同约定重新确定综合单价。

②材料、工程设备暂估价的处理。招标文件中在其他项目清单中提供了暂估单价的材料和工程设备，应按其暂估的单价计入分部分项工程量清单项目的综合单价中。

③考虑合理的风险。招标文件中要求投标人承担的风险费用，投标人应考虑进入综合单价。在施工过程中，当出现的风险内容及其范围（幅度）在招标文件规定的范围（幅度）内时，综合单价不得变动，合同价款不作调整。据国际惯例并结合我国工程建设的特点，发、承包双方对工程施工阶段的风险宜采用如下分摊原则。

a. 对于主要由市场价格波动而导致的价格风险，如工程造价中建筑材料、燃料等价格风险，发、承包双方应当在招标文件中或在合同中对此类风险的范围和幅度予以明确约定，进行合理分摊。根据工程特点和工期要求，一般采取的方式是承包人承担5%以内的材料、工程设备价格风险，10%以内的施工机具使用费风险。

b. 对于法律、法规、规章或有关政策出台导致工程税金、规费、人工费发生变化，并由省级、行业建设行政主管部门或其授权的工程造价管理机构根据上述变化发布的政策性调整，承包人不应承担此类风险，应按照有关调整规定执行。

c. 对于承包人根据自身技术水平、管理、经营状况能够自主控制的风险，如承包人的管理费、利润的风险，承包人应结合市场情况，根据企业自身的实际合理确定、自主报价，该部分风险由承包人全部承担。

（2）措施项目清单与计价表的编制。

编制内容主要是计算各项措施项目费，措施项目费应根据招标文件中的措施项目清单及投标时拟定的施工组织设计或施工方案按不同报价方式自主报价。计算时应遵循以下原则。

①投标人可根据工程实际情况结合施工组织设计，自主确定措施项目费。对招标人所列的措施项目可以进行增补。这是由于各投标人拥有的施工装备、技术水平和采用的施工方法有所差异，招标人提出的措施项目清单是根据一般情况确定的，没有考虑不同投标人的"个

性"，投标人投标时应根据自身编制的投标施工组织设计或施工方案确定措施项目，对招标人提供的措施项目进行调整。投标人根据投标施工组织设计或施工方案调整和确定的措施项目应通过评标委员会的评审。

②可以计算工程量的措施项目应计算综合单价和计算工程量。对于不能精确计量的措施项目按"项"为单位计价，其价格组成与综合单价相同，包括除规费、税金以外的全部费用。

③措施项目清单中的安全文明施工费应按照国家或省级行业建设主管部门规定计价，不得作为竞争性费用。招标人不得要求投标人对该项费用进行优惠，投标人也不得将该项费用参与市场竞争。

（3）其他项目清单与计价表的编制。

其他项目费主要包括暂列金额、暂估价、计日工以及总承包服务费。投标人对其他项目费投标报价时应遵循以下原则。

①暂列金额应按照其他项目清单中列出的金额填写，不得变动。

②暂估价不得变动和更改。暂估价中的材料暂估价必须按照招标人提供的暂估单价计入分部分项工程费用中的综合单价；专业工程暂估价必须按照招标人提供的其他项目清单中列出的金额填写。材料暂估单价和专业工程暂估价均由招标人提供，为暂估价格，在工程实施过程中，对于不同类型的材料与专业工程采用不同的计价方法。

招标人在工程量清单中提供了暂估价的材料和专业工程属于依法必须招标的，由承包人和招标人共同通过招标确定材料单价与专业工程中标价。若材料不属于依法必须招标的，经发、承包双方协商确认后计价。若专业工程不属于依法必须招标的，由发包人、总承包人与分包人按有关计价依据进行计价。

③计日工应按照其他项目清单列出的项目和计算的数量，自主确定各项综合单价并计算费用。

④总承包服务费应根据招标人在招标文件中列出的分包专业工程内容和供应材料、设备情况，按照招标人提出的协调、配合与服务要求和施工现场管理需要自主确定。

（4）规费、税金项目清单与计价表的编制。

规费和税金应按国家或省级行业建设主管部门的规定计算，不得作为竞争性费用。这是由于规费和税金的计取标准是依据有关法律、法规和政策规定制定的，具有强制性。因此，投标人在投标报价时必须按照国家或省级、行业建设主管部门的有关规定计算规费和税金。

（5）投标价的汇总。

投标人的投标总价应当与组成工程量清单的分部分项工程费、措施项目费、其他项目费和规费和税金的合计金额相一致，即投标人在进行工程量清单招标的投标报价时，不能进行投标总价优惠（或降价、让利），投标人对投标报价的任何优惠（或降价）均应反映在相应清单项目的综合单价中。

5.4.2　投标报价策略

投标报价的策略是指承包商在投标竞争中的系统工作部署及其参与投标竞争的方式和手段。报价是确定中标人的条件之一，但不是唯一的条件。但一般来说，在工期、质量、社会信誉相同的条件下，合理的标价是赢得竞争的重要手段。企业不能单纯追求报价最低，应当在评价标准和项目本身条件所决定的标价高低的因素上充分考虑报价的策略。

1. 投标报价主要考虑的因素

投标人要想在投标中获胜，首先就要考虑主客观制约条件，这是影响投标决策的重要因素。

（1）主观因素。

从本企业的主观条件、各项业务能力和能否适应投标工程的要求进行衡量，主要考虑以下方面：

①设计能力。

②机械设备能力。

③工人和技术人员的操作技术水平。

④以往对类似工程的经验。

⑤竞争的激烈程度。

⑥器材设备的交货条件。

⑦中标承包后对本企业的影响。

⑧对工程的熟悉程度和管理经验。

（2）客观因素。

①工程的全面情况。包括图纸和说明书，现场地上、地下条件，如地形、交通、水源、电源、土壤地质、水文气象等。这些都是拟定施工方案的依据和条件。

②业主及其代理人（工程师）的基本情况。包括资历、业务水平、工作能力、个人的性格和作风等。这些都是有关今后在施工承包结算中能否顺利进行的主要因素。

③劳动力的来源情况。如当地能否招募到比较廉价的工人，以及当地工会对承包商在劳务问题上能否合作的态度。

④建筑材料和机械设备等资源的供应来源、价格、供货条件以及市场预测等情况。

⑤专业分包。如空调、电气、电梯等专业安装力量情况。

⑥银行贷款利率、担保收费、保险费费率等与投标报价有关的因素。

⑦当地各项法规，如企业法、合同法、劳动法、税法、外汇管理法、工程管理条例以及技术规范等。

⑧竞争对手的情况。它包括对手企业的历史、信誉、经营能力、技术水平、装备能力、以往投标报价的情况和经常采用的投标策略等。

对以上这些客观情况的掌握、了解，除少部分可以通过招标文件获得外，其余都得通过广泛深入的调查研究、咨询、社会交往等多种渠道才能获得。

2. 常用的投标报价策略

投标报价既要考虑企业自身的优势和劣势，企业当前盈亏状态、企业当前任务情况，也要分析招标项目的特点，分析竞争对手、市场各要素的行情等等，全面分析来选择投标报价策略。

（1）调高报价。

在下列情况下，一般可适当调高报价。

①施工条件差（如场地狭窄、地处闹市等）的工程。

②专业要求高的技术密集型工程，而本企业这方面有专长，声望也高。

③总价低的小工程，以及自己不愿意做而被邀请投标时，不便于不投标的工程。

④特殊的工程，如特殊的港口码头工程、地下工程等。

⑤业主对工期要求紧的工程。

⑥投标对手少的工程。

⑦支付条件不理想的工程。

另外，对风险大的合同可根据实际情况提高报价中的风险费用，为风险做资金准备，使风险与收益对等。

（2）调低报价。

一般下列情况下，应适当调低报价。

①施工条件好、工作简单、工程量大一般公司都可以做的工程，如大量的土石方工程、一般房建工程等等。

②企业当前急于打入某一市场、某一地区，或虽已在某地区经营多年，但即将面临没有工程可做的情况，机械设备等无工地转移。

③附近有工程而本项目可利用该项工程的设备、劳务或有条件短期内突击完成的工程。

④投标对手多，竞争力强的工程。

⑤非急需工程。

⑥支付条件好的工程，如现汇支付。

（3）无利润报价。

缺乏竞争优势的承包商，在不得已的情况下，只好在报价中根本不考虑利润去夺标。这种办法大多是处于以下情况时才采用。

①有可能在中标后，将大部分工程包给索价较低的一些分包商。

②对于分期建设的项目，先以低价获得首期工程，而后赢得机会创造第二期工程中的竞争优势，并在以后的实施中赚得利润。

③在较长时期内，承包商没有在建的工程项目，如果再不得标，就难以维持生存。

因此，虽然本工程无利可图，只要能有一定的管理费维持工程的日常运转，就可设法度过暂时的难关，以谋求未来的发展。

（4）不平衡报价。

不平衡报价是指一个工程项目总报价基本确定后，如何调整清单内部各个项目的报价，某些清单项目的报价调低，某些清单项目的报价调高，但并不提高总价，以期加快工程款的回笼或在结算时得到更理想的经济效益，即尽量做到"早收钱"和"多收钱"。一般在以下情况下可以考虑采用不平衡报价。

①对能早日结账收款的项目（如建筑工程中的土方、基础等前期工程）的单价可定高一些，有利于尽早多收工程款，而后期项目单价可适当降低。

②预计工程量将来会增加的项目，其单价可提高；预计工程量会减少的项目，其单价可降低。

③图纸不明确或有错误的，估计修改后工程量会增加的项目，单价可提高；工程内容说明不清的单价可降低，这样做有利于以后的索赔。

④没有工程量，只填单价的项目（如土方工程中的挖淤泥、岩石等），其单价宜高，这样做既不影响投标报价，以后发生时又可多获利。

⑤计日工报价。

如果是单纯报计日工的单价，而且不计入总价中，可以报高一些，

以便在日后业主用工或使用机械时可以多盈利。但如果计日工单价要计入总报价，则需具体分析是否报高价，以免抬高总报价。

⑥暂定项目。对这类项目要具体分析，因为这类项目要在开工后再由业主研究决定是否实施以及由哪家承包商实施。估计有把握由本企业做的分项单价可高些。不一定由本企业做的分项应低些。如果该暂定项目可能由其他承包商来施工时，则可适当降低单价，以免抬高总报价。

（5）多方案报价与增加备选方案报价。

对于一些招标项目工程范围不很明确，文件条款不清楚或不公正，或技术规范要求过于苛刻时，要在充分估计投标风险的基础上，按多方案报价处理。所谓多方案报价，指先按原招标文件报一个价，然后提出"如果条款做某些改动，报价可降低多少……"以此降低总价，吸引业主。可以按不同的情况，分别提出多个报价供业主选择。需要注意的是，采用多方案报价法时，必须对原方案进行报价。

有时招标文件规定，可以提一个备选方案，即可以全部或部分修改原设计方案，提出投标人的方案。在这种情况下，投标人应花大力气提出更合理的方案以吸引业主，这个新的备选方案必须有一定的优势，如可以降低造价，或提前竣工，或有利于施工管理等。值得注意的是，增加备选方案时，不要将方案写得太具体，要保留方案的技术关键，以防止业主将此方案交给其他承包商施工，而且，备选方案一定要比较成熟，有很好的可操作性，否则将引起后患。

（6）随机应变策略。

一些投标人采取随机应变策略，包括突然降价法和开口升级报价法。

①突然降价法。为防止竞争对手刺探到自己的真实报价，一些投标人先按一般情况报价，在临近投标截止日期之前再把总报价突然降低。采用这种方法时，一定要考虑好降价的幅度。因为开标后只能降总价，在签订合同后可采用不平衡报价的方法调整工程量表或单价，以期取得更高的效益。

②留下开口。由于一些分项工程的施工条件特殊，灵活性很大，所以在报价时可以将这些风险大、花钱多的分项工程或工作抛开，仅在报价单中注明，由双方再商讨决定。这样大大降低了总报价，用最低价吸引业主，从而取得与业主商谈的机会。这种方法把报价看成是协商的开始，利用这些未定的活口工程在以后的议价谈判和合同谈判中进行升级加价。

5.4.3 投标报价的审核

投标人编制投标价格，可采用工料单价法或综合单价法。编制方法选用取决于招标文件规定的合同形式。当拟建工程采用总价合同形式时，投标人应按规定对整个工程涉及的工作内容做出总报价。当拟建工程采用单价合同形式时，投标人关键是正确估算出各分部分项工程项目的综合单价。

1. 投标报价的审核内容

（1）分部分项工程和措施项目报价的审核。

①分部分项工程和措施项目中的综合单价审核。

综合单价的确定依据。投标人投标报价时应依据招标工程量清单项目的特征描述确定清

单项目的综合单价。在招投标过程中，当出现招标工程量清单特征描述与设计图纸不符时，投标人应以招标工程量清单的项目特征描述为准，确定投标报价的综合单价。若在施工中施工图纸或设计变更导致项目特征与招标工程量清单项目特征描述不一致时，发、承包双方应按实际施工的项目特征依据合同约定重新确定综合单价。

材料、工程设备暂估价。招标工程量清单中提供了暂估单价的材料、工程设备，按暂估的单价进入综合单价。

风险费用。招标文件中要求投标人承担的风险内容和范围，投标人应将其考虑到综合单价中。在施工过程中，当出现的风险内容及其范围（幅度）在招标文件规定的范围内时，合同价款不作调整。

②措施项目中的总价项目的报价审核。

招标人提出的措施项目清单是根据一般情况确定的，由于各投标人拥有的施工装备、技术水平和采用的施工方法有所差异，投标人投标时应根据自身编制的投标施工组织设计（或施工方案）确定措施项目及报价，投标人根据投标施工组织设计（或施工方案）调整和确定的措施项目应通过评标委员会的评审。措施项目中的安全文明施工费应按照国家或省级、行业建设主管部门的规定计算，不作为竞争性费用。

（2）其他项目费的审核。

①暂列金额应按照招标工程量清单中列出的金额填写，不得变动。

②暂估价不得变动和更改。暂估价中的材料、工程设备必须按照暂估单价计入综合单价；专业工程暂估价必须按照招标工程量清单中列出的金额填写。

③计日工应按照招标工程量清单列出的项目和估算的数量，自主确定综合单价并计算计日工金额。

④总承包服务费应根据招标工程量列出的专业工程暂估价内容和供应材料、设备情况，按照招标人提出协调、配合与服务要求和施工现场管理需要自主确定。

（3）规费和税金的审核。

规费和税金必须按国家或省级、行业建设主管部门的规定计算，不得作为竞争性费用。

2. 投标报价审核要点

（1）招标工程量清单与计价表中列明的所有需要填写单价和合价的项目，投标人均应填写且只允许有一个报价。未填写单价和合价的项目，视为此项费用已包含在已标价工程量清单中其他项目的单价和合价之中。当竣工结算时，此项目不得重新组价予以调整。

（2）投标总价应与分部分项工程费、措施项目费、其他项目费和规费、税金的合计金额一致，即投标人在进行工程量清单招标的投标报价时，不能进行投标总价优惠（或降价、让利），投标人对投标报价的任何优惠（如降价、让利）均应反映在相应清单项目的综合单价中。

5.4.4　投标中的询价

1. 询价的概念

在建筑产品的生产中所使用的各种人工、材料、机械设备等生产要素的用量是相对稳定的，但其价格可能会随时间、地点和供求关系在一个很大的范围内上下浮动。生产要素价格确定的是否准确，对于能够按实调整价差的合同来说也许影响不大，但对于固定价格合同（如固定总价合同、固定单价合同）来说，则可能会导致投标失败或中标后严重的亏损。因此，在投标报价前承包商必须通过各种渠道，采用各种手段对工程所需各种材料、设备等资源的价格、质量、供应时间、供应数量等各方面进行系统全面的了解，这一工作就称为工程询价。工程询价的内容还应包括对分包项目的分包形式、分包范围、分包人报价、分包人履约能力及信誉作全面调查。

询价是计价的基础。询价不能只单纯地了解生产要素的价格，对影响生产要素价格的各个方面都应作全面、准确的了解，为工程计价提供可靠的依据。

询价一般由工程造价人员或采购人员承担，询价人员不但应具有较高的专业技术业务知识，而且要有很好的公关能力并能熟悉和掌握市场行情。

2. 询价的范围和渠道

（1）询价范围。

①经济方面。询价时对于经济方面应着重了解材料、设备供应商的经济实力和信誉，以及成交以后能否按期按质交货。在实际工作中，承包商与材料供应商之间因不能按期交货或质量不符合要求而产生的纠纷时有发生。因此，在询价时就应预测供应商违约的可能性，了解该供应商的售后服务态度。另外，在经济方面还应了解工程项目所在地区近期财政方面的大致情况、主要生产要素和有关生活物资价格的上涨幅度等。这些都会影响招标人对工程款的支付能力和生产过程中承包商的实际支出。

②社会方面。社会方面主要应了解工程项目所在地对工程所需材料（特别是地方材料）的生产情况、分布情况以及相互之间的关系、销售渠道。如果能得到供应，则供应的数量、时间能否满足要求，供应商是否会因大型工程建设或外地施工企业而抬高物价。社会方面还应了解当地工人的就业情况、社会风俗等。

③自然条件方面。自然条件的询价范围很广，包括工程所在地区的地理、地质、水文、气象条件和环境保护要求等。这些都会对工程造价产生直接影响。另外，还应了解当地地方材料的开发利用情况，对材性、材质、运输条件以及价格作出比较，供计价时参考。例如，有些偏远地区淡水资源非常缺乏，施工及生活需自行打井取水，询价人员就需增加对打井设备的购置费或租用费的了解。询价范围虽然很广，但主要还应从资源价格和工程计价角度来进行。

（2）询价渠道。

①直接与生产厂商联系。

②了解生产厂商的代理人或从事该项业务的经纪人。

③了解经营该项产品的销售商。

④向咨询公司进行询价。通过咨询公司所得到的询价资料比较可靠，但需要
支付一定的咨询费用。

⑤通过互联网了解。

⑥向同行或亲朋好友了解。

⑦自行进行市场调查或信函询价。

询价要抱着"货比三家不吃亏"的原则进行，但要特别注意招标人在招标文件中有无明确规定采用某厂生产的某种牌号产品或招标人供货的条文。如果供应商知道某产品是招标人指定产品，可能会提高价格，询价时应特别注意并作出充分估计。要避免此类风险，首先，在投标报价前要向招标人了解该产品是否由招标人指定供货；是否已经与厂商签订合同。其

次，在中标后既要订货迅速，又要订货充足，并配齐足够的配件，否则也可能吃亏。

3. 询价的步骤

（1）收集投标信息。

在询价时，必须进行投标信息的收集与分析。投标信息是一种非常宝贵的资源，正确、全面、可靠的信息，对于投标决策起着至关重要的作用。投标信息包括影响投标决策的各种主观因素和客观因素，主要有：

①企业技术方面的实力。即投标人是否拥有各类专业技术人才、熟练工人、技术装备以及类似工程经验，来解决工程施工中所遇到的技术难题。

②企业经济方面的实力。包括财务能力、购买项目所需的新型大型机械设备的能力、支付施工用款的周转资金的多少、支付各种担保费用以及办理纳税和保险的能力等。

③管理能力。它是指是否拥有足够的管理人才、运转灵活的组织机构、各种完备的规章制度、完善的质量和进度保证体系等。

④社会信誉。企业拥有良好的社会信誉，是获取承包合同的重要因素，而社会信誉的建立不是一朝一夕所能解决的，要靠一贯的保质、按期完成工程项目来逐步建立。

⑤业主和监理工程师情况。指业主的合法地位、支付能力及履约信誉情况；监理工程师处理问题的公正性、合理性、是否易于合作等。

⑥项目的社会环境。主要是国家的政治经济形势，建筑市场是否繁荣，竞争激烈程度，与建筑市场或该项目有关的国家的政策、法令、法规、税收制度以及银行贷款利率等方面的情况。

⑦项目的社会经济条件。它包括交通运输、原材料及构配件供应、水电供应、工程款的支付、劳动力的供应等各方面条件。

⑧竞争环境。竞争对手的数量，其实力与自身实力的对比，对方可能采取的竞争策略等。

⑨工程项目的难易程度。如工程的质量要求、施工工艺的难度，是否采用了新结构、新材料，是否有特种结构施工，以及工期的紧迫程度等。

（2）复核工程量。

在投标报价中，工程量清单是招标文件的组成部分，由招标人提供。工程量的大小是投标报价的最直接依据。复核工程量的准确程度，将在两个方面影响承包商的经营行为：一是根据复核后的工程量与招标文件提供的工程量之间的差距，而考虑相应的投标策略，决定报价尺度；二是根据工程量的大小采取合适的施工方法，选择适用、经济的施工机具设备、投入使用的劳动力人数等。

重新计算或复核工程量，与招标文件中所给的工程量进行对比，要注意以下几方面的问题：

①复核工程量的目的不足修改工程量清单（即使有误，投标人也不能修改工程量清单中的工程量）。当投标人发现工程量清单中出现错误时，不能修改工程量清单，修改了清单就等于擅自修改了合同。工程量清单是招标文件的组成部分，同时也是合同的组成部分，投标人只能充分理解工程量清单。对工程量清单存在的错误，可以向业主提出，由业主统一修改，并把修改情况通知所有投标人，投标人不能擅自修改工程量清单。

②需要对工程量清单进行复核。虽然投标人不能直接修改清单中的错误，但是必须清楚

知道清单存在的问题，以用于投标策略的制定。因此，投标人应该认真根据招标说明、图纸、地质资料等招标文件资料，计算主要清单工程量，复核工程量清单。

③针对工程量清单中工程量的遗漏或错误，是否向业主提出修改意见取决于

投标策略。投标人可以运用一些报价的技巧提高报价的质量，争取在中标后能获得更大的收益。如，采取不平衡报价策略。

④工程量复核还能准确地确定订货及采购物资的数量，防止由于超量或少购等带来的浪费、积压或等工待料。为确保复核工程量准确，在计算中应注意正确划分分部分项工程项目，与"规范"保持一致，避免漏算或重算，结合拟定的施工方案或施工方法进行认真复核与检查。

在核算完全部工程量清单中的细目后，投标人应按大项分类汇总主要工程总量。以便获得对整个工程项目施工规模的清楚概念，并用以研究采用合适的施工方法，选择适用和经济的施工机具设备。

（3）询价。

询价是投标报价中非常重要的一个环节，尤其是采用固定单价合同时。建筑材料、施工机械设备的价格优势差异较大，"货比三家"对承包商总是有利的。询价时要注意两个问题：

①产品质量必须可靠，并满足招标文件的有关规定；

②供货方式、时间、地点，有无附加条件和费用。

如果承包商准备在工程所在地招募劳务，则劳务询价是必不可少的。劳务询价主要有两种情况：一是成建制的劳务公司，相当于劳务分包，一般费用较高，但素质较可靠，工效加高，承包商的管理工作较轻；另一种是劳务市场招募零散劳动力，根据需要进行选择，这种方式虽然劳务价格低廉，但有时素质达不到要求或工效降低，且承包商的管理工作较繁重。投标前投标人应在对劳务市场充分了解的基础上决定采用哪种方式。分包商和供货商的选择往往也需要通过询价来决定。

如果承包商在某一地区有较稳定的任务来源，则可以考虑与一些可靠的分包商或供货商建立相对稳定的分包关系，这样分包询价工作可以大大简化。

4. 生产要素的询价

1）材料询价

材料费在工程造价中占很大比例，材料价格是否合理对工程价格影响很大。询价人员必须了解市场最新价格信息。

（1）材料询价的内容。材料询价的内容包括了解和对比材料价格、供应数量、运输方式、保险及有效期等各个方面，具体应从以下几个方面进行：

①材料的价格。材料价格一般包括：原价、包装费、运输费、保险费、仓储费、装卸费、杂费、利润和税收等。

②材料的供应数量。材料供应商能否按材料需用量计划中规定的时间和用量供应材料。当一个供应商不能提供足够的供应量或供应没有保障时，应选取多个材料供应商签订合同。

③材料的运输。材料的运输费在材料预算价格中有可能占较大比例，因此，合理选择运输方式对降低价格和保证运输质量非常重要。

④运输保险。货物运输保险是指保险公司承保货物运输风险并收取约定的保险费后，被保险货物遭遇到承保范围内的风险受到损失后负责经济赔偿。

⑤检验、索赔和付款。材料经检验合格后方能付款。对检验的时间、地点，检验的机构，检验的标准，违约的索赔及合格后的付款方式应有明确规定。

另外，还应注意不同的买卖价格条件，这些条件又是依据材料的支付地点、支付方法及双方应承担的责任和费用来划分的。

（2）材料询价单。为规范材料询价工作，询价人员应设计出用于材料询价的标准格式的材料询价单供材料供应商填写报价。材料询价单一般应包含如下内容：

①材料的规格和质量要求。必须满足设计和验收规范要求的标准，以及招标人或招标文件提出的要求。

②材料的数量及计量单位应与工程总需要量相适应，并考虑合理的损耗。

③材料的供应计划，包括供货期及每段时间（如每月、每周等）内材料的需求情况。

④工程地点或到货地点及当地各种交通限制。

⑤运输方式及可提供的条件。

⑥材料报价的形式、支付方式、所报单价的有效时间。

⑦送出报价单或收取报价单的具体日期。

此外，还可从技术规范或其他合同文件中摘取有关内容作为询价单的附件。

（3）材料询价分析。询价人员对项目的施工方案初步研究后，应立即发出材料询价单，并催促材料供应商及时报价。收到询价单后，询价人员应将从各种渠道所询得的材料报价及其他有关资料加以汇总整理。对同种材料从不同经销部门所得到的所有资料进行比较分析，选择合适、可靠的材料供应商的报价，提供给工程计价与报价人员使用。

2）施工机械设备询价

在外地施工需用的机械设备，不一定要从本地运往工程所在地，有时在当地租赁或采购可能更为有利。因此，事前有必要进行施工机械设备的询价。必须采购的机械设备，可向供应厂商询价，询价方法与材料询价方法基本一致。对于租赁的机械设备，可向专门从事租赁业务的机构询价，并应详细了解其计价方法。如，各种机械设备的台班租赁费、最低计费起点、机械停滞时租赁费及机械进出场费的计算，燃料费及机上人员工资是否在台班租赁费之内，如需另行计算，这些费用的具体数额为多少等。

3）劳务询价

承包工程可使用本企业的工人，也可从本地或工程所在地的劳务市场雇用工人。具体应经过比较而定。

对于本企业的工人，在整个工程施工期间，人工工资有比较具体的规定，而雇用的劳动力则必须通过询价，了解各种技术等级工人的日工资或月工资单价。如有可能还必须了解雇用工人的劳动生产效率。

根据技术熟练程度和在施工中的责任不同，一般把操作工人分为高级技工、熟练工、半熟练工和普工，根据各地习惯也可用其他的方法划分。工人的技术等级不同支付的工资也不同。另外，不同季节的人工工资也可能是变化的，如农民工，在农忙季节工资单价就相对地高一些。

5.分包询价

对于一些专业性较强或风险较大的工程，诸如，钢结构的制作和吊装、铝合金门窗和玻璃幕墙的制作和安装等，通常采取分包的方式由分包人去完成。分包人不是总承包商的雇佣人员，其赚取的不只是工资，还有利润。

（1）分包方式。

分包的方式主要有两种：

①由招标人直接与分包人签订合同。总承包商仅负责在现场为分包人提供必要的工作条件。协调施工进度和照管器材，并收取一定数量的管理费。

②由分包人直接与总包商签订合同，分包人完全对总承包商负责，而不与招标人发生关系。采用这种方式，分包工程应由总包统一报价。分包工程报价的高低，自然对总承包报价有一定的影响。

除由招标人指定的分包工程项目外，承包商应在确定施工方案的初期就定出需要分包的工程范围。决定这一范围的控制因素主要是工程的专业性和项目规模，大多数承包商都在实际工作中划定出他们通常分包出去的工作内容，有时承包商也会把通常由他自己施工的工作内容分包出去一部分，这样做的目的是想少承担些风险。

（2）分包询价的内容。

在决定分包工作内容后，承包商应备函将准备分包专业的工程施工图纸和技术说明送交预先选定的分包单位，请他们在约定的时间内报价，以便进行比较选择。有时，还应正确处理好与招标人特意推荐的分包单位之间的关系，共同为报价作准备。分包询价单实际上应与工程招标书基本一致，一般应包括下列内容：

①分包工程施工图及技术说明。

②详细说明分包工程在总包工程中的进度安排。

③说明分包单位对分包工程顺利进行应负的责任和应提供的技术措施。

④总包单位提供的服务设施。

⑤分包单位应提供的材料合格证明、施工方法及验收标准、验收方式。

⑥报价工期。

上述资料主要来源于合同文件和总承包商的施工计划。通常询价员可把合同文件有关部分的复印件与图纸一同发给分包人。此外，还应从总包项目施工计划中摘录出有关细节发给分包人，以便使他们能清楚地了解应在总包工程中工作期间需要达到的施工水平，以及与其他分包人之间的关系。

（3）分包询价分析。

分包询价单发出以后，分包报价也需要一定的等待时间。待收到来自各分包人的报价之后，必须对这些报价单进行比较分析，然后选择合适的分包人。分析分包询价一般应注意以下几点：

①分包标函是否完整。

②分项工程的单价所包含的内容。

③保证措施。

④分包人的工程质量、社会信誉及可信赖的程度。

⑤分包报价。

分包工程的报价高低，对总包商影响甚大。报价过高固然不行，总包人确定了分包人后，应在分包报价的基础上加上一笔适当的管理费后方可纳入工程总价。

思考与练习

问答题：

1. 简述工程量清单的构成与作用。

2. 简述分部分项工程项目清单的特点与编制内容。

3. 分部分项工程量清单包括哪些内容？

4. 计价表格的使用有哪些规定？

5. 什么是招标控制价？

6. 简述招标控制价的编制流程。

7. 简述投标报价的编制流程。

8. 简述各项费用和税金得确定方法。

9. 综合单价和工料单价的组成有什么不同，各自的计算公式是什么？

10. 定额计价与工程量清单计价在计算方法上有哪些不同？

11. 什么是定额计价？什么是清单计价？这两种方法之间有何异同？

12. 工程量清单的编制依据有哪些？

13. 分部分项工程量清单采用何种单价进行计价，该单价的组成是怎样的？

14. 措施项目费的计算方法有哪些？分别适用于什么样的项目？

15. 其他项目费和规费分别由哪几部分构成？

16. 我国建筑安装工程税金包括哪儿部分？

17. 试述在市场经济条件下工程投标报价的编制和传统的工程预算的编制有何不同？

18. 试述在工程投标报价中如何计算施工机械使用费？

19. 常用工程估价的方法有哪些？各适用于什么情况？

20. 什么是不平衡报价？试述这一报价技巧的具体操作方法。

21. 《建设工程工程量清单计价规范》包含那些内容？

22. 工程量清单的项目编码分几级？各代表什么含义？

23. 请举例比较我国定额项目体系和工程量清单体系的分部分项项目划分的异同。

24. 试述工程量清单下承包商投标报价程序。

25. 试叙述承包商询价的步骤。

26. 措施项目的估算方法有哪些？

27. 试述分部分项工程费的估算。

28. 主要分部工程单价分析要点有哪些？

29. 投标报价的常用策略有哪些？

30. 经计算某基础工程的人工费为 34000.00 元，材料费为 80531.62 元，机械费为 13844.59 元，措施项目费为 10270.10 元。试根据当地的费用定额和取费标准计算该基础工程的造价。

31. 经业主根据施工图计算：某建筑物的台阶水平投影面积为 29.34 m^2；3:7 灰土垫层 100 mm 厚，体积为 3.59 m^3；C15 混凝土垫层 80 mm 厚，体积为 6.06 m^3；面层为芝麻白花岗岩，板厚 25 mm，单价 245 元/m^2。工程量清单如表 5 - 40 所示，试确定该清单项目投标报价，并编制综合单价分析表。

表 5 - 40　某工程分部分项工程量清单

序号	项目编码	项目名称	项目特征	计量单位	工程数量
1	011107001001	石材台阶面	芝麻白花岗岩 25 mm 厚；黏结层 30 mm 厚，1:3 水泥砂浆；垫层 80 mm 厚 C15 混凝土；垫层 100 mm 厚 3:7 灰土	m²	29.34

32. 某建设单位拟建一栋商住楼，采用工程量清单方式招标，部分工程量清单如表 5 - 41 所示，请依据当地消耗量标准计算分部分项工程量清单综合单价。

表 5 - 41　分部分项工程量清单

工程名称：　　某工程

序号	项目编码	项目名称	项目特征	计量单位	工程数量
1	010502001001	现浇矩形柱	现浇混凝土矩形柱 C25；柱截面 450 mm × 450 mm，柱高 4.5 m	m³	6.60
2	010502001002	现浇矩形柱	现浇混凝土矩形柱 C25；柱截面 450 mm × 450 mm，柱高 4.5 m	m³	501.00

判断题：

1. 国家统一建筑安装工程费用划分口径的目的是为了好算账。　　　　（　　）

2. 规费是指合同专用条款中规定的费用。　　　　（　　）

3. 工程定额测定费是指以前的定额管理费。　　　　（　　）

4. 住房公积金属于规费。　　　　（　　）

5. 企业管理费包括管理人员工资。　　　　（　　）

6. 企业管理费包括工会经费。　　　　（　　）

7. 房产税、土地使用税、车船使用税、印花税属于企业管理费。　　　　（　　）

8. 教育费附加的计算基础是营业税。　　　　（　　）

第 6 章
建筑面积的计算

6.1　建筑面积概述

6.1.1　建筑面积的概念

建筑面积也称建筑展开面积，是指建筑物的水平平面面积，即外墙勒脚以上各层水平投影面积的总和。建筑面积包括使用面积、辅助面积和结构面积。

使用面积是指建筑物各层平面布置中，可直接为生产或生活使用的净面积总和。居室净面积在民用建筑中，亦称"居住面积"。例如：住宅建筑中的居室、客厅、书房等。

辅助面积是指建筑物各层平面布置中为辅助生产或生活所占净面积的总和。例如，住宅建筑的楼梯、走道、卫生间、厨房等。使用面积与辅助面积的总和称为"有效面积"。

结构面积是指建筑物各层平面布置中的墙体、柱等结构所占面积的总和（不包括抹灰厚度所占面积）。

6.1.2　计算建筑面积的作用

建筑面积计算是工程计量的最基础性工作，在工程建设中具有重要意义。首先，在工程建设的众多技术经济指标中，大多数以建筑面积为基数，建筑面积是核定估算、概算、预算工程造价的一个重要基础数据，是计算和确定工程造价，并分析工程造价和工程设计合理性的一个基础指标。其次，建筑面积是国家进行建设工程数据统计、固定资产宏观调控的重要指标；再次，建筑面积是房地产交易、工程承发包交易、建筑工程有关运营费用核定等的一个关键指标。建筑面积的作用，具体有以下几个方面：

（1）确定建设规模的重要指标。

根据项目立项批准文件所核准的建筑面积，是初步设计的重要控制指标。对于国家投资的项目，施工图的建筑面积不得超过初步设计的5%，否则必须重新报批。

（2）确定各项技术经济指标的基础。

建筑面积与使用面积、辅助面积、结构面积之间存在着一定的比例关系。设计人员在进行建筑或结构设计时，在计算建筑面积的基础上再分别计算出结构面积、有效面积等技术经济指标。

（3）评价设计方案的依据。

建筑设计和建筑规划中，经常使用建筑面积控制某些指标，比如容积率、建筑密度、建筑系数等。在评价设计方案时，通常采用居住面积系数、土地利用系数、有效面积系数、单方造价等指标，它们都与建筑面积密切相关。

（4）计算有关分项工程量的依据。

在编制一般土建工程预算时，建筑面积是确定一些分项工程量的基本数据。应用统筹计算方法，根据底层建筑面积，就可以很方便地推算出室内回填土体积、地（楼）面面积和天棚面积等。另外，建筑面积也是脚手架、垂直运输机械费用的计算依据。

（5）选择概算指标和编制概算的基础数据。

概算指标通常是以建筑面积为计量单位。用概算指标编制概算时，要以建筑面积为计算基础。

6.1.3　计算建筑面积的规范与方法

建筑面积计算的主要依据是《建筑工程建筑面积计算规范》GB/T 50353—2013。规范包括总则、术语、计算建筑面积的规定和条文说明四部分。

工业与民用建筑的建筑面积计算的一般原则是：凡在结构上、使用上形成具有一定使用功能的建筑物和构筑物，并能单独计算出其水平面积及其相应消耗的人工、材料和机械用量的，应计算建筑面积；反之，不应计算建筑面积。

6.2　建筑面积计算规则

（1）建筑物的建筑面积应按自然层外墙结构外围水平面积之和计算。结构层高在 2.20 m 及以上的，应计算全面积；结构层高在 2.20 m 以下的，应计算 1/2 面积。

（2）建筑物内设有局部楼层时，对于局部楼层的二层及以上楼层，有围护结构的应按其围护结构外围水平面积计算，无围护结构的应按其结构底板水平面积计算，且结构层高在 2.20 m 及以上的，应计算全面积，结构层高在 2.20 m 以下的，应计算 1/2 面积。

（3）对于形成建筑空间的坡屋顶，结构净高在 2.10 m 及以上的部位应计算全面积；结构净高在 1.20 m 及以上至 2.10 m 以下的部位应计算 1/2 面积；结构净高在 1.20 m 以下的部位不应计算建筑面积。

（4）地下室、半地下室（车间、商店、车站、车库、仓库等）应按其结构外围水平面积计算。结构层高在 2.20 m 及以上的，应计算全面积；结构层高在 2.20 m 以下的，应计算 1/2 面积。地下室、半地下室（车间、商店、车站、车库、仓库等），包括相应的有永久性顶盖的出入口，应按其外墙上口（不包括采光井、外墙防潮层及其保护墙）外边线所围水平面积计算。出入口外墙外侧坡道有顶盖的部位，应按其外墙结构外围水平面积的 1/2 计算面积。

房间地平面低于室外地平面的高度超过该房间净高的 1/2 者为地下室；房间地平面低于室外地平面的高度超过该房间净高的 1/3，且不超过 1/2 者为半地下室。

（5）建筑物架空层及坡地建筑物吊脚架空层，应按其顶板水平投影计算建筑面积。结构层高在 2.20 m 及以上的，应计算全面积；结构层高在 2.20 m 以下的，应计算 1/2 面积。设计不利用的深基础架空层、坡地吊脚架空层、多层建筑坡屋顶内、场馆看台下的空间不应计算面积。

（6）建筑物的门厅、大厅应按一层计算建筑面积，门厅、大厅内设置的走廊应按走廊结

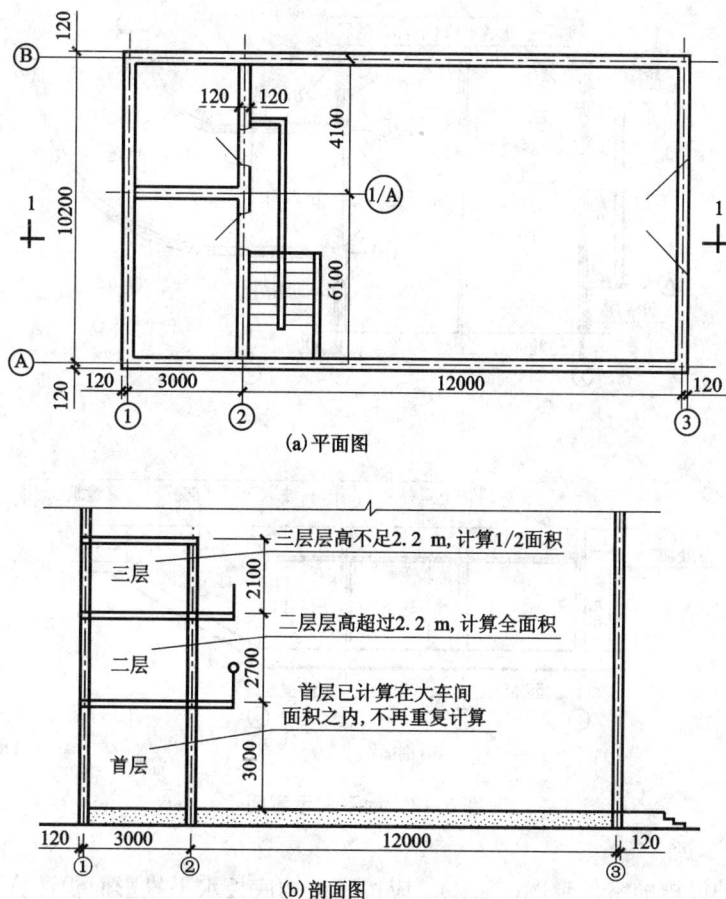

(a) 平面图

(b) 剖面图

图 6-1　单层建筑物内局部楼层示意图

构底板水平投影面积计算建筑面积。结构层高在 2.20 m 及以上的,应计算全面积;结构层高在 2.20 m 以下的,应计算 1/2 面积。

（7）对于建筑物间的架空走廊,有顶盖和围护设施的,应按其围护结构外围水平面积计算全面积;无围护结构、有围护设施的,应按其结构底板水平投影面积计算 1/2 面积。

（8）对于立体书库、立体仓库、立体车库,有围护结构的,应按其围护结构外围水平面积计算建筑面积;无围护结构、有围护设施的,应按其结构底板水平投影面积计算建筑面积。无结构层的应按一层计算,有结构层的应按其结构层面积分别计算。结构层高在 2.20 m 及以上的,应计算全面积;结构层高在 2.20 m 以下的,应计算 1/2 面积。

（9）有围护结构的舞台灯光控制室,应按其围护结构外围水平面积计算。结构层高在 2.20 m 及以上的,应计算全面积;结构层高在 2.20 m 以下的,应计算 1/2 面积。

（10）附属在建筑物外墙的落地橱窗,应按其围护结构外围水平面积计算。结构层高在 2.20 m 及以上的,应计算全面积;结构层高在 2.20 m 以下的,应计算 1/2 面积。

（11）窗台与室内楼地面高差在 0.45 m 以下且结构净高在 2.10 m 及以上的凸(飘)窗,应按其围护结构外围水平面积计算 1/2 面积。

(a)平面图

(b)剖面图

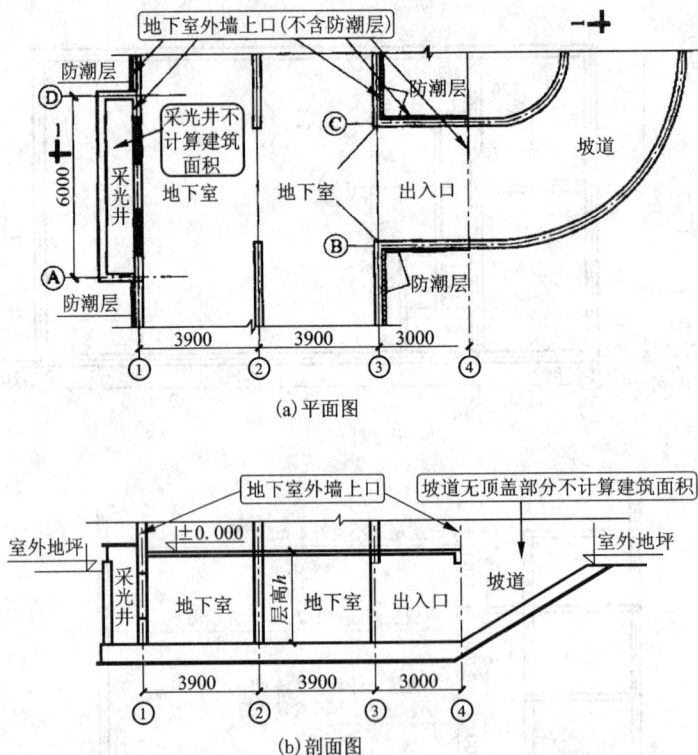

图6-2 地下室示意图

（12）有围护设施的室外走廊（挑廊），应按其结构底板水平投影面积计算1/2面积；有围护设施（或柱）的檐廊，应按其围护设施（或柱）外围水平面积计算1/2面积。

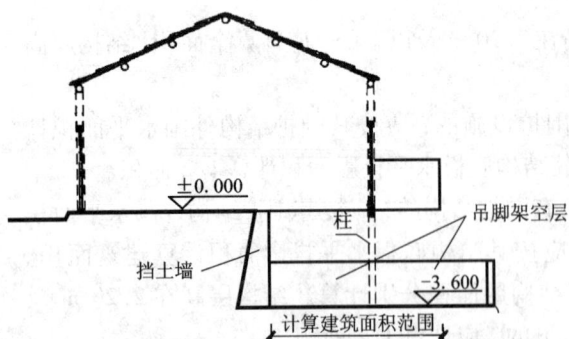

图6-3 吊脚架空层示意图

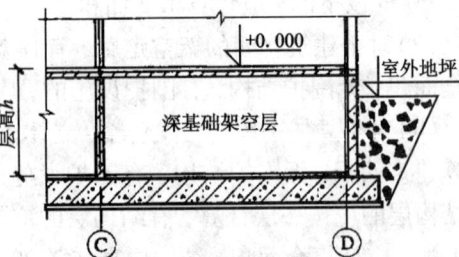

图6-4 深基础架空层平面图

（13）门斗应按其围护结构外围水平面积计算建筑面积，且结构层高在2.20 m及以上的，应计算全面积；结构层高在2.20 m以下的，应计算1/2面积。

（14）门廊应按其顶板的水平投影面积的1/2计算建筑面积；有柱雨篷应按其结构板水平投影面积的1/2计算建筑面积；无柱雨篷的结构外边线至外墙结构外边线的宽度在2.10 m

及以上的,应按雨篷结构板的水平投影面积的 1/2 计算建筑面积。

(15)设在建筑物顶部的、有围护结构的楼梯间、水箱间、电梯机房等,结构层高在 2.20 m 及以上的应计算全面积;结构层高在 2.20 m 以下的,应计算 1/2 面积。

(16)围护结构不垂直于水平面的楼层,应按其底板面的外墙外围水平面积计算。结构净高在 2.10 m 及以上的部位,应计算全面积;结构净高在 1.20 m 及以上至 2.10 m 以下的部位,应计算 1/2 面积;结构净高在 1.20 m 以下的部位,不应计算建筑面积。

(17)建筑物的室内楼梯、电梯井、提物井、管道井、通风排气竖井、烟道,应并入建筑物的自然层计算建筑面积。有顶盖的采光井应按一层计算面积,且结构净高在 2.10 m 及以上的,应计算全面积;结构净高在 2.10 m 以下的,应计算 1/2 面积。

(18)室外楼梯应并入所依附建筑物自然层,并应按其水平投影面积的 1/2 计算建筑面积。有永久性顶盖的室外楼梯,应按建筑物自然层的水平投影面积的 1/2 计算。若最上层楼梯无永久性顶盖,或不能完全遮盖楼梯的雨篷,上层楼梯不计算面积,上层楼梯可视为下层楼梯的永久性顶盖,下层楼梯应计算面积。

(19)在主体结构内的阳台,应按其结构外围水平面积计算全面积;在主体结构外的阳台,应按其结构底板水平投影面积计算 1/2 面积。

(20)有顶盖无围护结构的车棚、货棚、站台、加油站、收费站等,应按其顶盖水平投影面积的 1/2 计算建筑面积。

(21)以幕墙作为围护结构的建筑物,应按幕墙外边线计算建筑面积。

(22)建筑物的外墙外保温层,应按其保温材料的水平截面积计算,并计入自然层建筑面积。

(23)与室内相通的变形缝,应按其自然层合并在建筑物建筑面积内计算。对于高低联跨的建筑物,当高低跨内部连通时,其变形缝应计算在低跨面积内。

(24)对于建筑物内的设备层、管道层、避难层等有结构层的楼层,结构层高在 2.20 m 及以上的,应计算全面积;结构层高在 2.20 m 以下的,应计算 1/2 面积。

6.3　相关术语及不计算建筑面积的内容

6.3.1　建筑面积计算中的相关术语

(1)层高:上下两层楼面或楼面与地面之间的垂直距离。

(2)自然层:按楼板、地板结构分层的楼层。

(3)架空层:建筑物深基础或坡地建筑吊脚架空部位不填土石方形成的建筑空间。

(4)走廊:建筑物的水平交通空间。

(5)挑廊:挑出建筑物外墙的水平交通空间。

(6)檐廊:设置在建筑物底层出檐下的水平交通空间。

(7)回廊:在建筑物门厅、大厅内设置在二层或二层以上的回形走廊。

(8)门斗:在建筑物出人口设置的起分隔、挡风、御寒等作用的建筑过渡空间。

(9)建筑物通道:为道路穿过建筑物而设置的建筑空间。

(10)架空走廊:建筑物与建筑物之间,在二层或二层以上专门为水平交通设置的走廊。

(11)勒脚：外墙根部很矮的一部分墙体加厚。

(12)围护结构：围合建筑空间四周的墙体、门、窗等。

(13)围护性幕墙：直接作为外墙起围护作用的幕墙。

(14)装饰性幕墙：设置在建筑物墙体外起装饰作用的幕墙。

(15)落地橱窗：突出外墙面根基落地的橱窗。

(16)阳台：供使用者进行活动和晾晒衣物的建筑空间。

(17)眺望间：设置在建筑物顶层或挑出房间的供人们远眺或观察周围情况的建筑房间。

(18)雨篷：设置在建筑物进出口上部的遮雨、遮阳篷。

(19)地下室：房间地平面低于室外地平面的高度超过该房间净高的1/2者为地下室。

(20)半地下室：房间地平面低于室外地平面的高度超过该房间净高的1/3，但不超过1/2者为半地下室。

(21)变形缝：伸缩缝(温度缝)、沉降缝和抗震缝的总称。

(22)永久性顶盖：经规划批准设计的永久使用的顶盖。

(23)飘窗：为房间采光和美化造型而设置的突出外墙的窗。

(24)骑楼：楼层部分跨在人行道上的临街楼房。

(25)过街楼：有道路穿过建筑空间的楼房。

6.3.2　不计算建筑面积的内容

(1)与建筑物内不相连通的建筑部件。

(2)骑楼、过街楼底层的开放公共空间和建筑物通道。

(3)舞台及后台悬挂幕布和布景的天桥、挑台等。

(4)露台、露天游泳池、花架、屋顶的水箱及装饰性结构构件。

(5)建筑物内的操作平台、上料平台、安装箱和罐体的平台。

(6)勒脚、附墙柱、垛、台阶、墙面抹灰、装饰面、镶贴块料面层、装饰性幕墙，主体结构外的空调室外机搁板(箱)、构件、配件，挑出宽度在2.10 m以下的无柱雨篷和顶盖高度达到或超过两个楼层的无柱雨篷。

(7)窗台与室内地面高差在0.45 m以下且结构净高在2.10 m以下的凸(飘)窗，窗台与室内地面高差在0.45 m及以上的凸(飘)窗。

(8)室外爬梯、室外专用消防钢楼梯。

(9)无围护结构的观光电梯。

(10)建筑物以外的地下人防通道，独立的烟囱、烟道、地沟、油(水)罐、气柜、水塔、贮油(水)池、贮仓、栈桥等构筑物。

思考与练习

问答题：

1.什么是建筑面积？建筑面积有什么作用？

2.单层建筑物的建筑面积是如何计算的？

3.多层建筑物的建筑面积是如何计算的？

4.地下室、场馆、门厅、阳台、楼梯、雨篷、站台等的建筑面积是如何计算的?

5.试理解建筑面积计算规则中的有关术语。

6.一栋四层坡屋顶住宅楼,勒脚以上结构外围面积每层为930 m²建筑物顶层全部加以利用,净高超过2.1 m的面积为410 m²,净高在1.2~2.1 m的部位面积为200 m²,其余部分净高小于1.2 m,计算该住宅的建筑面积。

7.某三层办公楼每层结构外围水平面积为670 m²,一层为车库层高2.2 m;二至三层为办公室,层高3.2 m。一层设有挑出墙外1.5 m的无柱外挑檐廊,檐廊顶盖水平投影面积为67.5 m²,计算该办公楼的建筑面积。

第 7 章

工程量的计算

7.1　概述

正确计算工程数量(工程量)是正确确定工程造价的重要环节。

工程建设过程中各个阶段计价都需进行工程量的计算,随着设计深度的深入对应着不同的工程计价方法,工程量的计算也有所不同。投资估算的工程量通常用生产能力或建设规模来确定;设计概算依据概算定额来列项,工程量计算必须遵循概算定额中的相关规定;施工图预算依据预算定额,其工程量计算必须遵循预算定额中工程量计算的相关规定。房屋建筑工程工程量清单计价时则依据《房屋建筑与装饰工程工程量计算规范》GB 50854—2013 来确定工程量。

目前,在综合单价的计算中一般都要计算两套工程量,即定额工程量和清单工程量。

7.1.1　工程量的概念及计算原则

1. 工程量的概念

工程量是指以物理计量单位或自然计量单位所表示的分部分项工程项目或结构构件和措施项目的数量。物理计量单位是指以公制度量表示的长度、面积、体积和重量等计量单位。如楼梯扶手以"m"为计量单位;墙面抹灰以"m^2"为计量单位;混凝土以"m^3"为计量单位等。自然计量单位指对构成建筑产品的结构构件用个、条、樘、块等作为计量单位。如门窗工程可以以"樘"为计量单位;预制桩可以以"根"为计量单位等。

2. 工程量计算的一般原则

工程量是确定工程造价的基础数据,工程量的计算必须认真仔细。工程量计算是否准确,直接影响着工程造价的质量。工程量的计算应遵循以下几项原则:

(1)熟悉基础资料。

在工程量计算前,应熟悉现行预算定额、企业定额、施工图纸、有关标准图、施工组织设计、计价规范等相关资料,因为它们都是计算工程量的直接依据。

(2)列项应与《预算定额》或《房屋建筑与装饰工程工程量计算规范》GB 50854—2013 的项目口径一致。

计算工程量时,根据施工图列出的分部分项工程的口径(指分部分项工程所包括的工作内容和项目特征),必须与定额或规范中相应分部分项工程的口径一致。如楼地面分部卷材防潮层定额项目中,已包括刷冷底子油一遍附加层工料的消耗,所以在计算该分项工程时,不能再列刷冷底子油项目，否则就是重计工程量。

（3）计算单位应与《预算定额》或《房屋建筑与装饰工程工程量计算规范》GB 50854—2013 计量单位相一致。

按施工图纸计算工程量时，分部分项工程量的计量单位，必须与定额和《房屋建筑与装饰工程工程量计算规范》GB 50854 中相应项目的计量单位一致。如定额中现浇钢筋混凝土柱、梁、板定额计量单位是 m^3，工程量的计量单位应与其相同，又如门窗的定额计量单位是按门窗洞口面积计算，则其工程量的计量单位也应按面积（m^2）计算。在清单规范中门窗计量单位是"樘"则计算工程量时应以"樘"为单位。

（4）必须按工程量计算规则计算。

预（概）算定额各个分部都列有工程量计算规则，《房屋建筑与装饰工程工程量计算规范》GB 50854—2013 列有工程量计算规则。在计算工程量时，必须严格执行工程量计算规则，以免造成工程量计算中的混乱，使工程造价不正确。如在计算砖石工程时基础与墙身的划分，应以设计室内地坪为界，设计室内地坪以下为基础，以上为墙身。在砖墙工程量计算中，应扣除门窗洞、空圈、嵌入墙身的钢筋混凝土柱、梁、过梁、圈梁、钢筋砖过梁等所占的体积，而不扣除砖平拱、木砖、门窗走头、砖墙内的加固钢筋或木筋、铁件等所占的体积。嵌入墙身的钢筋混凝土梁、板头和凸出外墙面的窗台虎头砖、门窗套及三皮砖以下腰线等的增减均已在定额中考虑，计算工程量时不再计算。实砌内墙楼层间的梁板头已综合考虑，计算时不再扣除。

（5）列项必须与设计相一致。

工程量计算项目名称与图纸设计应保持一致，不得随意增加或减少项目，计算要准确，不重算、不漏算。

7.1.2　工程量计算的依据

1. 我国目前使用的工程量计算规则

在传统的定额计价模式中工程量计算大多依据地方性规则。如各地区自行编制的《××省××工程消耗量标准》中的工程量计算规则是当地编制概预算计算工程量的参考依据。企业定额则是编制施工预算计算工程量的依据。

2013 年住房与城乡建设部颁布了房屋建筑与装饰工程、通用安装工程、市政工程、园林绿化工程、矿山工程、构筑物工程、仿古建筑工程、城市轨道交通工程、爆破工程九个专业的工程量计算规范，统一了各专业工程量清单的编制、项目设置和工程量计算规则。房屋建筑工程工程量的计算以《房屋建筑与装饰工程工程量计算规范》GB 50854—2013 为依据。

2. 工程量计算依据

工程量是根据施工图及其相关说明，按照一定的工程量计算规则逐项进行计算并汇总得到的。主要依据如下：

（1）经审定的施工设计图纸及其说明。施工图纸全面反映建筑物（或构筑物）的结构构造、各部位的尺寸及工程做法，是工程量计算的基础资料和基本依据。

（2）各地区计价办法、《概算定额》《预算定额》、合同通用条款、专用条款。

（3）经审定的施工组织设计（项目管理实施规划）或施工技术措施方案。施工图纸主要表现拟建工程的实体项目，分项工程的具体施工方法及措施，应按施工组织设计（项目管理实施规划)或施工技术措施方案确定。如计算挖基础土方,施工方法是采用人工开挖,还是采用机械开挖,基坑周围是否需要放坡、预留工作面或做支撑防护等,应以施工方案为计算依据。

(4)工程量计算规范。工程量计算规范是工程量计算的主要依据之一,按照现行规定,对于房屋建筑工程其工程量计算应执行《房屋建筑与装饰工程工程量计算规范》GB 50854、其他建设工程相应执行《仿古建筑工程工程量计算规范》GB 50855—2013、《通用安装工程工程量计算规范》GB 50856—2013、《市政工程工程量计算规范》GB 50857—2013、《园林绿化工程工程量计算规范》GB 50858—2013、《矿山工程工程量计算规范》GB 50859—2013、《构筑物工程工程量计算规范》GB 50860—2013、《城市轨道交通工程工程量计算规范》GB 50861—2013、《爆破工程工程量计算规范》GB 50862—2013。

(5)经审定的其他有关技术经济文件。

7.1.3　工程量计算的一般方法

1. 工程量计算的一般顺序

为了防止漏项、减少重复计算,在计算工程量时应该按照一定的顺序,有条不紊地进行计算。下面分别介绍土建工程中工程量计算通常采用的几种顺序。

(1)按施工顺序计算

按施工先后顺序依次计算工程量,即按平整场地、挖地槽、基础垫层、砖石基础、回填土、砌墙、门窗、钢筋混凝土楼板安装、屋面防水、外墙抹灰、楼地面、内墙抹灰、粉刷、油漆等分项工程进行计算。这种工程量计算方式要求计算者对工程施工工艺及施工组织设计非常熟悉。

(2)按定额顺序计算

按当地定额中的分部分项编排顺序计算工程量,即从定额的第一分部第一项开始,对照施工图纸,凡遇定额所列项目,在施工图中有的,就按该分项工程量计算规则算出工程量。凡遇定额所列项目,在施工图中没有,就忽略,继续看下一个项目,若遇到有的项目,其计算数据与其他分部的项目数据有关,则先将项目列出,其工程量待有关项目工程量计算完成后,再进行计算。例如:计算墙体砌筑,该项目在定额的第四分部,而墙体砌筑工程量为:(墙身长度×高度−门窗洞口面积)×墙厚−嵌入墙内混凝土及钢筋混凝土构件所占体积+垛、附墙烟道等体积。这时可先将墙体砌筑项目列出,工程量计算可暂放缓一步,待第五分部混凝土、钢筋混凝土工程和第六分部门窗工程等工程量计算完毕后,再利用该计算数据补算出墙体砌筑工程量。

这种按定额编排计算工程量顺序的方法,对初学者可以有效地防止漏算、重算现象。

(3)按《房屋建筑与装饰工程工程量计算规范》GB 50854—2013 的项目逐项列项计算,凡规范所列项目,在施工图中有的,就按规范中该分部分项工程量计算规则算出工程量。凡规范中所列项目,在施工图中没有,就忽略。

(4)依据图纸拟定一个有规律的顺序依次计算,如:按顺时针方向计算,即从平面图左上角开始,按顺时针方向依次计算,此方法适用于外墙、外墙基础、外墙挖地槽、楼地面、天棚、室内装饰等工程量的计算。按先横后竖、先上后下、先左后右的顺序计算,此方式一般用于内墙、内墙挖地槽、内墙基础和内墙装饰等工程量的计算。按图纸上的编号顺序进行计算，一般用于柱、梁、板等构、配件工程量的计算。根据平面图上的定位轴线编号顺序进行计算，一般用于内外墙的挖地槽、基础、砌体、装饰等工程量的计算。

2. 统筹法计算工程量

（1）统筹法计算工程量原理，就是对工程量计算全过程进行分析，找出各分部分项工程量计算的特点及相互间存在的内在联系。如挖基槽、墙基垫层、墙体基础、墙基防潮层、地圈梁等分项工程，都是按长度乘以断面面积以体积计算，墙体工程量是以长度乘以高度再减去门窗洞口和构件所占面积，计算中所用的长度，外墙是用外墙中心线长度，内墙是用内墙净长；又如平整场地、回填土、楼地面垫层、找平层、防潮层、面层以及天棚、屋面等分项工程，都与底层建筑面积或室内净面积有关；再如外墙抹灰、勾缝、勒脚、散水、墙裙以及挑檐等分项工程，计算工程量时，都与外墙外边线有关：从列出的这些分项工程可以看出，在计算工程量时，尽管各有特点，但都离不开墙体有关长度尺寸（线）和底层建筑面积（面），这些计算分项工程量时能反复多次利用的数值，称为工程量计算的"基数"。找出各分项工程量的计算与"基数"之间的联系，统筹安排计算的先后顺序，充分利用"基数"，从而可大大简化工程量的计算过程。

（2）统筹法的计算基数，在统筹法计算中是以"三线"和"两面"为基数，利用连乘或加减，算出其他与之有关的分项工程量。

"三线"是指建筑平面图中所标示的外墙外边线、外墙中心线和内墙净长线。"两面"是指建筑物的底层建筑面积和室内净面积。

①外墙外边线。

$$L_{外} = 建筑平面图的外围周长之和$$

可以在计算勒脚、腰线、勾缝、外墙抹灰、散水、明沟等分项工程时减少重复计算。

②外墙中心线。

$$L_{中} = L_{外} - 墙厚 \times 4$$

$L_{中}$ 可以用来计算外墙基础、挖地槽（$L_{中} \times$ 断面）、基础垫层（$L_{中} \times$ 断面）、砌筑基础（$L_{中} \times$ 断面）、砌筑墙身（$L_{中} \times$ 断面）、防潮层（$L_{中} \times$ 防潮层宽度）、基础梁（$L_{中} \times$ 断面）、圈梁（$L_{中} \times$ 断面）等等分项工程的工程量。

③内墙净长线。

$$L_{内} = 建筑平面图中所有内墙净长度之和$$

可以用来计算内墙挖地槽、基础垫层、砌筑基础、砌筑墙身、防潮层、基础梁、圈梁等分项工程的工程量。

④首层建筑面积 $S_{底}$。

$S_{底}$ 可以用来计算平整场地、地面、楼面、屋面和天棚等分项工程的工程量。

⑤室内净面积 $S_{净}$。

$S_{净}$ 可以用来计算室内回填土、室内垫层、室内地面、楼面、天棚等分项工程量的工程量。

利用统筹法计算工程量时一定要认真细致，基数不能算错，否则，用基数算出的工程量全部出错。基数也不是一成不变的，各层之间可能有变化，得视情况灵活运用。

7.1.4　定额工程量与清单工程量计算的区别与联系

《房屋建筑与装饰工程工程量计算规范》GB 50854—2013 是以现行的全国统一工程预算

定额为基础,特别是项目划分、计量单位、工程量计算规则等方面,尽可能多的与定额衔接,但工程量清单中的工程量主要是针对建筑产品而言的(也包括一部分措施项目),这一点与预算定额工程量有所不同。

1. 在项目设置上区分实体项目和非实体项目,又有一定灵活性

实体项目即分部分项工程项目,是以工程实体来命名的,是拟完成或已完成的中间产品;非实体项目主要是措施项目。在项目的设置上也体现了一定的灵活性,如对现浇混凝土工程项目的"工作内容"中包括模板工程的内容,同时又在措施项目中单列了现浇混凝土模板工程项目。对此,可由招标人根据工程实际情况选用,若招标人在措施项目清单中未编列现浇混凝土模板项目清单,即表示现浇混凝土模板项目不单列,现浇混凝土工程项目的综合单价中应包括模板工程费用(措施项目费用含在实体项目中)。

2. 专业划分更加精细,适用范围扩大,可操作性强

现行工程量计算规范中将建筑、装饰专业进行合并为一个专业建筑与装饰,将仿古从园林专业中分开,拆解为一个新专业,同时新增了构筑物、城市轨道交通、爆破工程三个专业,扩充为九个专业。增加了对清单项目的工程量计算规则、使用范围、项目特征描述原则(哪些必须描述、哪些可以不描述)与方法的说明,增强了规范的可操作性。

3. 综合的工作内容不同

一个清单项目与一个定额项目所包含的工作内容不尽相同,《房屋建筑与装饰工程工程量计算规范》GB 50854—2013 中的计算规则是根据主体工程项目设置的,其内容涵盖了主体工程项目及主体项目以外的完成该综合实体(清单项目)的其他工程项目的全部工程内容。一般来说,清单项目综合的工作内容要多于定额项目综合的工作内容。如根据《房屋建筑与装饰工程工程量计算规范》

GB 50854—2013 中 010101004 挖基础土方的工作内容综合了排地表水、土方开挖、围护(挡土板)支拆、基底钎探、运输等内容,而在预算定额中排地表水、土方开挖都是作为单独的定额子目。

4. 计算口径的调整

分部分项工程量的计算规则是按施工图纸的净量计算,不考虑施工方法和加工余量;预算定额项目计量则是考虑了不同施工方法和加工余量的实际数量,即预算定额项目计量考虑了一定的施工方法、施工工艺和现场实际情况。

如土方工程中的 010101004 挖基础土方,按《房屋建筑与装饰工程工程量计算规范》GB 50854—2013 规定,其工程量按图示尺寸以垫层底面积乘以挖土深度计算,按规范规定应是净量(当然规范中也同时说明了,在编制工程量清单时也可以将放坡及工作面增加的工程量并入土方工程量内)。预算定额项目计量则是按实际开挖量计算,包括放坡及工作面等的开挖量,即包含了为满足施工工艺要求而增加的加工余量。

5. 工程量清单项目的补充

随着工程建设中新材料、新技术、新工艺等的不断涌现,《工程量计算规范》附录所列的工程量清单项目不可能包含所有项目。在编制工程量清单时,当出现规范附录中未包括的清单项目时,编制人应作补充,并报省级或行业工程造价管理机构备案,省级或行业工程造价管理机构应汇总报住房和城乡建设部标准定额研究所。

工程量清单项目的补充应涵盖项目编码、项目名称、项目特征描述、计量单位、工程量计算规则以及包含的工作内容,按《工程量计算规范》附录中相同的列表方式表述。

补充项目的编码由专业工程代码(工程量计算规范代码)与 B 和三位阿拉伯数字组成,并应从 XXB001 起顺序编制,同一招标工程的项目不得重码。

7.2　定额工程量计算

定额工程量就是采用定额计价模式时依据工程定额所计算的工程数量。目前,在我国各地定额计价模式中使用的均是各个省、自治区、直辖市编制的消耗量标准、概算定额、预算定额。不同版本的定额有些微差异,其工程量计算规则也有些微不同。本书以《××省建筑工程消耗量标准》(2014)为基础,在这一章节介绍一般土建单位工程主要分部分项工程的定额工程量计算规则。

该消耗量标准共分十五章。前面有总说明,介绍了该消耗量标准的作用及适用范围和条件。每章前面都有该章工程量计算规则和说明。

7.2.1　土石方工程

1. 一般规定

1)土石方工程量计算的一般规定

(1)土壤分为普通土和坚土。坚土包括中密、密实的碎石,中密、密实砂土,密实粉土,坚硬、硬型的黏土;其他土壤为普通土。

(2)岩体基本质量等级为 V 级的,其工程量一半按Ⅳ级计算,另一半按坚土计算。

(3)挖土方地槽(坑)以及运土方,不分干土、湿土。

(4)土(石)方体积均按天然密实体积计算。如为松散土方,需按以下规定处理:普通土乘以系数 1.2;坚土乘以系数 1.25。回填土按压实后的体积计算。

(5)土(石)方工程中,施工期间工作面内发生的雨水积水排水费用,已含在冬雨季施工增加费中;其他排水费用,按实计算。

2)人工土石方

(1)如在挡土板支撑下挖土方,应按相应挖土方子目乘以系数 1.35,支撑搭设前挖的部分土方不乘系数。挡土板项目分密撑和疏撑。

(2)挖桩间土方(不包括人挖桩)人工乘以系数 1.25;人工挖孔桩间挖土,其人工乘以系数 1.10。土方工程量应扣除大于 600 mm 直径的桩体积。

(3)石方爆破不分明炮、闷炮,但闷炮的覆盖材料另行计算。

(4)石方爆破是按电雷管、导线导电起爆编制的,如采用火雷管爆破时,雷管应换算,数量不变。扣除标准中的胶质导线,换为导火索,导火索的长度按每个雷管 2.12 m 计算。

3)机械土石方

(1)推土机推土、石渣或铲运机铲运土上坡,如果坡度大于 5% 时,其运距需按坡度区段斜长乘表 7 -1 所列系数。

(2)机械土(石)方工程量的 90% 执行机械挖土(石)子目,余下 10% 执行人工挖土(石)子目。执行人工挖土方子目时,人工乘 1.35 系数,执行人工石方子目时不另乘系数。

表 7 - 1　运距增加系数表

坡度/%	5～10	15 以内	20 以内	25 以内
系数	1.75	2.00	2.25	2.50

（3）推土机推土或铲运机铲土，土层平均厚度小于 300 mm 时，推土机台班用量乘以系数 1.20，铲运机台班用量乘以系数 1.15。

（4）推土机（或铲运机）推（或铲）未经压实的堆积土时，按普通土相应项目乘以系数 0.87。

（5）爆破定额中没有考虑地下积水，炮孔中若出现地下渗水、积水时，处理渗水或积水发生的费用另行计算。爆破时所需覆盖的安全网、草袋及架设安全屏障等设施，发生时需另行计算。

（6）土（石）运输道路是按一、二、三类道路综合确定的，已考虑了运输过程中道路清理的人工，如需要铺筑材料时，另行计算。

（7）建筑物地下室基础机械土（石）方，定额是按自然地面 6.0 m 深编制；自然地面以下超过 6.0 m 深的工程量增加费用，需按挖土且运距在 1 km 以内项目乘以系数 0.20。

（8）桩基土方外运，执行普通土方外运子目，工程量按设计桩孔断面面积乘以成孔的土方部分深度以立方米计算；桩基石方外运，执行明挖出碴子目，工程量按设计桩孔石方部分体积以立方米计算。

2. 工程量计算规则

1）平整场地及碾压

（1）人工平整场地是指建筑场地挖、填土方厚度在 ±30 cm 以内及找平。厚度超过 ±30 cm 时，其全部土方工程量按挖土方相应定额计算。

（2）平整场地工程量按建筑物外墙外边线每边各加 2 m，以平方米计算。

（3）建筑场地原土碾压以平方米计算，填土碾压按图示填土厚度以立方米计算。

2）挖掘沟槽及基坑

（1）沟槽、基坑划分：

凡图示沟槽底宽在 3 m 以内，且沟槽长大于槽宽 3 倍以上的为沟槽；沟槽长小于槽宽 3 倍，且图示基坑底面积在 20 m² 以内的为基坑。

凡图示沟槽度宽 3 m 以外，坑底面积 20 m² 以外，均按挖土方计算。

（2）计算挖沟槽、基坑、土方工程量需要放坡时，参照表 7 - 2 规定计算。沟槽，基坑中土的类别不同时，依不同土壤厚度加权平均计算。计算放坡时，在交接处的重复工程量不予扣除，原槽、坑作基础垫层时，放坡自垫层上表面开始计算。

表 7 - 2　放坡系数表

土的类别	放坡起点/m	人工挖土 （机械顺沟挖）	机械挖土	
			在坑内作业	在坑外作业
普通土	1.20	1:0.5	1:0.33	1:0.75
坚土	1.50	1:0.33	1:0.25	1:0.67

（3）挖沟槽、基坑需支挡土板时，其宽度按图示沟槽、基坑底宽单面加 10 cm、双面加 20 cm 计算；挡土板面积按槽、坑垂直支撑面积计算。支挡土板后，不得再计算放坡。

（4）基础施工所需工作面，按表 7 - 3 规定计算。

（5）挖沟槽长度，外墙按图示中心线长度计算，内墙按图示基础底面之间净长线计算，内外突出部分（垛、附墙烟囱等）体积并入沟槽土方工程量内计算。

表 7 - 3　熟悉基础施工时所需工作面宽度计算表

基础材料	每边各增加工作面宽度/mm
砖基础	200
浆砌毛石、条石基础	150
混凝土基础垫层支模板	300
混凝土基础支模板	300
基础垂直面做防水层	800（防水层面）

（6）人工挖土方、槽坑凿石方深度超过消耗量标准子目规定深度的部分工程量，按每米折合水平运距 7 m 计，按运距每增加 20 m 的项目增加人工。

（7）沟槽、基坑深度按图示槽、坑底面至外地坪深度计算；地沟按图示沟底至室外地坪深度计算。

（8）管道接口作业坑和沿线各种井室所需增加开挖的土、石方工程量按管沟槽全部土石方量的 2.5% 计算。

（9）独立基础、条基、管沟土方工程量在 300 m³ 以内的，执行人工挖槽坑子目；工程量在 300 m³ 以上的按槽坑小挖机挖土占 70%、人工挖占 30% 计算。

3）岩石开凿及爆破

人工凿岩石，按图示尺寸以立方米计算。爆破岩石按图示尺寸以立方米计算。

4）回填土

（1）回填土分夯填、松填按图示回填体积以立方米计算。

（2）沟槽、基坑回填体积以挖方体积减去设计室外地坪以下埋设构件（包括基础垫层、基础等）体积计算。

（3）房心回填土，按回填的面积乘以回填土厚度计算。

（4）余土或取土工程量，可按下式计算：

$$余土外运体积 = 挖土总体积 - 回填土总体积$$

式中：计算结果为正值时为余土外运体积，负值时为须取土体积。

5）土方运距的确定

（1）推土机推土运距：按挖方区重心至回填区重心之间的最短距离计算。

（2）铲运机运土运距：按挖方区重心至卸土区重心加转向距离 45 m 计算。

（3）自卸汽车运土运距：按挖方区重心至填土区（或堆放地点）重心的最短距离计算。

7.2.2 地基处理和基坑支护工程

1. 一般规定

(1)本章内容包括地基处理和建筑基坑工程两节,地基处理包括:垫层、强夯、砂及碎石桩、石灰桩、深层搅拌水泥桩、高压喷射注浆法;建筑基坑工程包括:土钉、锚杆、格构梁及挂网喷护。

(2)单(双)重管、三重管高压旋喷的浆体材料(水泥、粉煤灰、外加剂等)用量与定额含量不同时,按设计含量调整计算。

(3)人工换填套用垫层项目时,人工、机械乘以 0.8;垫层用于独立基础、条形基础、房心回填时人工、机械乘以 1.2。

(4)石灰桩、砂、碎石桩项目不分土质、桩长均按定额子目执行。

(5)土钉、锚杆孔底灌浆项目中水泥含量(砂浆配比)与定额不同时可按实调整。

锚杆项目成孔直径按 150 mm 规格考虑,如直径小于 150 mm,则人工、机械乘 0.95 系数;直径大于 150 mm,则人工、机械乘 1.1 系数。

(6)锚杆干法成孔穿卵石、松石层的孔,拔管费按成孔费加 10%。锚杆湿法成孔遇卵石、松石层,按黏土、砂土、圆砾项目乘 2.0 系数。锚杆灌浆(锚杆长 15 m 以内)按一次灌浆考虑,采用二次灌浆按相应项目乘 1.1 系数。

(7)地基强夯需用石渣或土填坑时,按换填相应项目执行。

(8)格构梁砂浆找平项目中,砂浆找平宽度按 0.5 m 以内考虑,若实际找平宽度超过 0.5 m,可按宽度比例换算。

2. 工程量计算规则

(1)垫层,地面垫层按地面面积乘以厚度计算,基础垫层按实铺体积计算。垫层中均包括原土夯实。

(2)砂、石灌注桩工程量小于 60 m³ 时,其人工、机械乘以 1.25。砂、石灌注桩材料用量已包括充盈系数及材料损耗率、级配密实系数。

(3)地基强夯按夯坑数计量,夯坑数均按设计规定计算。低锤满拍处理面积按强夯区域最外边夯点中心线外移 1 m 确定的面积。

(4)注浆项目以实际注入水泥重量为计量单位。

(5)土钉、锚杆成孔,按土钉或锚杆伸入孔中长度另加 0.5 m 计算。钢筋(钢绞线)锚杆,按设计图示尺寸确定的重量以吨计算。喷护,按设计规定的展开面积以平方米计算。

7.2.3 桩基工程

1. 一般规定

(1)桩基工程包括预制桩沉桩、打孔灌注混凝土桩、长螺旋钻孔灌注混凝土桩、大直径钻(冲)孔灌注混凝土桩、人工挖孔灌注混凝土桩及其他。

(2)预制机械沉桩、机械成孔的灌注桩成孔已综合各类土。人工挖孔桩的土壤类别划分,执行前面"土石方工程"的相关规定。

(3)打斜桩。斜度在 1∶6 以内者,按相应项目乘以系数 1.25;如斜度大于 1∶6 者,则按相应项目人工、机械乘以系数 1.43。如在堤坡上(坡度大于 15°)打桩时,按相应项目人工、机械乘以系数 1.15。

（4）桩间补桩或强夯后的地基打桩，按相应项目人工、机械乘以系数 1.15。夯扩桩按相应打孔灌注砼桩项目执行，其中人工、机械乘以系数 1.15。

（5）金属周转材料中包括桩帽、送桩器、桩帽盖、活瓣桩尖、钢管、料斗等属于周转性使用材料。

（6）单位工程中桩的工程量少于下列标准时，其人工、机械乘以系数 1.25。钢筋混凝土方桩少于 150 m^3；打孔灌注混凝土桩少于 60 m^3；钻孔灌注混凝土桩少于 100 m^3；潜水钻孔灌注混凝土桩少于 100 m^3；人工挖孔桩少于 100 m^3。

（7）若桩灌注混凝土实际采用商品砼，砼不管采用何种输送方式，均按 10 m^3 砼扣减人工5.58 工日，除搅拌机械台班，砼换算成商品砼，其他均不做调整。

2. 工程量计算规则

1）预制钢筋砼桩

（1）方桩沉桩，按桩尖入土深度乘以桩截面面积以立方米计算。

（2）管桩沉桩，按管桩入土长度（包括桩尖）以"米"计算。

（3）方桩接桩、电焊接桩，按设计接头以"个"数计算；硫磺胶泥接桩，按桩断面以平方米计算，

（4）管桩做桩头的钢筋制作安装，按钢筋章节相关子目执行，人工、机械乘系数 2.0；管桩钢材桩头，按小型钢构件子目执行。

2）打孔灌注桩（含洛阳铲桩）

混凝土桩有承台者，按承台与桩的交界面到桩端（包括桩尖，不扣除桩尖虚体积）的中轴线长度加超灌长度（超灌长度由设计明确，设计未明确时取 0.5 m）乘以设计截面面积以立方米计算；没有承台的，按设计规定的桩长乘以设计截面面积计算。

打孔砼灌注桩、长螺旋砼灌注桩空灌部分费用计算，空灌工程量按相应桩子目（包括砼费用）执行，然后按以下办法扣除砼相应费用，工程量按空灌体积，执行垫层子目。

①复打一次的桩长部分按上述方法计算的单桩体积乘以 1.6 计算工程量。

②打孔时先埋入预制砼桩尖，再灌注砼者，桩尖按钢筋砼章节规定计算体积。

3）大直径钻（冲）孔灌注桩

（1）成孔和泥浆制作工程量，按自然地坪至桩尖长度乘设计断面面积以立方米计算，扩大头并入成孔体积。

（2）桩芯砼工程量，按设计图示桩长另加设计规定超灌长（设计未明确时，按 0.5 倍桩直径）乘以设计断面面积以立方米计算。

（3）泥浆运输工程量，按实际签证的外运体积以立方米计算。

4）人工挖桩孔

（1）挖土方工程量，按设计规定所围体积的自然方以立方米计算。

（2）砖护壁、砼护壁工程量，均按设计图纸尺寸以立方米计算。

（3）桩芯砼工程量，按设计桩长另加 0.5 倍桩径乘以设计断面面积（平均）以立方米计算。扩底部分并入桩芯砼体积内计算。

（4）钢筋笼，按设计图示尺寸确定的重量以吨计算。

（5）凿桩头工程量，按桩截面积乘超灌长度（预制方（管）桩按实签证长度）以立方米计

算。包括预制桩、打孔灌注桩、钻(冲)孔桩、挖孔桩。

7.2.4 砖石工程

1. 一般规定

砖石工程包括砌砖、砌石、轻质隔墙共三个部分。

1)砌砖、砌块

(1)砖墙、柱的砌体分别按清水和混水列项,清水砖墙、柱包括原浆勾缝用工。

(2)填充墙以填炉渣、棉毡为准,如实际使用材料不同时,填充材料允许换算,其他不变。

(3)墙体必须放置拉接钢筋、铁件、金属构件时,应另行计算。

(4)砖砌2砖以上的挡土墙按砖基础项目执行。2砖以内的按砖墙定额执行。高度超过3.6 m者,人工乘以系数1.15。

(5)框架结构间、预制柱间砌砖墙、砼小型空心砌块墙按相应项目人工乘以系数1.10。

(6)框架或框架剪力墙结构工程的主体结构施工过程中,如砌筑工程采用穿插施工,砌砖墙、砌块按相应项人工乘以1.2系数(包括框架间降效因素)。

2)砌体厚度

标准砖以240 mm×115 mm×53 mm为准,其砌体计算厚度,如表7-4。

表7-4 标准砖墙体厚度计算表

墙厚(砖数)	$\frac{1}{4}$	$\frac{1}{2}$	$\frac{3}{4}$	1	$1\frac{1}{4}$	$\frac{1}{2}$	2	$2\frac{1}{2}$	3
计算厚度/mm	53	115	180	240	303	365	490	615	740

3)基础与墙身的划分

(1)以设计室内地坪为界线(有地下室者,以地下室室内设计地面为界),以下为基础,以上为墙身。

(2)砖柱,不分柱基和柱身合并计算,执行砖柱项目。

(3)砖石围墙,以自然地坪为界,以上为墙身,以下为基础,分别按相应墙身与基础子目执行。

4)砌石

(1)毛石护坡挡土墙高度超过4 m时,超过4 m部分的工程量,人工乘以系数1.15。

(2)砌筑圆弧形石砌体基础、墙按相应项目人工乘以系数1.10。

2. 墙体工程量计算规则

1)墙体工程量的计算

(1)计算墙体时,应扣除门窗洞口、过人洞、空圈、嵌入墙身的钢筋混凝土柱、梁(包括过梁、圈梁、挑梁)砖平碹、圆弧形碹、钢筋砖过梁和暖气包壁龛的体积。不扣除梁头、内外墙板头、檩头、木楞头、游沿木、木砖、门窗走头、砖墙内的加固钢筋、木筋、铁件等及每个面积在0.3 m²以下的孔洞所占的体积,突出墙面的窗头虎头砖、压项线、山墙泛水、烟囱根、门窗套及三皮砖以内的腰线和挑檐等体积亦不增加。

（2）附墙柱、三皮砖以上的腰线和挑檐等体积，并入墙身体积内计算。

（3）附墙烟囱（包括附墙通风道、垃圾道）按其外形体积计算，并入所依附的墙体积内，不扣除每一个孔洞横截面在 0.1 m² 以下的体积，但孔洞内的抹灰工程量亦不增加。

（4）女儿墙高度，自外墙顶面至图示女儿墙顶面高度，分别不同墙厚并入外墙计算。

（5）砖平碹、圆弧形碹、钢筋砖过梁按图示尺寸以立方米计算。如设计无规定时，砖平碹长度为门窗洞口宽度两端共加 100 mm，门窗洞口宽度小于 1500 mm 时，高度为 240 mm；门窗洞宽度大于 1500 mm 时，高度为 365 mm。钢筋砖过梁按门窗洞口宽度两端共加 500 mm，高度按 440 mm 计算。圆弧形碹长度按碹中心线长度，高按 240 mm 计算。

（6）砖石、小型砼空心砌块墙基础按图示尺寸以立方米计算，砖墙、小型空心砌块墙基础长度，外墙墙基按外墙中心线长度，内墙墙基按内墙净长计算。砖、小型空心砌块墙基础大放脚 T 形接头处重叠部分，计算时不扣除。附墙柱基大放脚宽出部分体积并入基础工程量内。毛石墙基的长度，外墙按中心线长度、内墙按毛石基础各级净长计算。

2）墙身长度的确定

外墙长度按外墙中心线长度计算，内墙按内墙净长线计算。

3）墙身高度的确定

（1）外墙墙身高度：斜（坡）屋面无檐口天棚者算至屋面板底；有屋架且室内外均有天棚者，算至屋架下弦底面另加 200 mm；无天棚者算至屋架下弦底加 300 mm，出檐宽度超过 600 mm 时，应按实砌高度计算；平屋面算至钢筋混凝土板（梁）底。

（2）内墙墙身高度：位于屋架下弦者，其高度算至屋架底；无屋架者算至天棚底另加 100 mm；有钢筋混凝土楼板隔层者算至屋面板底。

（3）内外山墙，墙身高度按其平均高度计算。

4）框架间砌体

按框架间的净空面积乘以墙厚计算，框架柱外表镶贴砖部分并入框架间砌体工程量内计算。

5）空花墙

按空花部分外形体积以立方米计算，空洞部分不予扣除，其中与空花墙连接的附墙柱、实砌眠墙以立方米计算，分别套用砖柱、砖墙项目。

6）空斗墙

按外形体积以立方米计算。窗台线、腰线、转角、内外墙交接处、门窗洞口立边、楼板下屋檐处和附墙柱两侧砌砖已包括在项目内，不另计算（不包括设计要求的斗墙实砌部分及附墙柱），突出墙面三皮砖以上的挑檐、附墙柱（不论突出多少）均以实砌体积计算，按一砖墙的项目执行。

7）填充墙

按外形尺寸以立方米计算，其实砌部分已包括在项目内，不另计算。

8）空心砌块砌体

按图示尺寸以立方米计算（砼空心砌块墙、炉碴砼空心砌块墙、陶粒砼空心砌块蛳按设计规定需要镶嵌砖砌体部分已包括在定额内，不另计算。

9）其他

（1）砖砌锅台、炉灶，不分大小，均按图示外形尺寸以立方米计算，不扣除各种空洞的体积。

（2）厕所蹲台、小便池池槽、水槽腿、煤箱、垃圾箱、花台、花池台阶挡墙或梯带、地垄墙及支撑地楞的砖墩、房上烟囱等实砌体积，以立方米计算，套用零星砌体项目。

（3）砖地沟（暖气沟、电缆沟等），不分墙基、墙身，合并以立方米计算。

（4）轻质墙板按结构间净空面积以平方米计算（扣除 0.3 m² 以上的洞口面积）。

（5）砌块孔内砼灌实，按灌实部分砌体的外形尺寸的 50%（砌块空心率的近似值）以立方米计算。

3. 砖基础工程量的计算

带形砖基础采用大放脚砌筑时，通常有等高和不等高两种大放脚砌筑方法。其工程量等于基础长度乘以基础断面面积，以立方米计算。

1）基础长度的确定

外墙基础长度按外墙中心线长度计算，内墙基础按内墙净长线计算。

2）基础断面面积的确定

（1）采用折加高度计算法：

$$基础断面积 = 基础宽度 × （基础高度 + 折加高度）$$

式中：折加高度 = 大放脚断面之和/基础宽度

（2）采用增加断面积计算法：

$$基础断面积 = 基础宽度 × 基础高度 + 大放脚断面积$$

3）折加高度由表 7−5 确定

表　折加高度及大放脚断面积数据表

| 大放脚层数 | 折加高度/m | | | | | | | | | | | | 大放脚断面积/m² | |
| | 1/2 砖 (0.115) | | 1 砖 (0.24) | | 1½砖 (0.365) | | 2 砖 (0.49) | | 2½砖 (0.615) | | 3 砖 (0.74) | | | |
	等高	不等高	等高	不等高	等高	不等高	等高	不等高	等高	不等高	等高	不等高	等高	不等高
一	0.137	0.137	0.060	0.066	0.043	0.043	0.032	0.032	0.026	0.028	0.021	0.021	0.01575	0.01575
二	0.411	0.274	0.197	0.131	0.129	0.080	0.098	0.084	0.077	0.051	0.064	0.043	0.04725	0.03150
三	0.822	0.685	0.394	0.328	0.259	0.216	0.193	0.181	0.154	0.128	0.128	0.106	0.09450	0.07875
四	1.370	0.959	0.058	0.459	0.432	0.302	0.821	0.226	0.256	0.179	0:.213	0.149	0.16750	0.11025
五	2.054	1.043	0.984	0.788	0.047	0.518	0.482	0.386	0.384	0.307	0.319	0.255	0.23325	0.18900
六	2.878	2.054	1.378	0.984	0.906	0.847	0.675	0.482	0.538	0.384	0.447	0.319	0.33075	0.23625
七			1.838	1.444	1.208	0.949	0.900	0.707	0.717	0.563	0.596	0.468	0.44100	0.34850
八			2.363	1.706	1.553	1.122	1.157	0.836	0.922	0.606	0.766	0.553	0.56700	0.40950
九			2.953	2.297	1.942	1.510	1.44S	1.125	1.152	0.896	0.958	0.745	0.70876	0.55125
十			3.609	2.625	2.375	1.728	1.768	1.286	1.409	1.024	1.171	0.851	0.86625	0.63000

注：本表不等高大放脚砌筑法，其顶层从两皮砖开始。

7.2.5　混凝土与钢筋混凝土工程

混凝土与钢筋混凝土工程包括钢筋工程，现拌混凝土构件，商品混凝土构件，预制混凝土构件制作，预制混凝土构件运输，预制混凝土构件安装，预制混凝土构件灌缝七个部分。

1. 一般规定

1）钢筋工程

（1）钢筋工程内容包括：制作、绑扎、安装以及浇灌砼时维护钢筋用工。

（2）钢筋工程按钢筋的不同品种、不同规格，按普通钢筋（包括现浇构件、预制构件钢筋）、预应力钢筋分别列项。HPB300 级执行圆钢筋相应项目，HRB335 级、HRB400 级、HRB500 级、HRBF335 级、HRBF400 级、HRBF500 级、RRB400、冷轧带肋钢筋执行带肋钢筋（包括螺旋形、人字形、月牙形钢筋）相应项目，预应力螺纹钢、钢绞线执行预应力钢筋相应项目。

（3）成型钢筋（按图纸要求加工后、绑扎前的钢筋）中设计图纸未注明的钢筋接头和接头焊接用的电焊条已综合在定额内。成型钢筋按 9 m 长以内考虑，成型钢筋之间的搭接长度应计入钢筋净用量内，其搭接个数和搭接长度按设计规定计算；成型钢筋 9 m 长以外时，直径 10 mm 及以上的钢筋按每 9 m 计算一个接头，其接头长度根据不同的接头方式按规范规定长度计算。

（4）预应力构件中的非预应力钢筋按普通钢筋相应项目计算。非预应力钢筋不包括冷加工，如设计要求冷加工时，需另行处理。

（5）预应力钢筋如设计要求人工时效处理时，应另行处理。

（6）现浇砼空心楼盖中配置的钢筋网片按相应规格的钢筋子目，人工、机械乘以 1.5 的系数。

（7）拱梯形屋架的钢筋工程其人工、机械乘以 1.16 的系数，托架梁乘以 1.05，小型构件、小型池槽乘以 2.00，矩形贮仓乘以 1.25，圆形贮仓乘以 1.50。

2）混凝土工程

（1）现浇砼构件分现拌砼和商品砼。现拌砼按垂直运输机械运送砼，垂直运输费按 7.2.14 部分相关规定计算；商品砼按泵送运输。

现拌砼构件，砼不论分散搅拌还是集中搅拌，均按现拌砼相应子目执行。

当现拌砼采用泵送时，按商品砼构件相应子目执行并增加砼搅拌费，搅拌费增加按每 10 m³ 砼工程量增加 5.58 工日和 0.625 台班砼搅拌机。

当商品砼采用垂直运输机械运送时，按现拌砼构件相应子目执行并扣除砼搅拌费，搅拌费扣除按每 10 m³ 砼工程量扣 5.58 工日和砼搅拌机台班，普通砼换算为商品砼，垂直运输费按 7.2.14 部分相关规定计算。

（2）采用泵送砼的工程，基础、柱、墙、梁、板、与梁板同一标高的阳台构件按泵送子目执行；基础垫层、构造柱、圈梁等其他构件的砼按垂直运输机械吊运方式施工计算，执行现拌砼构件相应子目。

（3）砼的工作内容包括：后台运输、搅拌，莳台运输、清理、润湿模板、浇灌、捣固、养护。

（4）小型构件，系指每件体积 0.05 m³ 以内的未列出项目构件。

（5）现浇钢筋砼柱、墙项目，综合了底部灌注1:2水泥砂浆的用量。

（6）圈梁、构造柱按砖混结构考虑。框架或框架剪力墙结构中的圈梁、构造柱，人工和机械乘以1.2的系数。

（7）斜屋面砼板浇筑按现场搅拌浇筑梁板子目执行，人工、机械乘以1.2的系数。

（8）砼构件的后浇带套用砼的相应子目。后浇带增加费按延长米计算工程量。

（9）砼养护采用砼养护膜养护者，套用混凝土养护膜增加费相应子目。工程量按实铺面积计算。

3）构件运输

构件运输按表7-6构件的分类分别套用相应定额项目。

表7-6　钢筋砼构件分类

类别	项目
1	4 m以内的空心板、实心板
2	6 m以内的桩、屋面板、楼板、梁、楼梯段
3	6 m以上至14 m的梁、板、柱、桩、各类屋架、桁架、托架（14 m以上的另行处理）
4	天窗架、挡风架、侧板、端壁板、天窗上下挡及单件体积在0.1 m³以内的小构件

4）构件安装

（1）构件安装是按单机汽车式起重机作业编制的，如采用双机抬吊安装构件，人工、机械乘以系数1.2。安装工程如需搭设临时性脚手架，若发生时需另行计算。

（2）机械回转半径是以15 m以内距离计算的，如因施工场地狭小，当构件无法运进吊装机械回转半径范围内而需二次搬运时，所发生的费用按构件1 km运输项目计算。

（3）吊装现场就位预制构件是按采用木模、砖模综合考虑，若实际不同时，不作调整。

（4）砼小型构件安装系指单件体积小于0.1 m³的构件安装。

（5）安装砼异形柱及一边伸出0.7 m以上的牛腿柱时，按砼柱安装相应项目乘以系数1.20。单根砼柱长度大于杯口深度（找平后实际杯口深度）20倍以上时，按相应项目乘以系数1.30。

（6）双肢构件（如栈桥、皮带走廊排架、A形支架等）需焊接安装时，按柱相应项目的人工、机械乘以1.30的系数，材料乘以1.80的系数。上述构件柱脚如为灌浆安装，不需焊接安装时，按柱安装相应项目乘以系数1.35。

（7）钢筋砼楼梯段安装以整块为准，如拼装楼梯段者，按楼梯段安装项目乘以系数1.25。

（8）单层厂房屋盖系统必须在跨外安装时，按相应的构件安装项目的人工、机械台班乘以系数1.18。

（9）构件吊装高度是按吊装室外地面至檐口高度20 m以内考虑，若构件吊装其檐口高度超过20 m以上者，按其相应项目的人工和机械台班分别乘以系数1.10。

（10）PK应力混凝土叠合板（以下简称"PK"板），按以下方式处理：

Ⅰ.砼框架梁增加支撑和PK板底支撑，按PK板水平投影面积计算工程量，套用满堂脚手架钢管架基本层子目乘以1.2的系数；

Ⅱ.PK 板的安装套用平板安装单体 0.2 m³内的子目乘以 1.3 的系数；

Ⅲ.PK 板坐浆和施工缝的处理：套用平板接头灌缝子目乘以 1.3 的系数：

Ⅳ.PK 板如留有孔洞需要处理等工序者，按 PK 板体积计量每 m³增加 0.44 个工日。

2. 工程量计算规则

1）钢筋工程量计算

(1)按不同钢筋种类和规格，分别按设计长度乘以单位重量，以吨为单位计算。

(2)先张法预应力钢筋，按构件外形尺寸计算长度，后张法预应力钢筋按设计图规定的预应力钢筋预留孔道长度，并区别不同锚具类型，分别按下列规定计算。

①低合金钢筋两端采用螺杆锚具时，预应力钢筋按孔道长度共减 0.35 m，螺杆另行计算。

②低合金钢筋一端采用镦头插片，另一端螺杆锚具时，预应力钢筋长度按预留孔道长度计算，螺杆另行计算。

③低合金钢筋一端采用镦头插片，另一端采用帮条锚具时，预应力钢筋按孔道长度增加 0.15 m，两端均采用帮条锚具时预应力钢筋共增加 0.3 m 计算。

④低合金钢筋采用后张混凝土自锚时，预应力钢筋长度增加 0.35 m 计算。

⑤低合金钢筋或钢绞线采用 JM.XM.QM 型锚具，孔道长度在 20 m 以内时，预应力钢筋长度增加 1 m；孔道长度 20 m 以上时，预应力钢筋长度增加 1.8 m 计算。

(3)计算钢筋工程量时，按图示尺寸计算长度。钢筋的电渣压力焊接、套筒挤压、直螺纹接头，以个计算，不计取搭接长度。

(4)钢筋砼构件预埋铁件工程量，按设计图示尺寸，以吨计算。

(5)植筋增加费(不包括钢筋制安费用)的工程量按实际根数计算。每根埋深，按以下规则取定：

①钢筋规格为 20 mm 以下，按钢筋直径的 15 倍计算，并应大于或等于 100 mm：

②钢筋规格为 20 mm 以上，按钢筋直径的 20 倍计算。

深度不同时可按埋深长度比例予以换算。

2）现浇混凝土工程量的计算

(1)均按图示尺寸的实体体积以立方米计算。不扣除构件内钢筋、预埋铁件及墙、板 0.3 m²内孔洞所占体积，但应扣除劲性型钢骨架体积。埋管断面合计面积超过砼构件断面 3% 以上的部分应扣除工程量(3% 以内的部分不扣除)。

(2)基础工程量计算：

①有肋带形基础，其肋高与肋宽之比在 4:1 以内的按带形基础计算；超过 4:1 时，其基础底板按板式基础计算，以上部分按墙计算。

②箱式满堂基础应分别按满堂基础、柱、墙、梁、板有关规定计算，套用相应项目。

③设备基础除块体以外，其他类型设备基础分别按基础、梁、柱、板、墙等有关规定计算，套相应的定额项目计算。

(3)柱工程量计算：

按图示断面尺寸乘以柱高以立方米计算。

①有梁板的柱高，应自柱基上表面(或楼板上表面)至上一层楼板上表面之间的高度计算：

②无梁板的柱高，应自柱基上表面(或楼板上表面)至柱帽下表面之间的高程计算；

③框架柱的柱高应自柱基上表面至柱顶高计算。

④构造柱按全高计算，与砖墙嵌接部分的体积并入柱身体积内计算；

⑤依附柱上的牛腿，并入柱身体积内计算。

(4)梁工程量计算：

按图示断面尺寸乘以梁长以立方米计算。

①梁与砼柱连接时，梁长算至柱侧面；梁与砼墙连接时，梁长算至墙侧面。

②主梁与次梁连接时，次梁长算至主梁侧面。伸入砌体墙、砌体柱内的梁头，梁垫体积并入梁体积内计算。

(5)板工程量计算：

按图示面积乘以板厚以立方米计算。

①有梁板包括主、次梁与板，按梁、板体积之和计算。

②无梁板按板(包括其边梁)和柱帽体积之和计算。

③平板按板实体体积计算。

④现浇挑檐天沟与板(包括屋面板、楼板)连接时，以外墙为分界线，与圈梁(包括其他梁)连接时，以梁外边线为分界线。外墙边线以外或梁外边线以外为挑檐天沟。

⑤各类板伸入砌体墙内的板头并入板体积内计算。

(6)墙工程量计算按图示中心线长度乘以墙高及厚度以立方米计算，扣除门窗洞口及0.3 m²以外孔洞的体积，墙垛及突出都分(包括边框梁、柱)并入墙体积内计算。

(7)空心楼盖内置空心管(盒)模块工程量按外形体积以立方米计算。现浇混凝土空心楼盖体积应减去空心管(盒)模块体积套用相应现浇子目。

(8)整体楼梯包括休息平台、平台梁、斜梁及楼梯的连接梁，按水平投影面积计算，不扣除宽度小于500 mm的楼梯井，伸入墙内部分不另增加。

(9)伸出外墙的悬挑板(包括平板、雨篷等)，按伸出外墙的体积计算，其反沿并入悬挑板内计算。

(10)栏板以立方米计算，伸入墙内的栏板，合并计算。

(11)预制板补现浇板缝时，按平板计算。

(12)预制钢筋砼框架柱现浇接头(包括梁接头)按设计规定断面和长度以，立方米计算。

3)预制砼工程量的计算

(1)均按图示尺寸实体体积以立方米计算，不扣除构件内钢筋，铁件及小于300 mm × 300 mm以内的空洞面积。

(2)预制桩按桩全长(包括桩尖)乘以桩断面(空心桩应扣除孔洞体积)以立方米计算。

(3)砼与钢杆件组合的构件，砼部分按构件实体积以立方米计算，钢构件部分按吨计算，分别套相应的定额项目。

4)预制混凝土构件运输、安装工程量的计算

(1)预制混凝土构件运输及安装均按构件图示尺寸，以实体体积加规定的损耗计算；钢构件按构件设计尺寸以t计算。所需螺栓、电焊条等重量不另计算。

(2)预制混凝土构件运输及安装损耗量并入构件工程量内。其损耗率分别为：各类预制钢筋混凝土构件，其运输堆放损耗率为0.8%，安装损耗0.5%；预制钢筋混凝土桩，其运输

堆放损耗率为 0.4%，安装损耗为 1.5%。预制混凝土屋架、桁架、托架及长度在 9 m 以上的梁、板、柱不计算损耗率。

（3）水泥蛭石块、泡沫砼块、硅酸盐块运输每立方米折合钢筋混凝土构件体积 0.4 m³，按一类构件运输计算。漏空花格运输安装按设计外形面积乘以厚度 6 cm 以立方米计算，不扣漏空体积。预制碗柜运输安装按每 10 m² 折合 1.2 m³ 钢筋砼。漏空花格、预制碗柜运输按 4 类构件，安装按钢筋砼小型构件。

（4）预制钢筋混凝土工字型柱、矩形柱、空腹柱、双肢柱、空心柱、管道支架等安装，均按柱安装计算。

（5）钢筋砼折线形屋架、三角形组合屋架安装，以砼实体体积计算，三角形组合屋架的钢杆件部分安装费不另计算。

5）钢筋混凝土构件接头灌缝

（1）钢筋混凝土构件接头灌缝：包括构件坐浆、灌缝、堵板孔、塞板梁缝等。均按预制钢筋混凝土构件实体积以立方米计算。

（2）钢筋砼梁、吊车梁、托架梁、过梁、组合屋架、天窗架、大型屋面板、平板、空心板、槽形板、挑檐板、楼梯段等，均按砼实体体积计算，按相应项目计算灌浆。

7.2.6　钢结构工程

钢结构工程包括钢结构件制作、钢平台钢漏斗制作安装、建筑配套制作与安装、钢构件防腐及防火、钢结构件运输、钢结构件安装、高层钢构件拼装与安装七个部分。并且仅用于新建钢结构工程，不分现场制作或工厂制作。金属结构制作，系按焊接考虑。如设计为铆接时，可参照相关专业定额标准计算。

1. 一般规定

1）构件制作

（1）构件制作工作内容，包括分段制作和整体预装配的人工、材料（如预装配用及锚固杆件用的螺栓）及机械台班用量。除特别注明者，均包括现场内（工厂内）的材料运输、号料、加工、组装及成品堆放等全部工序。未包括加工点至安装点的构件运输，构件运输另套相应的定额；均已包括刷一遍防锈漆工料；均未包括焊缝无损伤探伤的费用。

（2）地脚螺栓制作安装，套用小型构件子目。

（3）劲性钢柱、梁制作，套普通钢柱、钢梁子目，栓钉另计。安装，按劲性钢柱、钢梁相应子目执行。

（4）钢管柱不管是无缝钢管还是焊接管均执行相应项目。

（5）钢筋砼组合屋架钢拉杆制作，按钢支撑计算。

（6）型材规格及比例与设计不同时，可以按设计调整材料规格和用量，人工和机械用量不变。

（7）弧形构件，按其相应项目人工、机械乘以 1.20 的系数。

（8）彩板墙面、楼面、屋面按面积或长度计算的项目，其金属面材厚度与标准不同时，可予以调整材料价格，其消耗量不变。

2）构件运输

（1）金属构件运输是指构件从加工厂运至施工现场的运输作业。综合考虑了城镇、现场运输道路等各种因素，不得因道路条件不同而调整消耗量。

（2）金属构件运输按表7-7区分不同类别套相应定额。

表7-7　金属构件分类表

类别	项目
1	钢柱、屋架、托架梁、防风桁架
2	吊车梁、制动梁、型钢檩条、钢支架、上下挡、钢拉杆、网架、栏杆、盖板、垃圾出灰门、倒灰门、篦子、爬梯零星构件、平台、操作台、走道休息台、扶梯、烟囱紧固箍、彩板构件
3	墙架、挡风架、天窗架、组合檩条、轻型屋架

3）构件安装

（1）构件安装只考虑单机作业，如采用双机抬吊安装构件，人工、机械乘以系数1.2。

（2）一般项目构件安装是按汽车式起重机编制的。其吊装高度是按吊装室外地面至檐口高度20 m以内考虑，若构件吊装其檐口高度超过20 m以上者，按其相应项目的人工和机械台班分别乘以系数1.10。

（3）构件安装标准中均不包括为安装工程所需搭设的支架，支架应另行计算。

（4）门式刚架轻型房屋钢结构柱梁安装，按普通钢结构构件安装相应子目执行乘以0.8的系数。

（5）单层厂房屋盖系统必须在跨外安装时，按相应的构件安装项目的人工、机械台班乘以系数1.18。

（6）钢屋架单榀重量在1 t以下者，按轻型屋架相应项目计算。

4）油漆

油漆工程按展开面积以平方米计算。钢结构构件的展开面积按表7-8换算。

表7-8　常用钢结构构件重量换算油漆面积系数表　　　　　单位：m^2/t

构件名称	腹板厚度/mm	翼板厚度/mm	参考系数
"H、十字"型钢梁、钢柱	10以内	10以内	36.40
		16以内	28.31
		20以内	21.23
	16以内	10以内	25.48
		16以内	21.23
		20以内	16.99
	20以内	10以内	19.60
		16以内	16.99
		20以内	14.15

2. 工程量计算规则

1）结构构件制作工程量的计算

（1）结构制作型钢材料按图示钢材尺寸以吨计算，不扣除孔眼、切边的重量。焊条、铆钉、螺栓等重量已包括在内不再另计算。在计算不规则或多边形钢板重量时，均以其最大外围尺寸、以矩形面积计算。

（2）制动梁的制作工程量，包括制动梁、制动桁架、制动板重量；墙架的制作工程量，包括墙架柱、梁及连接柱重量；钢柱制作工程量，包括依附于柱上的牛腿及悬壁梁重量。

（3）钢栏杆制作安装，仅适用于工业厂房、构造物中的相应钢栏杆制作、安装；铁艺花饰栏杆，当花饰外围尺寸与标准不同时，可按外围尺寸投影面积换算。其他铝合金、不锈钢等装饰栏杆，按其相关项目计算。

（4）钢漏斗制作工作量，矩形按图示分片，圆形按图示展开尺寸，并依钢板宽度分段计算，每段均以其上口长度（圆形接分段展开上口长度）与钢板宽度，按矩形计算，依附漏斗的型钢并入漏斗重量内计算。

（5）天窗挡风架、柱、挡雨板的支架制作，工程量按重量计算。刮泥箅子板、地沟铸铁箅子板按框外围面积计算。

（6）钢质窗帘棍制安，工程量按图示长度计算；设计无规定时，每根按洞口宽度增加 30 cm 计算。

（7）垃圾斗及配件，按垃圾斗口的框外围面积计算；出灰口及配件，按出灰口的框外围面积计算。

（8）彩板墙面，以外墙面长度乘以外墙高度按面积计算，扣除门、窗洞口面积，但不扣除 0.3 m² 以内的孔洞面积。彩板楼面，以水平投影面积计算，但不扣附墙柱凸出部分面积和 0.3 m² 以内的孔洞面积。彩板屋面，按展开长度乘以宽度以平方米计算，扣除其凸出屋面的楼梯间、水箱、排气间等所占面积，但不扣除 0.3 m² 以内的孔洞面积。

（9）轻钢屋面中，压型板、夹心板层面工程量扣除 0.3 m² 以上采光带的面积。

2）结构构件安装工程量的计算

（1）构件安装工程量按制作的工程量计算，套相应安装定额。

（2）成品气楼，按气楼重量以 t 计算。

（3）化学螺栓、高强螺栓及栓钉，以套计算。

7.2.7　木结构工程

包括厂库房大门、特种门、木结构、木门五金安装三个部分。

1. 一般规定

1）工作内容

（1）厂库房大门、特种门工作内容包括：

①制作、安装门扇，装配玻璃及五金零件，固定铁脚，制安便门扇；

②铺油毡和毛毡，安密缝条；

③制安门樘框架和筒子板，刷防腐油。

（2）木结构工作内容包括：

①屋架，制安，梁端刷防腐油。

②屋面木基层，制安檩木、檩托木（或垫木），伸入墙内部分及垫木刷防腐油。

③屋面板制作，屋面板制作，檩木上钉屋面板，檩木上钉椽板。

④木楼梯，踏步、平台制安，伸入墙部分刷防腐油。

⑤木梁、木柱，包括制作安装，伸入墙部分刷防腐油。

（3）其他木构件工作内容包括制作安装。

2）木材的分类

一类：红松、水桐木、樟子松。

二类：白松（云杉、冷杉）、杉木、杨木、柳木、椴木。

三类：青松、黄花松、秋子木、马尾松、东北榆木、柏木、苦楝木、梓木、黄菠萝、椿木、楠木、柚木、樟木。

四类：栎木（柞木）、檀木、色木、槐木、荔木、麻栗木（麻栎、青刚）、桦木、荷木、水曲柳、华北榆木。

3）相关定额说明

（1）厂库大门、钢木大门及其他特殊种门五金费另计算。

（2）保温门的填充料不同时可以换算，其他工料不变。

（3）厂库房大门及特种门的钢骨架制作，以钢材重量表示，已包括在项目中，不再另列项目计算。钢材重量不同时，予以调整。

（4）全钢板大门、围墙钢大门的钢材和铁件用量不同时，允许调整（钢材损耗率6%，铁件损耗率1%）。

（5）木材种类除特别说明者外，定额中均是按一、二类木材木种，如采用三、四类木种时，分别乘以下列系数：木门窗制作，按相应项目人工和机械乘以1.30；其他项目按相应项目人工和机械乘以系数1.35。

（6）定额中是按机械和手工操作综合编制的，不论实际采用何种操作方法，均不调整。

2. 工程量计算规则

1）屋架工程量的计算

（1）木屋架的制作安装工程量，均按设计断面竣工木料以立方米计算，其后备长度及配制损耗均不另外计算。方木屋架一面刨光时增加3 mm，两面刨光增加5 mm；圆木屋架刨光时，木材体积每立方米增加0.05 m³。附属于屋架的夹板、垫木等不另计算；与屋架连接的挑檐木、支撑等，其工程量并入屋架竣工木料体积内计算。

（2）屋架的制作安装应区别不同跨度，其跨度应以屋架上下弦杆的中心线交点之间的长度为准。带气楼的屋架并入所依附屋架的体积内计算；屋架的马尾、折角和正交部分半屋架，应并入相连接屋架的体积内计算。

（3）钢木屋架区分圆、方木，按竣工木料以立方米计算。

（4）圆木屋架连接的挑檐木、支撑等如为方木时，其方木部分应乘以系数1.70，折合成圆木并入屋架竣工木料内；单独的方木挑檐，按方檩木计算。

2）其他木结构工程工程量的计算

（1）门制作、安装工程量除说明者外，均按门洞口面积计算，异形门按最大矩形面积计算。

（2）檩木按竣工木料以立方米计算。简支檩木长度按设计规定计算，如设计无规定者，按屋架或山墙中距增加 200 mm 计算，如两端出山，檩条长度算至博风板；连续檩条的长度按设计长度计算，其接头长度按全连续檩木总体积的 5% 计算。檩条托木已计入相应的檩木制作安装项目中，不另计算。

（3）屋面木基层，按屋面的斜面积计算。天窗挑檐重叠部分按设计规定计算，屋面烟囱及斜沟部分所占面积不扣除。

（4）封檐板按图示檐口的外围长度计算，博风板按斜长度计算，每个大刀头增加长度 500 mm。

（5）木楼梯按水平投影面积计算，不扣除宽度小于 300 mm 的楼梯井，其踢脚板、平台和伸入墙内部分，不另计算。

7.2.8　屋面与防水工程

屋面与防水工程包括屋面工程、防水工程、变形缝三个部分。

1. 一般规定

（1）水泥瓦、黏土瓦、小青瓦、石棉瓦规格与定额不同时，瓦材数量可以换算，其他不变。

（2）防水工程适用于楼地面、墙基、墙身、构筑物、水池、水塔及室内厕所、浴室等防水，建筑物 ±0.00 以下防水、防潮工程按防水工程相应项目计算。

（3）三元乙丙丁基橡胶卷材屋面防水，按相应三元乙丙橡胶卷材屋面防水项目计算。

（4）氯丁冷胶"二布三涂"项目，其"三涂"指涂料构成防水层数并非指涂刷遍数；每一层"涂层"刷二遍至数遍不等。

（5）定额中沥青、玛蹄脂均指石油沥青、石油沥青玛蹄脂。

（6）变形缝填缝：建筑油膏、聚氯乙烯胶泥断面取定 3 cm × 2 cm；油浸木丝板取定 2.5 cm × 15 cm。如设计断面不同时，用料可以换算，人工不变。

（7）盖缝：木板盖缝断面为 20 cm × 2.5 cm，如设计断面不同时，用料可换算，人工不变。

（8）紫铜板止水带系 2 mm 厚，展开宽 45 cm；氯丁橡胶宽 30 cm；涂刷式氯丁胶贴玻璃止水片宽 35 cm，其余均为 15 cm × 3 cm；如设计断面不同时，用料可以换算，人工不变。

（9）砼墙及地下室中钢板止水带按 7.2.6 钢结构工程部分中的小型构件制作安装项目执行。钢板止水带支架，有设计图者按设计施工图计算；无设计者按长 150 mm、间距 300 mm 的 $\phi6$ 钢筋计算，并入钢板止水带工程量内。

（10）屋面砂浆找平层，面层按楼地面相应定额项目计算。

2. 工程量计算规则

（1）瓦屋面、金属压型板（包括挑檐部分）均按水平投影面积乘以屋面坡度系数以平方米计算。不扣除房上烟囱、风帽、屋面小气窗、斜沟等所占面积，屋面小气窗的出檐部分亦不增加。

（2）卷材屋面工程量的计算

①卷材屋面，按水平投影面积乘以规定的坡度系数以平方米计算，但不扣除房上烟囱、风帽底座、风道、屋面小气窗和斜沟所占的面积，屋面的女儿墙、伸缩缝和天窗等处的弯起部分，按图示尺寸并入屋面工程量计算。如图纸无规定时，伸缩缝、女儿墙的弯起部分可按 250 mm 计算。天窗弯起部分可按 500 mm 计算。

②卷材屋面的附加层、接缝、收头、找平层的嵌缝、冷底子油已计入定额内，不另计算。

（3）涂膜屋面的工程量计算同卷材屋面。涂膜屋面的油膏嵌缝、玻璃布盖缝、屋面分格缝，以延长米计算。

（4）种植屋面过滤层，按实铺面积计算，不扣除排烟道、通风孔、屋面检查洞及 0.3 m^2 以内孔洞所占面积；排（蓄）水层按实铺面积乘厚度以体积计算，不扣除排烟道、通风孔、屋面检查洞及 0.3 m^2 以内孔洞所占体积。

（5）屋面排水工程量的算：

①铁皮排水，按图示尺寸以展开面积计算，咬口和搭接等已计入定额项目中，不另计算。

②PVC、玻璃钢水落管，区别不同直径按图示尺寸以延长米计算，雨水口、水斗、弯头、短管以个计算。

（6）防水工程量的计算：

①建筑物地面防水、防潮层，按主墙间净空面积计算，扣除凸出地面的构筑物、设备基础等所占的面积，不扣除柱、垛、间壁墙、烟囱及 0.3 m^2 以内孔洞所占面积。与墙面连接处高度在 300 mm 以内者按展开面积计算，并入平面工程量内；超过 300 mm 时，按立面防水层计算。

②建筑物墙基防水、防潮层，外墙长度按中心线，内墙按净长乘以宽度以平方米计算。

③构筑物及建筑物地下室防水层，按实铺面积计算，但不扣除 0.3 m^2 以内的孔洞面积。平面与立面交接处的防水层，其上卷高度超过 300 mm 时，按立面防水层计算。

④防水卷材的附加层、接缝、收头、冷底子油等人工材料均已计入定额内，不另计算。

⑤变形缝按延长米计算。

7.2.9　保温隔热、防腐工程

保温隔热、防腐工程包括外墙保温、屋面保温、室内保温、基础防腐四个部分。

1. 一般规定

1）保温工程

（1）只适用于中温、低温及恒温的工业厂（库）房隔热工程，以及一般保温工程。

（2）定额中只包括保温隔热材料的铺贴，不包括隔气防潮、保护层或衬墙等。

（3）玻璃棉、矿渣棉、包装材料和人工均已包括在定额项目内。

（4）外墙保温按外墙外保温考虑，用于外墙内保温时，人工乘以 0.9 的系数。保温板、保温砂浆外墙内保温中，内墙做涂料墙面者，保温砂浆保温系统抗裂层应扣除弹性底层涂料，保温抗裂砂浆用量乘以 0.9 的系数；内墙贴饰面砖墙面者，保温砂浆保温系统抗裂层按相应檐高 20 m 内的子目其保温抗裂砂浆、保温塑料锚栓乘以 0.9 的系数。

（5）保温系统中，甲方提供材料或甲方指定材料者，人工乘以 1.1 的系数。

2）防腐工程

（1）只适用于基础防腐工程，按 96J333—1 和 96J333—2 标准图集编制。其他防腐按化工定额相应项目执行。

（2）各种砂浆、混凝土、胶泥的种类或配合比，设计与定额不同时可作调整。

（3）基础防腐不分平面、立面。腐蚀条件下，桩应采用实心钢筋混凝土预制桩。当 pH 小于 4.5 时，桩身采用涂料防护。涂料按沥青漆考虑，设计不同时，换算材料单价，其他不变。

2. 工程量计算规则

1）外墙保温

按保温面展开面积以平方米计算工程量。

2）屋面、室内保温工程量的计算

（1）保温层应区别不同保温材料，除另有规定者外，均按设计实铺厚度以立方米计算。厚度按材料（不包括胶结材料）净厚度计算。

（2）地面隔热按围护结构墙体间净面积乘以设计厚度以立方米计算，不扣除柱、垛所占的体积。

（3）墙体层，外墙按层中心、内墙按层净长乘以图示尺寸高度及厚度以立方米计算，应扣除冷藏门洞口和管道穿墙洞口所占的体积。

（4）柱包层，按图示柱的层中心线的展开长度乘以图示尺寸高度及厚度以立方米计算。

（6）其他保温：

①池槽层按图示池槽保温层的长、宽及其厚度以立方米计算。其中池壁按墙面计算，池底按地面计算。

②门洞口侧壁周围的部分，按图示层尺寸以立方米计算，并入墙面的保温工程量内。

③柱帽保温层按图示保温层体积并入天棚保温层工程量内。

3）防腐工程量的计算

（1）防腐工程项目应区分不同防腐材料种类及其厚度，按设计实铺面积以平方米计算。

（2）防腐卷材接缝、附加层、收头等人工材料，已计入在项目中，不再另行计算。

（3）桩基础防腐按设计涂刷高度乘以桩周长以平方米计算工程量。

7.2.10　室外附属工程

室外附属工程包括道路、围墙、室外排水、散水、明沟、台阶、坡道等项内容。

1. 一般规定

（1）只适用于一般工业与民用建筑的厂区、小区及房屋附属工程。室外道路、排水项目如按市政要求单独设计的，则套用市政工程定额。设计要求在砼面上抹水泥砂浆面层者，则套装饰工程有关定额。

（2）混凝土道路子目按现场搅拌浇捣混凝土编制的。如采用商品砼，按每 10 m^3 砼工程量扣除 5.58 工日，并扣除子目中搅拌机台班数量，普通砼换算为商品砼。

（3）这部分定额中未包括的项目（如：土方、基础、垫层、抹灰、模板、钢筋、脚手架等）按有关部分相应项目执行。但抹灰部分按相应项目的人工乘以系数 1.25。

（4）室外排水管道的铺设不包括试水，如需试水，费用另计。

2. 工程量计算规则

1）道路工程

（1）路槽碾压宽度，按设计道路宽度每侧加 15 cm 计算，以平方米计算工程量。

（2）基层宽度，按设计道路宽度每侧加 15 cm 计算，以平方米计算工程量，不扣除各种井位所占的面积。

（3）道路面层，按设计长度乘以设计宽计算（包括转弯面积），不扣除各类井所占面积。

（4）侧缘石，按延米计算，包括各转弯处的弧形长度。

（5）人行道板，按实铺面积计算。

（6）伸缝，按设计缝长乘设计路面厚以平方米计算工程量，缩缝按设计缝长乘锯缝深度以平方米计算工程量。

2）围墙工程

铸铁围墙，按图示长度乘以高度以平方米计算。

3）室外排水工程

（1）排水管道，按图示尺寸以延长米计算。

（2）砖砌化粪池、窨井，不分壁厚均以立方米计算，洞口上的砖平拱镟等并入砖体积内计算；玻璃钢化粪池，按有效容积以立方米计算。

4）散水、明沟、台阶工程

（1）散水，按图示尺寸以平方米计算。

（2）明沟，按延米计算。

（3）台阶，按投影面积以平方米计算。

7.2.11 构筑物工程

构筑物工程包括烟囱、水塔两项内容。

1. 一般规定

（1）这部分定额未列出的项目（如：土方、基础垫层、抹灰、钢筋、脚手架等）按相关定额项目执行，但抹定部分按相应项目的人工乘以 1.20 的系数。

（2）水池按市政定额相应子目执行。

（3）水塔基础砼、模板套用烟囱基础砼、模板子目。

2. 工程量计算规则

1）烟囱工程

（1）砖烟囱。

①筒身：圆形、方形均按图示筒壁平均中心线周长乘以厚度及相应厚度的垂直高度以立方米计算，应扣除筒身各种洞、钢筋混凝土圈梁、过梁等体积。当筒壁周长或厚度不同时，采取分段计算。

②烟道砌砖：烟道与炉体的划分以第一道闸门为界，炉体内的烟道部分列入炉体工程量。

（2）砼烟囱。

混凝土工程量，均按图示尺寸实体积以立方米计算。不扣除构件内的钢筋、预埋铁件及壁、板中 0.3 m^2以内的孔洞所占体积。

（3）其他。

①烟道、烟囱内衬按不同内衬材料并扣除孔洞后，以图示实体积计算。

②烟囱内壁表面隔热层，按筒身内壁并扣除各种孔洞后的面积以平方米计算；填料按烟囱内衬与筒身之间的中心线平均周长乘以宽度和筒高，并扣除各种孔洞所占体积（但不扣除连接横砖及防沉带的体积）后以立米计算。

③烟囱内刷防腐涂料按实际刷涂面积计算。

2）水塔工程

（1）砖水塔。

水塔基础与塔身划分：以砖砌体的扩大部分顶面为界，以上为塔身，以下为基础。塔身按图示实砌体积以立方米计算，并扣除门窗洞口和混凝土构件所占的体积，砖平拱及砖出檐等并入塔身体积内计算。

（2）砼水塔。

混凝土工程量，均按图示尺寸实体积以立方米计算。不扣除构件内的钢筋、预埋铁件及壁、板中 0.3 m^2 以内的孔洞所占体积。

（3）水塔涂料以刷涂面积计算。

7.2.12　脚手架工程

脚手架工程包括综合脚手架、单项脚手架、构筑物脚手架三个部分。

1. 一般规定

1）综合脚手架

（1）凡能计算建筑面积的工程，均套综合脚手架定额子目；不能计算建筑面积的工程，套单项脚手架定额子目。套综合脚手架时则不再套用外脚手架、里脚手架等单项脚手架项目。

（2）综合脚手架工程按常用钢管脚手架编制，脚手架板的材料为侧编竹架板；实际采用竹木脚手架时，不作调整。

（3）综合脚手架，范围包括了外墙结构以内和伸出外墙宽度 600 mm 以内等构件的脚手架；工作内容包括外脚手架安全网以内砌筑、构件支模、混凝土浇筑、构件安装、上下交通斜道、垂直运输卷扬机架、上料平台、施工安全防护等脚手架搭拆。工作内容不包括屋顶构架，不计算建筑面积骑楼的脚手架，发生时另行计算。

（4）对于主体和装饰一同发包的工程，应另行计算装饰脚手架费用。

（5）综合脚手架安全防护只包括了外架安全网以内建筑物本身有关的脚手架费用，对于人行道上方安全过道、临时挑架、过人通道、机械设备防护架等非建筑物本身的防护费用应另行计取。

（6）单位工程的地下室部分，以首层对应的地下室建筑面积并入单位工程内，执行相应单位工程脚手架子目；单位工程与单位工程之间的地下室和单独地下室，执行建筑物综合脚手架钢筋砼地下室子目。

（7）三层以内的工业厂房，首层综合脚手架按相应建筑面积和建筑物檐口高度执行单层厂库房综合脚手架子目，二层及二层以上综合脚手架按相应建筑面积和建筑物檐口高度执行多高层建筑综合脚手架子目。

（8）执行国家标准《扣件式钢管脚手架安全技术规范》JGJ 130—2011，檐口高度在 20 m 以上的建筑工程，每平方米建筑面积（不计地下室面积）增加 0.6 kg 工字钢的材料，材料单价按相应市场价格计取；檐口高度在 20 m 以内的建筑工程，每平方米建筑面积（不计地下室面积）综合计算增加 0.3 kg 钢管费用。

2）单项脚手架

（1）外脚手架项目中均综合了外脚手架、依附斜道、上料平台、护卫栏杆等。

（2）斜道是按依附斜道编制的，独立斜道按依附斜道相应项目人工、材料、机械乘以系数 1.60。

（3）水塔、烟囱脚手架综合了垂直运输架、斜道、缆风绳、地锚等。

（4）建筑物主体和装饰分别由两个施工单位承包者，按其各实际搭设的项目，分别执行相应子目。

（5）架空运输道以架宽 2 m 为准，如架宽超过 2 m 时，应按相应项目乘以系数 1.15，超过 3 m 时按相应项目乘以系数 1.25。

2. 工程量计算规则

1）综合脚手架及单项脚手架

（1）能计算建筑面积的工程均按综合脚手架计算工程量，按建筑面积计算规则以平方米计算。单项脚手架均按其服务对象的垂直投影面积以平方米计算。

（2）建筑物如有高、低跨（层）且檐口高度不在同一标准步距时，分别按高低跨（层）计算脚手架面积，分别执行相应子目。

（3）挑脚手架，按搭设长度和层数以延长米计算。悬空脚手架，按搭设水平投影面积以平方米计算。

（4）砌筑里脚手架，按内墙垂直投影面积计算，不扣除门窗洞口的面积。

（5）安全过道，按实际搭设的水平投影面积（架宽×架长）计算。安全笆，按实际封闭的垂直投影面积计算。实际采用封闭材料与标准不符时，不作调整。斜挑式安全笆按实际搭设的（长×宽）斜面面积计算。立挂安全网，按实际满挂的垂直投影面积计算。

2）构筑物脚手架

（1）突出屋面的水箱间、电梯机房、楼梯间、闭路电视间、女儿墙等按搭设的脚手架，执行相应屋面檐口高度子目。

（2）独立柱按周长增 3.6 m 乘以柱高执行相应项目高度子目，柱高 15 m 以内按单排计算，柱高 15 m 以上按双排计算。

（3）围墙砌筑架，按砌筑里脚手架子目执行，围墙脚手架以自然地面至围墙顶面高度乘以围墙中心线长度计算，不扣除围墙门所占的面积，但独立门柱的砌筑脚手架亦不增加。围墙如建在斜坡上或各段高度不同时，应按各段围墙的垂直投影面积计算。围墙高度超过 3.6 m 时，如双面抹灰者，除按规定计算该架工以外，还可以增加一道抹灰架。

（4）烟囱、水塔脚手架按不同高度及不同直径以座计算，其直径按相应 ±0.000 处外径计算。

（5）倒锥形水塔、水箱，在地面架空预制，其四周外脚手架（包括斜道、卷扬机架在内），按相应的单项计算，高度以水箱顶面至地面的垂直高度为准。

7.2.13 模板工程

包括现浇混凝土模板、预制混凝土模板、构筑物混凝土模板三个部分。

1. 一般规定

（1）模板统一按 15 mm 厚双面覆膜竹胶合板计算摊销量，如施工中采用的模板种类、规格型号不同时，其模板摊销量按消耗量标准的摊销量计算，价差按 15 mm 厚双面覆膜竹胶合板价格调整。若按其他种类模板进行调差，则要调整子目中模板消耗量。

（2）预制构件模板：按不同构件分别以组合钢模板、复合木模板、木模板、定型钢模、长线台钢拉模，并配制相应的砖地模、砖胎模、长线台砼地模编制的；使用其他模时，可另行处理。

（3）现浇砼梁、板、柱、墙的子目是按支模高度 3.6 m 编制的，超过 3.6 m 而小于 6.6 m 时按超高增加费子目计算。支模高度计算应符合以下规定：

①柱、墙、板支模高度计算，地下室按结构底板上表面至上层结构楼面的高度，其他各层均按该层楼面结构标高至对应上层标高之差计。

②梁支模高度计算，首层按室外地坪（地下室按室内地坪）至上层梁面；楼层按楼板面（或梁面）至上层梁面。

（4）混凝土模板支模高度大于或等于 6.6 m，模板按 3.6 m 的子目执行（不扣子目支架费用）；支架费用另行计算，执行单独支架子目。

（5）坡屋面水平夹角大于或等于 45。上表面支模时，下表面模板执行相应梁板模板子目，上表面模板执行砼墙模板相应子目。

（6）斜屋面板（包括梁板）以及与之相接的顶层柱、墙模板，按梁、板、柱、墙相应子目执行，人工、机械乘以 1.2 系数。

（7）钢网架高空拼装支架，执行支架子目。

（8）别墅、会所工程模板，按以下办法调整：

①没有标准层，且合同约定多栋同时开工（或仅施工单栋），每平方米模板与砼接触面积增加 15 mm 厚双面覆膜竹胶合板 0.5 m^2；

②其他情形，每平方米模板与砼接触面积增加 15 mm 厚双面覆膜竹胶合板 0.3 m^2。

（9）外墙线条模板并入相应梁板中，并按线条的砼和模板接触面积增加 15 mm 厚双面覆膜竹胶合板 0.5 m^2。

2. 工程量计算规则

1）现浇砼及钢筋砼模板工程量计算规则

（1）现浇砼及钢筋砼模板工程量，除另有规定者外，均按砼与模板接触面的面积以平方米计算。

（2）有肋带形基础，其肋高与肋宽之比在 4：1 以内，按有肋带形基础计算；超过 4：1 时，其基础按板式带形基础计算，以上部分按墙计算。

（3）现浇钢筋砼墙、板上单孔面积在 0.3 m^2 以内的孔洞，不予扣除，洞侧壁模板亦不增加，单孔面积在 0.3 m^2 以外时，应予扣除，洞侧壁模板面积并入墙、板模板工程量内。

（4）现浇钢筋砼框架分别按梁、板、柱、墙有关规定计算；附墙柱，并入墙内工程量计算。其分界作如下规定：

①柱、墙：底层，以基础顶面为界算至上层楼板表面；楼层中，以楼面为界算至上层楼板表面（有柱帽的柱应扣柱帽部分量）。

②有梁板：主梁算至柱或砼墙侧面；次梁算至主梁侧面；伸入砌体墙内的梁头与梁垫模板并入梁内计算；板算至梁的侧面。

③无梁板：板算至边梁的侧面，柱帽部分按接触面积计算工程量套用柱帽项目。

（5）圆弧形梁板增加费工程量按延长米计算。圆弧梁（包括相连板）按梁中心线以延长米计算：圆弧形板按弧形延长米乘 0.5 计算。

(6)构造柱外露面均应按图示柱宽加马牙槎宽度乘以高度计算模板面积。构造柱与墙接触面积不计算模板面积。

(7)现浇钢筋砼悬挑扳(雨篷、阳台)按图示外挑部分尺寸的水平投影面积计算。挑出墙外的牛腿梁及板边模板不另计算。

(8)现浇钢筋砼楼梯，以图示尺寸的水平投影面积计算，不扣除小于 500 mm 楼梯井所占面积。楼梯的踏步、踏步板平台梁等侧面模板，不另计算。

(9)砼台阶，按图示尺寸的水平投影面积计算，台阶端头两侧不另计算模板面积。

(10)现浇砼小型池槽按构件外围体积计算，池槽内、外侧及底部模板不应另计算。

(11)梁板后浇带底模板延期拆除处理：按后浇带施工长度乘以 2.5 m 宽度以平方米计算，执行有梁板模板子目。原主体工程量计算中的有梁板模板工程量不得扣除。

2)混凝土模板支模高度大于或等于 6.6 m，支架工程量的计算

(1)支架工程量，按搭设支架重量以 t 计算。重量按其搭设空间体积乘单位空间体积的重量计算，搭设空间体积按外围水平投影面积乘以搭设高度计算。

(2)支架单位空间体积重量的确定：

①梁板砼折算厚 30cm 以内(含 30 cm)，按 30 kg/m^3 计算。

②梁板砼折算厚 30~50 cm 以内(含 50 cm)，按 40 kg/m^3 计算。

③梁板砼折算厚 50 cm 以上，按 50 kg/m^3 计算。

3)预制钢筋砼构件模板工程量的计算

(1)钢筋砼模板工程量，除另有规定者外，均按砼实体体积以立方米计算。

(2)预制桩按桩长乘以桩的截面积以立方米计算(不扣除桩尖虚体积部分)。

(3)0.5 m^3 小型池槽按外型体积以立方米计算。

4)构筑物模板工程量的计算

(1)现浇混凝土及钢筋混凝土构筑物的模板工程量计算，除另有规定者外，均应区分不同材质，按混凝土与模板接触面的面积，以平方米计算。

(2)预制钢筋砼模板工程量，除另有规定者外均按砼实体体积以立方米计算。

(3)0.5 m^3 以上池槽等分别按基础、墙、板、梁、柱等有关规定计算，并套用相应项目。

(4)液压滑升钢模板施工的贮仓立壁模板按砼体积，以立方米计算。木模板、组合钢模板、复合木模板施工的水塔塔身、水箱、回廊及平台、储水(油)池、储仓按砼与模板接触面积计算。

7.2.14 垂直运输工程

垂直运输工程分为地下室及建筑物地面以上两个部分。

1. 一般规定

1)适应范围

(1)定额中未包括塔式起重机进出场费和安拆费，发生时另计。

(2)只适应于檐口高度 150 m 以下建筑物，150 m 以上建筑物，垂直运输费应根据实际施工方案计算。

(3)建筑物檐高或构筑物高度在 3.6 m 以内的，不计算垂直运输机械费。

2）不同檐口高度的垂直运输，机械台班数量的确定

（1）按不同檐口高度竖向分割建筑物，并计算不同檐口高度的建筑面积；

（2）计算不同檐口高度建筑面积占设计自然地面以上全部建筑面积的百分比，得相应建筑面积权重；

（3）按建筑面积权重乘以单位工程（自然地坪以上）垂直运输台班总量，得对应檐口高度垂直运输机械台班数量，并执行相应檐高子目。

2. 工程量计算规则

1）垂直运输机械台班数量的确定

垂直运输机械台班数量的确定是按分部分项工程的工程量折算，然后汇总。

（1）综合脚手架，按建筑面积每 100 m^2 计算 0.06 台班。

（2）砖石工程，按砖石工程量每 10 m^3 计算 0.55 台班。

（3）梁、板、柱、墙等砼构件（包括砼和模板吊运），按砼工程量每 10 m^3 计算 0.8 台班（其中砼吊运 0.4 台班，模板吊运 0.4 台班）；其他砼构件（包括砼和模板吊运），按砼工程量每 10 m^3 计算 1.6 台班（其中砼吊运 0.8 台班，模板吊运 0.8 台班）；基础和垫层如采用塔吊运输，按砼工程量每 10 m^3 计算 0.4 台班（其中砼吊运 0.35 台班，模板吊运 0.05 台班）。

（4）钢筋工程，按钢筋工程量每吨计算 0.07 台班。

（5）门窗工程，按门窗面积每 100 m^2 计算 0.45 台班。

（6）楼地面、墙柱面、天棚面，按装饰面展开面积的工程量，每 100 m^2 计算 0.3 台班。

（7）屋面工程（不包括种植屋面刚性层以上工作内容），按防水卷材面积的工程量，每 100 m^2 计算 0.2 台班。

（8）瓦屋面，按其工程量每 100 m^2 计算 0.35 台班。

2）设备基础工程垂直运输机械工程量的计算

有施工方案的，根据具体的施工方案计算垂直运输机械所需台班数量；没有施工方案的，可参照表 7-9 计算。

表 7-9　设备基础工程垂直运输机械台班消耗量

机械设备名称	设备基础尺寸	土方开挖/m^3	土方回填/m^3	砖胎模/m^3	砖胎模抹灰/m^3	砼/m^3	钢筋/t	垫层砼/m^3	桩基础
塔吊	5×5×1.35	52.2	8.3	7.09	32.25	33.75	1.943	2.7	根据地质情况，分别按桩类型设计深度另行计算
人货电梯	4×6×0.4	17.5	2.9	2.1	13.25	9.6	0.431	2.6	

7.2.15　超高增加费

超高增加费分为多层建筑物超高增加费和单层建筑物超高增加费两个部分。工程量计算规则如下：

（1）建筑物檐高 20 m 以上部分均按建筑面积以平方米计算超高增加费。

（2）檐高是指设计室外地坪至檐口的高度。突出主体建筑屋顶的电梯间、水箱间等不计入檐高之内。

（3）建筑物有不同檐口高度时，超高增加费按如下办法计算：

①按不同高度竖向分割建筑物，按不同檐高计算 20 m 以上部分的建筑面积；

②分别按檐口高度超高费项目和对应的建筑面积计算各部分超高费；

③汇总得出建筑物超高增加费。

（4）建筑物（不包括装饰和附属安装工程）超高增加费，包括以下费用：

①操作人工降效；

②施工用上人电梯；

③施工用水加压。

7.3　清单工程量计算

清单工程量就是采用工程量清单计价模式时依据《房屋建筑与装饰工程工程量计算规范》GB 50854—2013 所计算的工程量。该规范只适用于房屋建筑与装饰工程施工发、承包计价活动中的工程量清单编制和工程量计算。

7.3.1　土石方工程

土石方工程包括土方工程、石方工程及回填三部分。不仅适用建筑与装饰工程，也适用其他专业工程。

1. 土方工程（010101）

1）平整场地

按设计图示尺寸以建筑物首层建筑面积以平方米计算。建筑物场地厚度小于或等于 ±300 mm 的挖、填、运、找平，按平整场地项目编码列项。厚度 > ±300 mm 的竖向布置挖土或山坡切土按一般土方项目编码列项。项目特征包括土壤类别、弃土运距、取土运距。平整场地若需要外运土方或取土回填，则清单项目特征中应描述弃土运距或取土运距，其报价包括在平整场地项目中；当清单中没有描述弃、取土运距时，投标人应根据施工现场实际情况自行考虑。

2）挖一般土方

按设计图示尺寸以立方米计算。挖土方平均厚度应按自然地面测量标高至设计地坪标高间的平均厚度确定。土石方体积应按挖掘前的天然密实体积计算。挖土方如需截桩头时，应按桩基工程相关项目列项。桩间挖土不扣除桩的体积，并在项目特征中加以描述。土壤的不同类型决定了土方工程施工的难易程度、施工方法、功效及工程成本，所以应确定土壤类别，土壤分类按表 7 - 10，土方体积折算按表 7 - 11。如土壤类别不能准确划分时，招标人可注明为综合，由投标人根据地勘报告决定报价。

3）挖沟槽土方及挖基坑土方

按设计图示尺寸以基础垫层底面积乘以挖土深度按立方米计算。基础土方开挖深度应按基础垫层底表面标高至交付施工场地标高确定，无交付施工场地标高时，应按自然地面标高确定。

表 7 – 10　土壤分类表

土壤分类	土壤名称	开挖方法
一、二类土	粉土、砂土（粉砂、细砂、中砂、粗砂、砾砂）粉质黏土、弱中盐渍土、软土（淤泥质土、泥炭、泥炭质土）、软塑红黏土、冲填土	用锹、少许用镐、条锄开挖。机械能全部直接铲挖满载者
三类土	黏土、碎石土（圆砾、角砾）混合土、可塑红黏土、硬塑红黏土、强盐渍土、素填土、压实填土	主要用镐、条锄、少许用锹开挖。机械需部分刨松方能铲挖满载者或可直接铲挖但不能满载者
四类土	碎石土（卵石、碎石、漂石、块石）、坚硬红黏土、超盐渍土、杂填土	全部用镐、条锄挖掘、少许用撬棍挖掘。机械须普遍刨松方能铲挖满载者

注：本表土的名称及其含义按国家标准《岩土工程勘察规范》GB 50021—2001（2009 年版）定义。

表 7 – 11　土方体积折算系数表

天然密实度体积	虚方体积	夯实后体积	松填体积
0.77	1.00	0.67	0.83
0.93	1.20	0.80	1.00
1.00	1.30	0.87	1.08
1.15	1.50	1.00	1.25

注：①虚方指未经碾压、堆积时间小于或等于 1 年的土壤。

②本表按《全国统一建筑工程预算工程量计算规则》GJDGZ—101—95 整理。

③设计密实度超过规定的，填方体积按工程设计要求执行；无设计要求按各省、自治区、直辖市或行业建设行政主管部门规定的系数执行。

　　沟槽、基坑、一般土方的划分为：底宽小于或等于 7 m 且底长大于 3 倍底宽为沟槽；底长小于或等于 3 倍底宽且底面积小于或等于 150 m² 为基坑；超出上述范围则为一般土方。

　　挖沟槽、基坑、一般土方因工作面和放坡增加的工程量（管沟工作面增加的工程量），是否并入各土方工程量中，按各省、自治区、直辖市或行业建设主管部门的规定实施，如并入各土方工程量中，办理工程结算时，按经发包人认可的施工组织设计规定计算。

　　4）冻土开挖

　　按设计图示尺寸开挖面积乘以厚度以立方米计算。

　　5）挖淤泥、流沙

　　按设计图示位置、界限以立方米计算。挖方出现流沙、淤泥时，如设计未明确，在编制工程量清单时，其工程数量可为暂估量，结算时应根据实际情况由发包人与承包人双方现场签证确认工程量。

　　6）管沟土方

　　按设计图示以管道中心线长度按延长米计算，或按设计图示管底垫层面积乘以挖土深度以立方米计算。无管底垫层按管外径的水平 ± 投影面积乘以挖土深度计算。不扣除各类井的长度，井的土方并入。

　　管沟土方项目适用于管道（给排水、工业、电力、通信）、光（电）缆沟[包括：人（手）孔、接口坑]及连接井(检查井)等。有管沟设计时,平均深度以沟垫层底面标高至交付施工场地标高计算;无管沟设计时,直埋管深度应按管底外表面标高至交付施工场地标高的平均高度计算。

2. 石方工程(010102)

1)挖一般石方

按设计图示尺寸以立方米计算。

当挖土厚度大于±300 mm 的竖向布置挖石或山坡凿石应按挖一般石方项目编码列项。挖石应按自然地面测量标高至设计地坪标高的平均厚度确定。

石方工程中项目特征应描述岩石的类别,岩石的分类应按表 7-12 确定。弃渣运距可以不描述,但应注明由投标人根据施工现场实际情况自行考虑,决定报价。石方体积应按挖掘前的天然密实体积计算。非天然密实石方应按表 7-13 折算。

表 7-12 岩石分类表

岩石分类		代表性岩石	开挖方法
极软岩		1. 全风化的各种岩石 2. 各种半成岩	部分用手凿工具、部分用爆破法开挖
软质岩	软岩	1. 强风化的坚硬岩或较硬岩 2. 中等风化-强风化的较软岩 3. 未风化-微风化的页岩、泥岩、泥质砂岩等	用风镐和爆破法施工
	较软岩	1. 中等风化-强风化的坚硬岩或较硬岩 2. 未风化-微风化的凝灰岩、千枚岩、泥灰岩、砂质岩等	用爆破法开挖
硬质岩	较硬岩	1. 微风化的坚硬岩 2. 未风化-微风化的大理岩、板岩、石灰岩、白云岩、钙质砂岩等	用爆破法开挖
	坚硬岩	未风化-微风化的花岗岩、闪长岩、辉绿岩、玄武岩、安山岩、片麻岩、石英岩、石英砂岩、硅质砾岩、硅质石灰岩等	用爆破法开挖

注:本表依据国家标准《工程岩体分级标准》GB 50218—94 和《岩体工程勘察规范》GB 50021—2001(2009 年版)整理。

表 7-13 石方体积折算系数表

石方类别	天然密实度体积	虚方体积	松填体积	码方
石方	1.0	1.54	1.31	
块石	1.0	1.75	1.43	1.67
砂夹石	1.0	1.07	0.94	

注:本表按建设部颁发《爆破工程消耗量定额》GYD-102-2008 整理。

2)挖沟槽(基坑)石方

按设计图示尺寸沟槽(基坑)底面积乘以挖石深度以立方米计算。沟槽、基坑、一般石方的划分为：底宽小于或等于 7 m 且底长大于 3 倍底宽为沟槽；底长小于或等于 3 倍底宽且底面积小于或等于 150 m² 为基坑；超出上述范围则为一般石方。

3）管沟石方

按设计图示以管道中心线长度按延长米计算，或者按设计图示截面积乘以长度以立方米计算。有管沟设计时，平均深度以沟垫层底面标高至交付施工场地标高计算；无管沟设计时，直埋管深度应按管底外表面标高至交付施工场地标高的平均高度计算。

管沟石方项目适用于管道（给排水、工业、电力、通信）、光（电）缆沟〔包括：人（手）孔、接口坑〕及连接井（检查井）等。

3. 回填（010103）

（1）回填方。

按设计图示尺寸以立方米计算。

①场地回填，回填面积乘以平均回填厚度。

②室内回填：主墙间净面积乘以回填厚度，不扣除间隔墙。

③基础回填：挖方清单项目工程量减去自然地坪以下埋设的基础体积（包括基础垫层及其他构筑物）。回填土方项目特征包括密实度要求、填方材料品种、填方粒径要求、填方来源及运距。

（2）余方弃置：按挖方清单项目工程量减利用回填方体积（正数）计算。

7.3.2 地基处理与边坡支护工程

地基处理与边坡支护工程包括地基处理、基坑与边坡支护。对无法准确描述的地层情况，可注明由投标人根据岩土工程勘察报告自行决定报价。项目特征中的"桩长"应包括桩尖，空桩长度 = 孔深 − 桩长，孔深为自然地面至设计桩底的深度。

1. 地基处理（010201）

（1）换填垫层、预压地基、强夯地基换填垫层。按设计图示尺寸以立方米计算。

（2）铺设土工合成材料，按设计图示尺寸以平方米计算。单位预压地基、强夯地基：按设计图示处理范围以平方米计算。振冲密实（不填料）：按设计图示处理范围以平方米计算。

（3）振冲桩（填料）。振冲桩（填料）按设计图示尺寸以桩长按延长米计算，或者按设计桩截面乘以桩长以立方米计算。

（4）砂石桩。按设计图示尺寸以桩长（包括桩尖）按延长米计算，或者按设计桩截面乘以桩长（包括桩尖）以立方米计算。

（5）水泥粉煤灰碎石桩。水泥粉煤灰碎石桩按设计图示尺寸以桩长（包括桩尖）按延长米计算。夯实水泥土桩、石灰桩、灰土（土）挤密桩等工程量计算规则与此项目相同。

（6）深层搅拌桩。深层搅拌桩按设计图示尺寸以桩长按延米计算。粉喷桩、柱锤冲扩桩与此项目相同。

（7）注浆地基：按设计图示尺寸以钻孔深度按延米计算，或者按设计图示尺寸以加固体积按立方米计算。高压喷射注浆类型包括旋喷、摆喷、定喷，高压喷射注浆方法包括单管法、双重管法、三重管法。

（8）褥垫层。按设计图示尺寸以铺设面积按平方米计算，或者按设计图示尺寸以体积计算。

2. 基坑与边坡支护（010202）

（1）地下连续墙。按设计图示墙中心线长乘以厚度乘以槽深以立方米计算。地下连续墙和喷射混凝土（砂浆）的钢筋网、咬合灌注桩的钢筋笼及钢筋混凝土支撑的钢筋制作、安装，混凝土挡土墙按混凝土及钢筋混凝土工程中相关项目列项。

（2）咬合灌注桩。按设计图示尺寸以桩长按延米计算，或者按设计图示以"根"数计算。

（3）圆木桩、预制钢筋混凝土板桩。按设计图示尺寸以桩长（包括桩尖）按延米计算，或者按设计图示以"根"数计算。

（4）型钢桩。按设计图示尺寸以质量按"吨"计算，或者按设计图示以"根"数计算。

（5）钢板桩。按设计图示尺寸以质量按"吨"计算，或者按设计图示墙中心线长乘以桩长以面积按平方米计算。

（6）锚杆（锚索）、土钉。按设计图示尺寸以钻孔深度按"米"计算，或者按设计图示以"根"数计算。

（7）喷射混凝土（水泥砂浆）。喷射混凝土（水泥砂浆）按设计图示尺寸以平方米计算。

（8）钢筋混凝土支撑。钢筋混凝土支撑按设计图示尺寸以体积计算。

（9）钢支撑。按设计图示尺寸以质量按"吨"计算。不扣除孔眼质量，焊条、铆钉、螺栓等不另增加质量。

7.3.3 桩基工程

桩基础工程包括打桩、灌注桩。项目特征中涉及"桩截面、混凝土强度等级、桩类型"等可直接用标准图代号或设计桩型进行描述。

1. 打桩（010301）

（1）预制钢筋混凝土方桩、预制钢筋混凝土管桩：预制钢筋混凝土方桩、预制钢筋混凝土管桩。按设计图示尺寸以桩长（包括桩尖）按"米"计算，或者按设计图示截面积乘以桩长（包括桩尖）以实体积按立方米计算，还可以按设计图示数量以"根"计算。预制钢筋混凝土方桩、预制钢筋混凝土管桩项目以成品桩考虑，应包括成品桩购置费，如果用现场预制，应包括现场预制桩的所有费用。打试验桩和打斜桩应按相应项目单独列项，并应在项目特征中注明试验桩或斜桩（斜率）。

（2）钢管桩。钢管桩按设计图示尺寸以质量按"吨"计算，或者按设计图示数量以"根"计算。

（3）截（凿）桩头。截（凿）桩头按设计桩截面乘以桩头长度以体积按立方米计算，或者按设计图示数量以"根"计算。截（凿）桩头项目适用于地基处理与边坡支护工程、桩基础工程所列桩的桩头截（凿）。

2. 灌注桩（010302）

（1）泥浆护壁成孔灌注桩、沉管灌注桩、干作业成孔灌注桩。工程量按设计图示尺寸以桩长（包括桩尖）按"米"计算，或者按不同截面在桩上范围内以体积计算，也可以按设计图示数量以"根"计算。

泥浆护壁成孔灌注桩是指在泥浆护壁条件下成孔，采用水下灌注混凝土的桩。其成孔方法包括冲击钻成孔、冲抓锥成孔、回旋钻成孔、潜水钻成孔、泥浆护壁的旋挖成孔等；沉管灌注桩的沉管方法包括锤击沉管法、振动沉管法、振动冲击沉管法、内夯沉管法等；干作业成孔灌注桩是指不用泥浆护壁和套管护壁的情况下，用钻机成孔后，下钢筋笼，灌注混凝土的桩，适用于地下水位以上的土层使用。其成孔方法包括螺旋钻成孔、螺旋钻成孔扩底、干作业的旋挖成孔等。

（2）挖孔桩土（石）方。挖孔桩土（石）方按设计图示尺寸（含护壁）截面积乘以挖孔深度以立方米计算。混凝土灌注桩的钢筋笼制作、安装，按混凝土与钢筋混凝土工程中相关项目编码列项。

（3）人工挖孔灌注桩。人工挖孔灌注桩按桩芯混凝土体积以立方米计算，或者按设计图示数量以"根"计算。

（4）压浆桩。钻孔压浆桩按设计图示尺寸以桩长按"米"计算，或者按设计图示数量以"根"计算。灌注桩后压浆按设计图示以注浆孔数计算。

7.3.4　砌筑工程

砌筑工程包括砖砌体、砌块砌体、石砌体、垫层。在砌筑工程中若施工图设计标注做法见标准图集时，在项目特征描述中采用注明标注图集的编码、页号及节点大样的方式。

1. 砖砌体（010401）

1）砖基础

（1）砖基础项目包括各种类型砖基础：柱基础、墙基础、管道基础等。其工程量按设计图示尺寸以立方米计算。

（2）工程量计算包括附墙垛基础宽出部分体积。扣除地梁（圈梁）、构造柱所占体积，不扣除基础大放脚 T 形接头处的重叠部分及嵌入基础内的钢筋、铁件、管道、基础砂浆防潮层和单个面积小于或等于 0.3 m^2 的孔洞所占体积，靠墙暖气沟的挑檐不增加。

（3）外墙基础长度按外墙中心线计算，内墙基础长度按内墙净长线计算。

（4）基础与墙（柱）身使用同一种材料时，以设计室内地面为界（有地下室者，以地下室室内设计地面为界），以下为基础，以上为墙（柱）身。基础与墙身使用不同材料时，位于设计室内地面高度小于或等于 ±300 mm 时，以不同材料为分界线，高度大于 ±300 mm 时，以设计室内地面为分界线。砖围墙应以设计室外地坪为界，以下为基础，以上为墙身。

2）实心砖墙、多孔砖墙、空心砖墙

（1）工程量按设计图示尺寸以立方米计算。扣除门窗洞口、过人洞、空圈、嵌入墙内的钢筋混凝土柱、梁、圈梁、挑梁、过梁及凹进墙内的壁龛、管槽、暖气槽、消防栓箱所占体积。不扣除梁头、板头、檩头、垫木、木楞头、沿椽木、木砖、门窗走头、砖墙内加固钢筋、木筋、铁件、钢管及单个面积小于或等于 0.3 m^2 的孔洞所占体积。凸出墙面的腰线、挑檐、压顶、窗台线、虎头砖、门窗套的体积亦不增加。凸出墙面的砖垛并入墙体体积内计算。附墙烟囱、通风道、垃圾道，应按设计图示尺寸以体积（扣除孔洞所占体积）计算，并入所依附的墙体体积内。当设计规定孔洞内需抹灰时，应按"墙、柱面装饰与隔断、幕墙工程"中零星抹灰项目编码列项。

（2）外墙长度按中心线计算，内墙长度按净长线计算。

（3）墙高度：

①外墙，斜（坡）屋面无檐口天棚者算至屋面板底；有屋架且室内外均有天棚者算至屋架下弦底另加 200 mm；无天棚者算至屋架下弦底另加 300 mm，出檐宽度超过 600 mm 时按实砌

高度计算；有钢筋混凝土楼板隔层者算至板顶；平屋面算至钢筋混凝土板底。

②内墙，位于屋架下弦者，算至屋架下弦底；无屋架者算至天棚底另加 100 mm；有钢筋混凝土楼板隔层者算至楼板顶；有框架梁时算至梁底。

③女儿墙，从屋面板上表面算至女儿墙顶面（如有混凝土压顶时算至压顶下表面）。

④内、外山墙，按其平均高度计算。

⑤围墙，高度算至压顶上表面（如有混凝土压顶时算至压顶下表面），围墙柱并入围墙体积内。

3）其他砌体

（1）空斗墙。按设计图示尺寸以空斗墙外形体积以立方米计算。墙角、内外墙交接处、门窗洞口立边、窗台砖、屋檐处的实砌部分体积并入空斗墙体积内。

（2）空花墙。按设计图示尺寸以空花部分外形体积以立方米计算。不扣除空洞部分体积。

（3）填充墙。按设计图示尺寸以填充墙外形体积以立方米计算。

（4）实心砖柱、多孔砖柱按设计图示尺寸以立方米计算，扣除混凝土及钢筋混凝土梁垫、梁头、板头所占体积。

（5）框架间墙：不分内外墙按墙净尺寸以立方米计算。

（6）零星砌砖。按零星项目列项的有：框架外表面的镶贴砖部分，空斗墙的窗间墙、窗台下、楼板下、梁头下等的实砌部分，台阶、台阶挡墙、梯带、锅台、炉灶、蹲台、池槽、池槽腿、砖胎模、花台、花池、楼梯栏板、阳台栏板、地垄墙、小于或等于 0.3 m^2 的孔洞填塞等。

以上项目中砖砌锅台与炉灶可按外形尺寸以设计图示数量以个计算；砖砌台阶按图示尺寸水平投影面积以平方米计算；小便槽、地垄墙按图示尺寸以延长米计算。其他工程按图示尺寸截面积乘以长度以立方米计算。

（7）砖检查井、散水、地坪、地沟，明沟、砖砌挖孔桩护壁

①砖检查井以座为单位，按设计图示数量计算。

②砖散水、地坪按设计图示尺寸以平方米计算。

③砖地沟、明沟按设计图示中心线长度以延长米计算。

④砖砌挖孔桩护壁按设计图示尺寸以立方米计算。

2. 砌块砌体（010402）

1）砌块墙

（1）砌块墙按设计图示尺寸以立方米计算。扣除门窗洞口、过人洞、空圈、嵌入墙内的钢筋混凝土柱、梁、圈梁、挑梁、过梁及凹进墙内的壁龛、管槽、暖气槽、消火栓箱所占体积。不扣除梁头、板头、檩头、垫木、木楞头、沿橡木、木砖、门窗走头、砖墙内加固钢筋、木筋、铁件、钢管及单个面积小于或等于 0.3 m^2 的孔洞所占体积。凸出墙面的腰线、挑檐、压顶、窗台线、虎头砖、门窗套的体积不增加。凸出墙面的砖垛并入墙体体积内。

（2）外墙长度按外墙中心线计算，内墙长度按净长计算。

（3）墙高度：

①外墙：斜（坡）屋面无檐口天棚者算至屋面板底；有屋架且室内外均有天棚者算至屋架下弦底另加 200 mm；无天棚者算至屋架下弦底另加 300 mm，出檐宽度超过 600 mm 时按实砌高度计算；平屋面算至钢筋混凝土板底。

②内墙：位于屋架下弦者，算至屋架下弦底，无屋架者算至天棚底另加 100 mm；有钢筋混凝土楼板隔层者算至楼板顶；有框架梁时算至梁底。

③女儿墙：从屋面板上表面算至女儿墙顶面（如有压顶时算至压顶下表面）。

④内、外山墙：按其平均高度计算。

2）其他砌块

（1）围墙，高度算至压顶上表面（如有混凝土压顶时算至压顶下表面），围墙柱并入围墙体积内。

（2）框架间墙，不分内外墙按净尺寸以立方米计算。

（3）砌块柱，按设计图示尺寸以立方米计算。扣除混凝土及钢筋混凝土梁垫、梁头、板头所占体积。

3. 石砌体（010403）

1）石基础

（1）石基础项目包括各种规格（粗料石、细料石等）、各种材质（砂石、青石等）和各种类型（柱基、墙基、直形、弧形等）基础。其工程量按设计图示尺寸以立方米计算。包括附墙垛基础宽出部分体积，不扣除基础砂浆防潮层及单个面小于或等于 0.3 m² 的孔洞所占体积，靠墙暖气沟的挑檐不增加。

（2）石基础、石勒脚、石墙身的划分：基础与勒脚以设计室外地坪为界，勒脚与墙身以设计室内地坪为界。石围墙内外地坪标高不同时，以较低地坪标高为界，以下为基础；内外标高之差为挡土墙时，挡土墙以上为墙身。基础垫层包括在基础项目内，不计算工程量。

（3）外墙基础长度按中心线计算，内墙基础长度按净长计算。

2）石墙

（1）石墙项目包括各种规格（粗料石、细料石等）、各种材质（砂石、青石、大理石、花岗石等）和各种类型（直形、弧形等）墙体。其工程量按设计图示尺寸以立方米计算。扣除门窗洞口、过人洞、空圈、嵌入墙内的钢筋混凝土柱、梁、圈梁、挑梁、过梁及凹进墙内的壁龛、管槽、暖气槽、消火栓箱所占体积。不扣除梁头、板头、檩头、垫木、木楞头、沿缘木、木砖、门窗走头、砖墙内加固钢筋、木筋、铁件、钢管及单个面积小于或等于 0.3 m² 的孔洞所占体积。凸出墙面的腰线、挑檐、压顶、窗台线、虎头砖、门窗套的体积亦不增加。凸出墙面的砖垛并入墙体体积内计算。

（2）墙高度：

①外墙，斜（坡）屋面无檐口天棚者算至屋面板底；有屋架且室内外均有天棚者算至屋架下弦底另加 200 mm；无天棚者算至屋架下弦底另加 300 mm，出檐宽度超过 600 mm 时按实砌高度计算；有钢筋混凝土楼板隔层者算至板顶；平屋面算至钢筋混凝土板底。

②内墙，位于屋架下弦者，算至屋架下弦底；无屋架者算至天棚底另加 100 mm；有钢筋混凝土楼板隔层者算至楼板顶；有框架梁时算至梁底。

③女儿墙，从屋面板上表面算至女儿墙顶面（如有混凝土压顶时算至压顶下表面）。

④内、外山墙，按其平均高度计算。

（3）外墙长度按中心线计算，内墙长度按净长计算。

3）其他石砌体

（1）石勒脚项目包括各种规格（粗料石、细料石等）、各种材质（砂石、青石、大理石、花岗石等)和各种类型(直形、弧形等)勒脚。其工程量按设计图示尺寸以立方米计算。扣除单个面积大于 0.3 m² 的孔洞所占体积。

(2)石挡土墙项目包括各种规格(粗料石、细料石、块石、毛石、卵石等)、各种材质(砂石、青石、石灰石等)和各种类型(直形、弧形、台阶形等)挡土墙。其工程量按设计图示尺寸以立方米计算。

(3)石柱项目包括各种规格、各种石质、各种类型的石柱。其工程量按设计图示尺寸以立方米计算。

(4)石栏杆项目包括无雕饰的一般石栏杆。其工程量按设计图示以延长米计算。

(5)石护坡项目包括各种石质和各种石料(粗料石、细料石、片石、块石、毛石、卵石等),其工程量按设计图示尺寸以立方米计算。

(6)石台阶工程量按设计图示尺寸以立方米计算;石坡道按设计图示尺寸以水平投影面积计算;石地沟、石明沟按设计图示中心线以延长米计算。

(7)围墙。高度算至压顶上表面(如有混凝土压顶时算至压顶下表面),围墙柱并入围墙体积内。

4. 垫层(010404)

除混凝土垫层按现浇混凝土相关项目编码列项(010501)外,没有包括垫层要求的清单项目应按该垫层项目编码列项(010404)。工程量按设计图示尺寸以立方米计算。

7.3.5　混凝土及钢筋混凝土工程

1. 现浇混凝土基础(010501)

1)该项目内容

(1)包括垫层、带形基础、独立基础、满堂基础、设备基础、桩承台基础。

(2)有肋带形基础、无肋带形基础应分别编码列项,并注明肋高。

(3)箱式满堂基础及框架式设备基础中柱、梁、墙、板按现浇混凝土柱、梁、墙、板分别编码列项。

(4)箱式满堂基础底板按满堂基础项目列项,框架设备基础的基础部分按设备基础列项。

2)项目特征

包括混凝土种类、混凝土的强度等级,其中混凝土的种类指清水混凝土、彩色混凝土等,如在同一地区既使用预拌(商品)混凝土、又允许现场搅拌混凝土时,应注明(下同)。

3)工程量计算规则

按设计图示尺寸以立方米计算。不扣除构件内钢筋、预埋铁件和伸入承台基础的桩头所占体积。

2. 现浇混凝土柱(010502)

1)项目内容

现浇混凝土包括矩形柱、构造柱、异形柱。

2)工程量计算规则

(1)按设计图示尺寸以立方米计算。不扣除构件内钢筋、预埋铁件所占体积。

(2)柱高按以下规定计算。

①有梁板的柱高,应自柱基上表面(或楼板上表面)至上一层楼板上表面之间的高度

计算。

②无梁板的柱高,应自柱基上表面(或楼板上表面)至柱帽下表面之间的高度计算。

③框架柱的柱高应自柱基上表面至柱顶高度计算。

④构造柱按全高计算,嵌接墙体部分(马牙槎)并入柱身体积。

⑤依附柱上的牛腿和升板的柱帽,并入柱身体积计算。

3. 现浇混凝土梁(010503)

1)项目内容

包括基础梁、矩形梁、异形梁、圈梁、过梁、弧形梁、拱形梁。

2)工程量计算规则

(1)按设计图示尺寸以立方米计算。不扣除构件内钢筋、预埋铁件所占体积,伸入墙内的梁头、梁垫并入梁体积内。

(2)梁与柱连接时,梁长算至柱侧面;主梁与次梁连接时,次梁长算至主梁侧面。

4. 现浇混凝土墙(010504)

1)工程内容

包括直形墙、弧形墙、短肢剪力墙、挡土墙。

2)工程量计算规则

按设计图示尺寸以立方米计算。不扣除构件内钢筋,预埋铁件所占体积,扣除门窗洞口及单个面积大于 $0.3 m^2$ 的孔洞所占体积,墙垛及突出墙面部分并入墙体体积内计算。

短肢剪力墙是指截面厚度不大于 300 mm,各肢截面高度与厚度之比的最大值大于 4 但不大于 8 的剪力墙;各肢截面高度与厚度之比的最大值不大于 4 的剪力墙按柱项目列项。

5. 现浇混凝土板(010505)

1)项目内容

包括有梁板、无梁板、平板、拱板、薄壳板、栏板、天沟(檐沟)、挑檐板、雨篷、悬挑板、阳台板、空心板等。项目特征包括混凝土种类及混凝土强度等级。

2)工程量计算规则

(1)有梁板、无梁板、平板、拱板、薄壳板、栏板。按设计图示尺寸以立方米计算。不扣除构件内钢筋、预埋铁件及单个面积小于或等于 $0.3 m^2$ 的柱、垛以及孔洞所占体积;压形钢板混凝土楼板扣除构件内压形钢板所占体积。有梁板(包括主、次梁与板)按梁、板体积之和计算;无梁板按板和柱帽体积之和计算;各类板伸入墙内的板头并入板体积内计算;薄壳板的肋、基梁并入薄壳体积内计算。

(2)天沟(檐沟)、挑檐板。按设计图示尺寸以立方米计算。

(3)雨篷、悬挑板、阳台板,按设计图示尺寸墙外部分体积以立方米计算。包括伸出墙外的牛腿和雨篷反挑檐的体积。

(4)现浇挑檐、天沟板、雨篷、阳台与板(包括屋面板、楼板)连接时,以外墙外边线为分界线;与圈梁(包括其他梁)连接时,以梁外边线为分界线。外边线以外为挑檐、天沟、雨篷或阳台。

(5)空心板,按设计图示尺寸以立方米计算。空心板(GBF 高强薄壁蜂巢芯板等)应扣除空心部分体积。

(6)其他板,按设计图示尺寸以立方米计算。

6. 现浇混凝土楼梯(010506)

1)项目内容

包括直形楼梯、弧形楼梯。项目特征包括混凝土种类及混凝土强度等级。

2)工程量计算规则

(1)按设计图示尺寸以水平投影面积计算。不扣除宽度小于或等于 500 mm 的楼梯井,伸入墙内部分不计算;或者按设计图示尺寸以立方米计算。

(2)整体楼梯(包括直形楼梯、弧形楼梯)水平投影面积包括休息平台、平台梁、斜梁和楼梯的连接梁。当整体楼梯与现浇楼板无梯梁连接时,以楼梯的最后一个踏步边缘加300 mm 为界。

7. 现浇混凝土其他构件(010507)

1)项目内容

包括散水、坡道、室外地坪、电缆沟、地沟、台阶、扶手、压顶、化粪池、检查井等。

2)工程量计算规则

(1)散水、坡道、室外地坪,按设计图示尺寸以平方米计算。不扣除单个面积小于或等于 0.3 m² 的孔洞所占面积。

(2)电缆沟、地沟,按设计图示中心线长度以延长米计算。

(3)台阶,按设计图示尺寸水平投影面积以平方米计算;或者按设计图示尺寸以立方米计算。架空式混凝土台阶,按现浇楼梯计算。

(4)扶手、压顶,按设计图示的中心线长度以延长米计算;或者按设计图示尺寸以立方米计算。

(5)化粪池、检查井,按设计图示尺寸以立方米计算;或者以“座”计量。

(6)其他构件,主要包括现浇混凝土小型池槽、垫块、门框等,按设计图示尺寸以立方米计算。

8. 后浇带(010508)

工程量按设计图示尺寸以立方米计算。

9. 预制混凝土柱(010509)

预制混凝土构件项目特征包括图代号、单件体积、安装高度、混凝土强度等级、砂浆(细石混凝土)强度等级及配合比。若引用标准图集可以直接用图代号的方式描述,若工程量按数量以单位“根”、“块”、“榀”、“套”、“段”计量,必须描述单件体积。

预制混凝土柱包括矩形柱、异形柱。工程量按设计图示尺寸以立方米计算,不扣除构件内钢筋、预埋铁件所占体积。或者按设计图示以“根”为单位以计数方式计算工程量。

10. 预制混凝土梁(010510)

预制混凝土梁包括矩形梁、异形梁、过梁、拱形梁、鱼腹式吊车梁等。工程量按设计图示尺寸以立方米计算,不扣除构件内钢筋、预埋铁件所占体积。或者按设计图示以“根”为单位以计数方式计算工程量。

11. 预制混凝土屋架(010511)

项目内容包括折线型屋架、组合屋架、薄腹屋架、门式刚架屋架、天窗架屋架,工程量均按设计图示尺寸以立方米计算,不扣除构件内钢筋、预埋铁件所占体积。或者按设计图示以“榀”计数计算。三角形屋架按折线型屋架项目编码列项。

12. 预制混凝土板(010512)

1)项目内容

包括有平板、空心板、槽形板、网架板、折线板、带肋板、大型板、沟盖板、井盖板、井圈等。

2)工程量计算规则

(1)平板、空心板、槽形板、网架板、折线板、带肋板、大型板。按设计图示尺寸以立方米计算,不扣除构件内钢筋、预埋铁件及单个尺寸小于或等于 300 mm×300 mm 的孔洞所占体积,扣除空心板空洞体积;或者按设计图示以"块"计数计算。

(2)不带肋的预制遮阳板、雨篷板、挑檐板、栏板等,按平板项目编码列项。预制 F 形板、双 T 形板、单肋板和带反挑檐的雨篷板、挑檐板、遮阳板等,按带肋板项目编码列项。预制大型墙板、大型楼板、大型屋面板等,按大型板项目编码列项。

(3)沟盖板、井盖板、井圈,按设计图示尺寸以立方米计算。或者按设计图示以"块"计数计算。

13. 预制混凝土楼梯(010513)

工程量按设计图示尺寸以立方米计算,扣除空心踏步板空洞体积。或者按设计图示以"段"计数计算。

14. 其他预制构件(010514)

包括烟道、垃圾道、通风道及其他构件等。工程量按设计图示尺寸以立方米计算,不扣除单个面积小于或等于 300 mm×300 mm 的孔洞所占体积,扣除烟道、垃圾道、通风道的孔洞所占体积。或者按设计图示尺寸以平方米计算,扣除单个小于或等于 300 mm×300 mm 的孔洞所占面积。或者按设计图示以"根"计数计算。

以上所有现浇或预制混凝土和钢筋混凝土构件,不扣除构件内钢筋、预埋铁件所占体积或面积。

15. 钢筋工程(010515)

1)工程量计算规则

(1)现浇混凝土钢筋、预制构件钢筋、钢筋网片、钢筋笼。均按设计图示钢筋(网)长度(面积)乘以单位理论质量以吨为单位计算。现浇构件中伸出构件的锚固钢筋应并入钢筋工程量内。除设计(包括规范规定)标明的搭接外,其他施工搭接不计算工程量,在综合单价中综合考虑。现浇构件中固定位置的支撑钢筋、双层钢筋用的"铁马"在编制工程量清单时,如果设计未明确,其工程数量可为暂估量,结算时按现场签证数量计算。

(2)先张法预应力钢筋,按设计图示钢筋长度乘以单位理论质量以吨计算。

(3)后张法预应力钢筋、预应力钢丝、预应力钢绞线,按设计图示钢筋(丝束、绞线)长度乘以单位理论质量以吨计算。其长度按以下规定计算:

①低合金钢筋两端均采用螺杆锚具时,钢筋长度按孔道长度减 0.35 m 计算,螺杆另行计算。

②低合金钢筋一端采用镦头插片,另一端采用螺杆锚具时,钢筋长度按孔道长度计算,螺杆另行计算。

③低合金钢筋一端采用镦头插片,另一端采用帮条锚具时,钢筋增加 0.15 m 计算;两端均采用帮条锚具时,钢筋长度按孔道长度增加 0.3 m 计算。

④低合金钢筋采用后张混凝土自锚时,钢筋长度按孔道长度增加 0.35 m 计算。

⑤低合金钢筋(钢绞线)采用 JM、XM、QM 型锚具,孔道长度在 20 m 以内时,钢筋长度

增加 1 m 计算；孔道长度在 20 m 以外时，钢筋（钢绞线）长度按孔道长度增加 1.8 m 计算。

⑥碳素钢丝采用锥形锚具，孔道长度在 20 m 以内时，钢丝束长度按孔道长度增加 1 m 计算；孔道长在 20 m 以上时，钢丝束长度按孔道长度增加 1.8 m 计算。

⑦碳素钢丝束采用镦头锚具时，钢丝束长度按孔道长度增加 0.35 m 计算。

（4）箍筋。矩形梁、柱的箍筋长度按图纸规定计算。无规定时按如下公式计算。

箍筋长度 = 构件截面周长 − 8 × 保护层厚 + 4 × 箍筋直径 + 2 × 钩长。

箍筋两个弯钩增加长度的经验参考值见表 7 − 14。

表 7 − 14   箍筋两个弯钩增加长度经验参考值表

箍筋直径/mm			
$\phi4 \sim \phi5$	$\phi6$	$\phi8$	$\phi10 \sim \phi12$
80	100	120	150 ~ 170

箍筋（或其他分布钢筋）的根数，按下式计算：

$$箍筋根数 = \frac{箍筋分布长度}{箍筋间距} + 1$$

式中：在计算根数时取整加 1；箍筋分布长度一般为构件长度减去两端保护层厚度。

（5）钢筋工程量计算。

$$钢筋工程量 = 图示钢筋长度 \times 单位理论质量$$

钢筋长度 = 构件尺寸 − 保护层厚度 + 弯起钢筋增加长度 + 两端弯钩长度 + 图纸注明（或规范规定）的搭接长度

2）有关计算参数的确定

（1）钢筋的单位质量。钢筋单位质量见表 7 − 15，也可根据钢筋直径计算理论质量，钢筋的容重可按 7850 kg/m³ 计算。

表 7 − 15   钢筋每米长度理论质量表

直径/mm	理论质量/(kg·m⁻¹)	横截面积/cm²	直径/mm	理论质量/(kg·m⁻¹)	横截面积/cm²
4	0.099	0.126	18	1.998	2.545
5	0.154	0.196	20	2.466	3.142
6	0.222	0.283	22	2.984	3.801
6.5	0.26	0.332	24	3.551	4.524
8	0.395	0.503	25	3.85	4.909
10	0.617	0.785	28	4.83	5.153
12	0.888	1.131	30	5.55	7.069
14	1.208	1.539	32	5.31	8.043
16	1.578	2.011	40	9.865	12.561

（2）钢筋的混凝土保护层厚度。根据《混凝土结构设计规范》GB 50010 规定，结构中最外层钢筋的混凝土保护层厚度（钢筋外边缘至混凝土表面的距离）应不小于钢筋的公称直径。设计使用年限为 50 年的混凝土结构，其保护层厚度应符合表 7 - 16 的规定。

表 7 - 16　混凝土保护层最小厚度/mm

环境类别及耐久作用等级	板墙壳	梁柱
一 a	15	20
二 b	20	25
三 b	20	30
二 c	25	35
三 c	30	35
四 c	30	40
三 d	35	45
四 d	40	50

①混凝土强度等级不大于 C25 时，表中保护层厚度数值增加 5 mm。

②与土壤接触的混凝土结构中，钢筋的混凝土保护层厚度不应小于 40 mm；当无垫层时，直接在土壤上现浇底板中钢筋的混凝土保护层厚度不小于 70 mm。

③设计使用年限为 100 年的混凝土结构，其最外层钢筋的混凝土保护层厚度应不小于表中数值的 1.4 倍。

（3）两端弯钩长度。采用Ⅰ级钢筋做受力筋时，两端需设弯钩，弯钩形式有 180°、90°、135° 三种。如图 7 - 1 中 d 为钢筋的直径，三种形式的弯钩增加长度分别为 5.25 d、3.5 d、4.9 d。

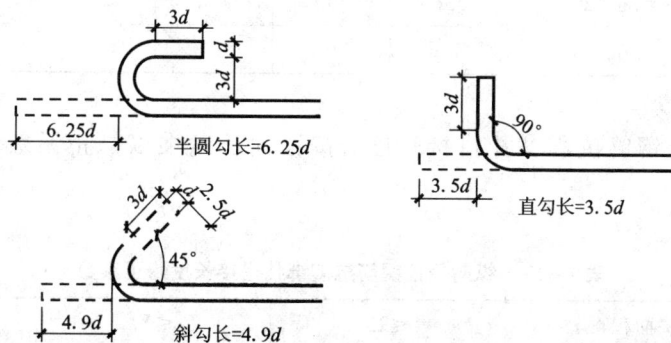

图 7 - 1　钢筋弯钩长度示意图

（4）弯起钢筋增加长度。弯起钢筋增加的长度为 S - L，不同弯起角度的 S - L 值计算见表 7 - 17。弯起钢筋高度 h = 构件高度 - 保护层厚度。

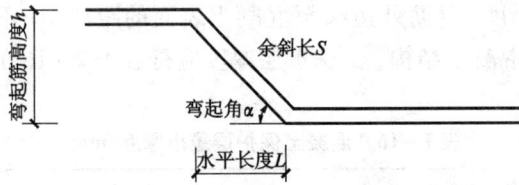

图 7 – 2　弯起钢筋增加长度示意图

表 7 – 17　弯起钢筋增加长度计算表

弯起角度	S	L	S – L
30°	2.000 h	1.732 h	0.268 h
45°	1.414 h	1.000 h	0.414 h
60°	1.15 h	0.577 h	0.573 h

（5）钢筋的锚固及搭接长度。纵向受拉钢筋抗震锚固长度见表 7 – 18。

表 7 – 18　钢筋搭接长度计算表

钢筋类型		混凝土强度等级与抗震等级					
		C20		C25		C30	
		一、二	三	一、二	三	一、二	三
HPB235 光圆 I 级钢筋		36d	33d	31d	28d	27d	25d
HRB335 月牙纹	d≤25	44 d	41 d	38 d	35 d	34 d	31 d
	d>25	49 d	45 d	42 d	39 d	38 d	34 d
HRB400	d≤25	53d	49d	46d	42d	41d	37d
HRB500	d>25	58 d	53 d	51 d	46 d	45 d	41 d

（6）纵向受拉钢筋抗震绑扎搭接长度。按锚固长度乘以修正系数计算，修正系数见表 7 – 19。

表 7 – 19　纵向受拉钢筋抗震绑扎搭接长度修正系数

纵向钢筋搭接接头面积百分率	≤25	≤50	≤100
修正系数	1.2	1.4	1.6

16. 螺栓、铁件（010516）

螺栓、预埋铁件，按设计图示尺寸以吨计算。机械连接按个数计算。编制工程量清单时，如果设计未明确，其工程数量可为暂估量，实际工程量按现场签证数量计算。

7.3.6　金属结构工程

1. 钢网架(010601)

工程量按设计图示尺寸以吨计算。不扣除孔眼的质量,焊条、铆钉、螺栓等不另增加质量。但在报价中应考虑金属构件的切边,不规则及多边形钢板发生的损耗。

2. 钢屋架、钢托架、钢桁架、钢架桥(010602)

(1)钢屋架。以"榀"计量,按设计图示以"榀"数计算;或者按设计图示尺寸以吨计算。不扣除孔眼的质量,焊条、铆钉、螺栓等不另增加质量。

(2)钢托架、钢桁架、钢架桥。按设计图示尺寸以吨计算。不扣除孔眼的质量,焊条、铆钉、螺栓等不另增加质量,不规则或多边形钢板以其外接矩形面积乘以厚度乘以单位理论质量计算。

3. 钢柱(010603)

1)实腹柱、空腹柱

按设计图示尺寸以吨计算。不扣除孔眼的质量,焊条、铆钉、螺栓等不另增加质量,不规则或多边形钢板以其外接矩形面积乘以厚度乘以单位理论质量计算,依附在钢柱上的牛腿及悬臂梁等并入钢柱工程量内。实腹钢柱类型指十字、T、L、H 形等,空腹钢柱类型指箱形、格构等。

2)钢管柱

按设计图示尺寸以吨计算。不扣除孔眼的质量,焊条、铆钉、螺栓等不另增加质量,不规则或多边形钢板以其外接矩形面积乘以厚度乘以单位理论质量计算,钢管柱上的节点板、加强环、内衬管、牛腿等并入钢管柱工程量内。型钢混凝土柱浇筑钢筋混凝土,其混凝土和钢筋应按混凝土及钢筋混凝土工程中相关项目编码列项。

4. 钢梁(010604)

包括钢梁及钢吊车梁,按设计图示尺寸以吨计算。不扣除孔眼的质量,焊条、铆钉、螺栓等不另增加质量,不规则或多边形钢板以其外接矩形面积乘以厚度乘以单位理论质量计算,制动梁、制动板、制动桁架、车挡并入钢吊车梁工程量内。型钢混凝土梁浇筑钢筋混凝土,其混凝土和钢筋应按混凝土及钢筋混凝土工程中相关项目编码列项。

5. 压型钢板楼板、墙板(010605)

(1)压型钢板楼板。按设计图示尺寸以铺设水平投影面积以平方米计算。不扣除单个面积小于或等于 0.3 m² 柱、垛及孔洞所占面积。

(2)压型钢板墙板。按设计图示尺寸以铺挂展开面积按平方米计算。不扣除单个面积小于或等于 0.3 m² 的梁、孔洞所占面积,包角、包边、窗台泛水等不另增加面积。

6. 钢构件(010606)

(1)钢支撑、钢拉条、钢檩条、钢天窗架、钢挡风架、钢墙架、钢平台、钢走道、钢梯、钢栏杆、钢支架、零星钢构件。按设计图示尺寸以吨计算。不扣除孔眼的质量,焊条、铆钉、螺栓等不另增加质量,不规则或多边形钢板以其外接矩形面积乘以厚度乘以单位理论质量计算。钢墙架项目包括墙架柱、墙架梁和连接杆件。加工铁件等小型构件,应按零星钢构件项目编码列项。

(2)钢漏斗、钢板天沟,按设计图示尺寸以吨计算。不扣除孔眼的质量,焊条、铆钉、螺栓等不另增加质量，依附漏斗的型钢并入漏斗或天沟工程量内。

7. 金属制品（010607）

（1）成品空调金属百页护栏、成品栅栏、金属网栏。按设计图示尺寸以框外围展开面积按平方米计算。

（2）成品雨篷按设计图示接触边以米计算；或者按设计图示尺寸以展开面积以平方米计算。

（3）砌块墙钢丝网加固、后浇带金属网按设计图示尺寸以平方米计算。

7.3.7　木结构工程

1. 木屋架（010701）

（1）木屋架。按设计图示以"榀"数计算；或者按设计图示的规格尺寸以立方米计算。带气楼的屋架和马尾、折角以及正交部分的半屋架，应按相关屋架项目编码列项。

（2）钢木屋架。按设计图示以"榀"数计算。钢拉杆、受拉腹杆、钢夹板、连接螺栓应包括在单价内。

屋架跨度以上、下弦中心线两交点之间的距离计算。当木屋架工程量以榀计量时，按标准图设计的应注明标准图代号，按非标准图设计的项目特征需要描述木屋架的跨度、材料品种及规格、刨光要求、拉杆及夹板种类、防护材料种类。

2. 木构件（010702）

包括木柱、木梁、木檩、木楼梯及其他木构件。在木构件工程量计算中，若按图示数量以"m"为单位计算，则项目特征必须描述构件规格尺寸。

（1）木柱、木梁。按设计图示尺寸以立方米计算。

（2）木檩条。按设计图示尺寸以立方米计算；或者按设计图示尺寸以米计算。

（3）木楼梯。按设计图示尺寸以水平投影面积按平方米计算。不扣除宽度小于或等于300 mm的楼梯井所占面积，伸入墙内部分不计算。木楼梯的栏杆（栏板）、扶手，应按其他装饰工程中的相关项目编码列项。

（4）其他木构件，按设计图示尺寸以立方米计算，或者按长度以米计算。

3. 屋面木基层（010703）

按设计图示尺寸以斜面积按平方米计算。不扣除房上烟囱、风帽底座、风道、小气窗、斜沟等所占面积。小气窗的出檐部分亦不增加面积。

7.3.8　门窗工程

门窗工程包括木门、金属门、金属卷帘（闸）门、厂库房大门及特种门、其他门；木窗、金属窗、门窗套、窗台板及窗帘、窗帘盒、轨等。木质门应区分镶板木门、企口木板门、实木装饰门、胶合板门、夹板装饰门、木纱门等项目，需分别编码列项。金属门应区分金属平开门、金属推拉门、金属地弹门、全玻门（带金属扇框）、金属半玻门（带扇框）等项目，需分别编码列项。特种门应区分冷藏门、冷冻间门、保温门、变电室门、隔声门、防射线门、人防门、金库门等项目，需分别编码列项。

1. 木门（010801）

（1）木质门、木质门带套、木质连窗门、木质防火门。工程量可以按设计图示以"樘"数计算；或者按设计图示洞口尺寸以平方米计算。木门五金应包括：折页、插销、门碰珠、弓背拉手、搭机、木螺丝、弹簧折页（自动门）、管子拉手（自由门、地弹门）、地弹簧（地弹门）、角铁、门轧头（地弹门、自由门）等。木质门带套，工程量按洞口尺寸以平方米计算，不包括门套的面积，但门套应计算在综合单价中。木门项目特征描述时，当工程量是按图示数量以"樘"计量的，项目特征必须描述洞口尺寸，以面积计量的，项目特征可不描述洞口尺寸。

（2）木门框。按设计图示以"樘"数计算；或者按设计图示框的中心线以延长米计算。木门框项目特征除了描述门代号及洞口尺寸、防护材料的种类，还需描述框截面尺寸。

（3）门锁安装按设计图示以个数或套数计算。

2. 金属门（010802）

金属门包括金属（塑钢）门、彩板门、钢质防火门、防盗门，均按设计图示以"樘"数计算；或者按设计图示洞口尺寸以平方米计算，无设计图示洞口尺寸时，按门框、扇外围面积计算。金属门项目特征描述，当以"樘"计量时，项目特征必须描述洞口尺寸，没有洞口尺寸必须描述门框或扇外围尺寸，当以洞口面积计量时，项目特征可不描述洞口尺寸及框、扇的外围尺寸。

3. 金属卷帘（闸）门（010803）

金属卷帘（闸）门项目包括金属卷帘（闸）门、防火卷帘（闸）门。工程量按设计图示以"樘"数计算；或者按设计图示洞口尺寸以平方米计算。以樘计量时，项目特征必须描述洞口尺寸，以洞口面积计量时，项目特征可不描述洞口尺寸。

4. 厂库房大门、特种门（010804）

厂库房大门、特种门项目包括木板大门、钢木大门、全钢板大门、防护铁丝门、金属格栅门、钢质花饰大门、特种门。工程量可以"樘"数计算也可以按洞口面积以平方米计算，无设计图示洞口尺寸时，按门框、扇外围面积计算。当以"樘"数计量时，项目特征必须描述洞口尺寸，没有洞口尺寸必须描述门框或扇外围尺寸，以洞口面积计量时，项目特征可不描述洞口尺寸及框、扇的外围尺寸。

（1）木板大门、钢木大门、全钢板大门、金属格栅门、特种门。工程量按设计图示以"樘"数计算，或者按设计图示洞口尺寸以平方米计算。

（2）防护铁丝门、钢质花饰大门。工程量按设计图示以"樘"数计算；或者按设计图示门框或扇以平方米计算。

5. 其他门（010805）

包括平开电子感应门、旋转门、电子对讲门、电动伸缩门、全玻自由门、镜面不锈钢饰面门、复合材料门。工程量可按数量或面积计算，当按数量以"樘"计量时，项目特征必须描述洞口尺寸，没有洞口尺寸必须描述门框或扇外围尺寸；按面积以平方米计量时，项目特征可不描述洞口尺寸及框、扇的外围尺寸；以面积计量时，如无设计图示洞口尺寸，按门框、扇外围以平方米计算。

6. 木窗（010806）

包括木质窗、木飘（凸）窗、木橱窗、木纱窗。木质窗应区分木百叶窗、木组合窗、木天窗、木固定窗、木装饰空花窗等项目，分别编码列项。

（1）木质窗工程量按设计图示以"樘"数计算；或者按设计图示洞口尺寸以平方米计算。

（2）木飘（凸）窗、木橱窗工程量按设计图示以"樘"数计算；或者按设计图示尺寸以框外围展开面积按平方米计算。

(3)木纱窗工程量按设计图示以"樘"数计算；或按框的外围尺寸以平方米计算。

7. 金属窗(010807)

(1)金属(塑钢、断桥)窗、金属防火窗、金属百叶窗、金属格栅窗。工程量按设计图示以"樘"数计算或者按设计图示洞口尺寸以平方米计算。

(2)金属纱窗。工程量按设计图示以"樘"数计算或者按框的外围尺寸以平方米计算。

(3)金属(塑钢、断桥)橱窗、金属(塑钢、断桥)飘(凸)窗。工程量按设计图示以"樘"数计算或者按设计图示尺寸以框外围展开面积按平方米计算。

(4)彩板窗、复合材料窗。工程量按设计图示以"樘"数计算或者按设计图示洞口尺寸或框外围以平方米计算。

(5)当金属窗工程量以"樘"数计量时，项目特征必须描述洞口尺寸，没有洞口尺寸必须描述窗框外围尺寸；按面积计量时，项目特征可不描述洞口尺寸及框的外围尺寸。

(6)金属橱窗、飘(凸)窗以"樘"数计量时，项目特征必须描述框外围展开面积。

8. 门窗套(010808)

包括木门窗套、金属门窗套、石材门窗套、门窗木贴脸、硬木筒子板、饰面夹板筒子板。木门窗套适用于单独门窗套的制作、安装。

(1)木门窗套、木筒子板、饰面夹板筒子板、金属门窗套、石材门窗套、成品木门窗套。工程量按设计图示以"樘"数计算，或者按设计图示尺寸以展开面积按平方米计算，或者按设计图示中心以延长米计算。

(2)门窗贴脸。工程量按设计图示以"樘"数计算或者按设计图示尺寸以延长米计算。

当以"樘"计量时，项目特征必须描述洞口尺寸、门窗套展开宽度；当以面积计量时，项目特征可不描述洞口尺寸、门窗套展开宽度；当以延长米计量时，项目特征必须描述门窗套展开宽度、筒子板及贴脸宽度。

9. 窗台板(010809)

包括木窗台板、铝塑窗台板、石材窗台板、金属窗台板。按设计图示尺寸以展开面积按平方米计算。

10. 窗帘、窗帘盒、轨(010810)

(1)窗帘工程量按设计图示尺寸以成活后按延长米计算，或者按图示尺寸以成活后展开面积按平方米计算。

(2)木窗帘盒，饰面夹板、塑料窗帘盒，铝合金属窗帘盒，窗帘轨。按设计图示尺寸以延长米计算。

(3)窗帘若是双层，项目特征必须描述每层材质；当窗帘以延长米计量时，项目特征必须描述窗帘高度和宽。

7.3.9　屋面及防水工程

1. 瓦、型材及其他屋面(010901)

(1)瓦屋面、型材屋面。按设计图示尺寸以斜面积按平方米计算。不扣除房上烟囱、风帽底座、风道、小气窗、斜沟等所占面积，小气窗的出檐部分不增加面积。

(2)阳光板、玻璃钢屋面。按设计图示尺寸以斜面积按平方米计算。不扣除屋面面积小于或等于 0.3 m² 孔洞所占面积。型材屋面、阳光板屋面、玻璃钢屋面的柱、梁、屋架，按金属结构工程、木结构工程中相关项目编码列项。

（3）膜结构屋面。按设计图示尺寸以需要覆盖的水平投影面积按平方米计算。

2. 屋面防水及其他（010902）

（1）屋面卷材防水、屋面涂膜防水。按设计图示尺寸以平方米计算。斜屋顶（不包括平屋顶找坡）按斜面积计算；平屋顶按水平投影面积计算。不扣除房上烟囱、风帽底座、风道、屋面小气窗和斜沟所占面积。屋面的女儿墙、伸缩缝和天窗等处的弯起部分，并入屋面工程量内。屋面找平层按楼地面装饰工程平面砂浆找平层项目编码列项。屋面防水搭接及附加层用量不另行计算，在综合单价中考虑。

（2）屋面刚性防水，按设计图示尺寸以平方米计算。不扣除房上烟囱、风帽底座、风道等所占的面积。

（3）屋面排水管，按设计图示尺寸以延长米计算。如设计未标注尺寸，以檐口至设计室外散水上表面垂直距离计算。屋面排（透）气管，按设计图示尺寸以延长米计算。屋面（廊、阳台）泄（吐）水管，按设计图示以"个"数或者"根"数计量。

（4）屋面天沟、檐沟，按设计图示尺寸以展开面积计算。屋面变形缝，按设计图示以长度计算。

3. 墙面防水、防潮（010903）

（1）墙面卷材防水、墙面涂膜防水、墙面砂浆防水（潮）。按设计图示尺寸以平方米计算。

（2）墙面变形缝。按设计图示尺寸以长度按米计算。墙面变形缝，若做双面，工程量乘系数 2。

4. 楼（地）面防水、防潮（010904）

（1）楼（地）面卷材防水、楼（地）面涂膜防水、楼（地）面砂浆防水（潮），按设计图示尺寸以平方米计算。楼（地）面防水搭接及附加层用量不另行计算，在综合单价中考虑。

（2）楼（地）面防水：按主墙间净空面积计算，扣除凸出地面的构筑物、设备基础等所占面积，不扣除间壁墙及单个面积小于或等于 0.3 m² 柱、垛、烟囱和孔洞所占面积。

（3）楼（地）面防水反边高度小于或等于 300 mm 算作地面防水，反边高度大于 300 mm 按墙面防水计算。

（4）楼（地）面变形缝。按设计图示尺寸以长度按米计算。

7.3.10　保温、隔热、防腐工程

1. 保温、隔热（011001）

（1）保温隔热屋面。按设计图示尺寸以平方米计算。扣除面积大于 0.3 m² 孔洞所占面积。

（2）保温隔热天棚。按设计图示尺寸以平方米计算。扣除面积大于 0.3 m² 柱、垛、孔洞所占面积，与天棚相连的梁按展开面积计算，并入天棚工程量内。

（3）保温隔热墙面。按设计图示尺寸以平方米计算。扣除门窗洞口以及面积大于 0.3 m² 梁、孔洞所占面积；门窗洞口侧壁以及与墙相连的柱，并入保温墙体工程量。

（4）保温柱、梁。按设计图示尺寸以平方米计算。

①柱按设计图示柱断面保温层中心线展开长度乘保温层高度以面积计算，扣除面

积大于 0.3 m^2 梁所占面积。

②梁按设计图示梁断面保温层中心线展开长度乘保温层长度以面积计算，保温柱、梁适用于不与墙、天棚相连的独立柱、梁。

（5）保温隔热楼地面。按设计图示尺寸以平方米计算。扣除面积大于 0.3 m^2 柱、垛、孔洞所占面积。

2. 防腐面层（011002）

（1）防腐混凝土面层、防腐砂浆面层、防腐胶泥面层、玻璃钢防腐面层、聚氯乙烯板面层、块料防腐面层。按设计图示尺寸以平方米计算。

①平面防腐。扣除凸出地的构筑物、设备基础等以及面积大于 0.3 m^2 孔洞、柱、垛所占面积，门洞、空圈、暖气包槽、壁龛的开口部分不增加面积。

②立面防腐。扣除门、窗洞口以及面积大于 0.3 m^2 孔洞、梁所占面积。门、窗、洞口侧壁、垛突出部分按展开面积计算。

（2）池、槽块料防腐面层。按设计图示尺寸以展开面积按平方米计算。

（3）防腐踢脚线。按楼地面装饰工程"踢脚线"项目编码列项。

3. 其他防腐（011003）

（1）隔离层。按设计图示尺寸以平方米计算。

①平面防腐。扣除凸出地面的构筑物、设备基础等以及面积大于 0.3 m^2 孔洞、柱、垛所占面积，门洞、空圈、暖气包槽、壁龛的开口部分不增加面积。

②立面防腐。扣除门、窗、洞口以及面积大于 0.3 m^2 孔洞、梁所占面积，门、窗、洞口侧壁、垛突出部分按展开面积并入墙面积内。

（2）砌筑沥青浸渍砖。按设计图示尺寸以体积按立方米计算。

（3）防腐涂料。按设计图示尺寸以面积按平方米计算。

①平面防腐。扣除凸出地面的构筑物、设备基础等以及面积大于 0.3 m^2 孔洞、柱、垛所占面积，门洞、空圈、暖气包槽、壁龛的开口部分不增加面积。

②立面防腐。扣除门、窗、洞口以及面积大于 0.3 m^2 孔洞、梁所占面积，门、窗、洞口侧壁、垛突出部分按展开面积并入墙面积内。

7.3.11　楼地面装饰工程

1. 整体面层及找平层（011101）

（1）水泥砂浆楼地面、现浇水磨石楼地面、细石混凝土楼地面、菱苦土楼地面、自流坪楼地面。按设计图示尺寸以面积按平方米计算。扣除凸出地面构筑物、设备基础、室内铁道、地沟等所占面积，不扣除间壁墙及小于或等于 0.3 m^2 柱、垛、附墙烟囱及孔洞所占面积。门洞、空圈、暖气包槽、壁龛的开口部分不增加面积。间壁墙指墙厚小于或等于 120 mm 的墙。

（2）平面砂浆找平层。按设计图示尺寸以面积按平方米计算。平面砂浆找平层只适用于仅做找平层的平面抹灰。楼地面混凝土垫层另按现浇混凝土基础中垫层项目编码列项，除混凝土外的其他材料垫层按砌筑工程中垫层项目编码列项。

2. 块料面层（011103）

包括石材楼地面、碎石材楼地面、块料楼地面。按设计图示尺寸以面积按平方米计算。门洞、空圈、暖气包槽、壁龛的开口部分并入相应的工程量。

3. 橡塑面层(011103)

包括橡胶板楼地面、橡胶卷材楼地面、塑料板楼地面、塑料卷材楼地面。按设计图示尺寸以面积按平方米计算。门洞、空圈、暖气包槽、壁龛的开口部分并入相应的工程量内。

4. 其他材料面层(011104)

包括楼地面地毯、竹木(复合)地板、金属复合地板、防静电活动地板。按设计图示尺寸以面积按平方米计算。门洞、空圈、暖气包槽、壁龛的开口部分并入相应的工程量内。

5. 踢脚线(011105)

包括水泥砂浆踢脚线、石材踢脚线、块料踢脚线、塑料板踢脚线、木质踢脚线、金属踢脚线、现浇水磨石踢脚线、防静电踢脚线。按设计图示长度乘高度以平方米计算或者按延长米计算。

6. 楼梯面层(011106)

包括石材楼梯面层、块料楼梯面层、拼碎块料面层、水泥砂浆楼梯面、现浇水磨石楼梯面、地毯楼梯面、木板楼梯面、橡胶(塑料)板楼梯面。按设计图示尺寸以楼梯(包括踏步、休息平台及小于或等于 500 mm 的楼梯井)水平投影面积按平方米计算。楼梯与楼地面相连时，算至梯口梁内侧边沿；无梯口梁者，算至最上一层踏步边沿加 300 mm。

7. 台阶装饰(011107)

包括石材台阶面、块料台阶面、拼碎块料台阶面、水泥砂浆台阶面、现浇水磨石台阶面、剁假石台阶面。按设计图示尺寸以台阶(包括最上层踏步边沿加 300 mm)水平投影面积按平方米计算。

8. 零星装饰项目(011108)

包括石材零星项目、碎拼石材零星项目、块料零星项目、水泥砂浆零星项目。按设计图示尺寸以面积按平方米计算。楼梯、台阶侧面装饰，不大于 0.5 m² 少量分散的楼地面装修，应按零星装饰项目编码列项。

7.3.12 墙、柱面装饰与隔断、幕墙工程

1. 墙面抹灰(011201)

包括墙面一般抹灰、墙面装饰抹灰、墙面勾缝、立面砂浆找平层。工程量按设计图示尺寸以平方米计算。扣除墙裙、门窗洞口及单个大于 0.3 m² 的孔洞面积，不扣除踢脚线、挂镜线和墙与构件交接处的面积，门窗洞口和孔洞的侧壁及顶面不增加面积。附墙柱、梁、垛、烟囱侧壁并入相应的墙面面积内。飘窗凸出外墙面增加的抹灰并入外墙工程量内。

(1)外墙抹灰面积按外墙垂直投影面积计算。外墙裙抹灰面积按其长度乘以高度计算。

(2)内墙抹灰面积按主墙间的净长乘以高度计算。无墙裙的内墙高度按室内楼地面至天棚底面计算；有墙裙的内墙高度按墙裙顶至天棚底面计算。有吊顶天棚抹灰，高度算至天棚底，抹至吊顶以上部分在综合单价中考虑。

(3)内墙裙抹灰面积按内墙净长乘以高度计算。立面砂浆找平项目适用于仅做找平层的立面抹灰。墙面抹石灰砂浆、水泥砂浆、混合砂浆、聚合物水泥砂浆、麻刀石灰浆、石膏灰浆等按墙面一般抹灰列项；墙面水刷石、斩假石、干粘石、假面砖等按墙面装饰抹灰列项。

2. 柱(梁)面抹灰(011202)

包括柱(梁)面一般抹灰、柱(梁)面装饰抹灰、柱(梁)面砂浆找平层、柱面勾缝。按设计

图示柱(梁)断面周长乘以高度以平方米计算。柱(梁)面抹石灰砂浆、水泥砂浆、混合砂浆、聚合物水泥砂浆、麻刀石灰浆、石膏灰浆等按柱(梁)面一般抹灰编码列项;柱(梁)面水刷石、斩假石、干粘石、假面砖等按(梁)面装饰抹灰项目编码列项。

3. 零星抹灰(011203)

墙、柱(梁)面小于或等于 0.5 m² 的少量分散的抹灰按零星抹灰项目编码列项,包括零星项目一般抹灰、零星项目装饰抹灰、零星砂浆找平层。按设计图示尺寸以平方米计算。

4. 墙面块料面层(011204)

(1)石材墙面、碎拼石材、块料墙面。按镶贴表面积按平方米计算。项目特征中"安装的方式"可描述为砂浆或粘接剂粘贴、挂贴、干挂等,不论哪种安装方式,都要详细描述与计价相关的内容。

(2)干挂石材钢骨架按设计图示尺寸以质量按"吨"计算。

5. 柱(梁)面镶贴块料(011205)

(1)石材柱(梁)面、块料柱(梁)面、拼碎块柱面。按设计图示尺寸以镶贴表面积按平方米计算。

(2)柱(梁)面干挂石材的钢骨架按"墙面块料面层"中的"干挂石材钢骨架"列项。

6. 镶贴零星块料(011206)

墙柱面小于或等于 0.5 m² 的少量分散的镶贴块料面层按零星项目编码列项。包括石材零星项目、块料零星项目、拼碎块零星项目。按设计图示尺寸以镶贴表面积按平方米计算。

7. 墙饰面(011207)

(1)饰面板工程量按设计图示墙净长乘以净高以平方米计算。扣除门窗洞口及单个大于 0.3 m² 的孔洞所占面积。

(2)墙面装饰浮雕。按设计图示尺寸以平方米计算。

8. 柱(梁)饰面(011208)

(1)柱(梁)面装饰。按设计图示饰面外围尺寸以平方米计算。柱帽、柱墩并入相应柱饰面工程量内。

(2)成品装饰柱。按设计数量以"根"计算;或按设计长度以"米"计算。

9. 幕墙工程(011209)

(1)带骨架幕墙。按设计图示框外围尺寸以平方米计算。与幕墙同种材质的窗所占面积不扣除。

(2)全玻(无框玻璃)幕墙。按设计图示尺寸以平方米计算。带肋全玻幕墙按展开面积计算。

10. 隔断(011210)

(1)木隔断、金属隔断。按设计图示框外围尺寸以平方米计算。不扣除单个小于或等于 0.3 m² 的孔洞所占面积;浴厕门的材质与隔断相同时,门的面积并入隔断面积内。

(2)玻璃隔断、塑料隔断。按设计图示框外围尺寸以平方米计算。不扣除单个小于或等于 0.3 m² 的孔洞所占面积。

(3)成品隔断。按设计图示框外围尺寸以平方米计算;或者按设计间的数量以"间"计算。

7.3.13　天棚工程

1. 天棚抹灰（011301）

按设计图示尺寸以水平投影面积按平方米计算。不扣除间壁墙、垛、柱、附墙烟囱、检查口和管道所占的面积，带梁天棚、梁两侧抹灰面积并入天棚面积内，板式楼梯底面抹灰按斜面积计算，锯齿形楼梯底板抹灰按展开面积计算。

2. 天棚吊顶（011302）

（1）吊顶天棚。按设计图示尺寸以水平投影面积按平方米计算。天棚面中的灯槽及跌级、锯齿形、吊挂式、藻井式天棚面积不展开计算。不扣除间壁墙、检查口、附墙烟囱、柱垛和管道所占面积，扣除单个大于 $0.3\ \mathrm{m^2}$ 的孔洞、独立柱及与天棚相连的窗帘盒所占的面积。

（2）格栅吊顶、吊筒吊顶、藤条造型悬挂吊顶、织物软雕吊顶、装饰网架吊顶。按设计图示尺寸以水平投影面积按平方米计算。

3. 采光天棚（011303）

采光天棚工程量按框外围展开面积以平方米计算。其骨架不包括在本项中，应单独按金属结构工程相关项目编码列项。

4. 天棚其他装饰（011304）

（1）灯带（槽）按设计图示尺寸以框外围面积按平方米计算。

（2）送风口、回风口按设计图示以"个"数计算。

7.3.14　油漆、涂料、裱糊工程

1. 门油漆（011401）

包括木门油漆、金属门油漆。其工程量按设计图示以"樘"数计算或者按设计图示单面洞口面积以平方米计算。木门油漆应区分木大门、单层木门、双层（一玻一纱）木门、双层（单裁口）木门、全玻自由门、半玻自由门、装饰门及有框门或无框门等项目，应分别编码列项。金属门油漆应区分平开门、推拉门、钢制防火门等项目，分别编码列项。

2. 窗油漆（011402）

包括木窗油漆、金属窗油漆。其工程量按设计图示以"樘"数计算或者按设计图示单面洞口面积以平方米计算。木窗油漆应区分单层玻璃窗，双层（一玻一纱）木窗、双层框扇（单裁口）木窗、双层框三层（二玻一纱）木窗、单层组合窗、双层组合窗、木百叶窗、木推拉窗等，分别编码列项。金属窗油漆应区分平开窗、推拉窗、固定窗、组合窗、金属隔栅窗等项目，分别编码列项。

3. 木扶手及其他板条、线条油漆（011403）

包括木扶手油漆，窗帘盒油漆，封檐板、顺水板油漆，挂衣板、黑板框油漆，挂镜线、窗帘棍、单独木线油漆。按设计图示尺寸以延长米计算。木扶手应区分带托板与不带托板，分别编码列项。

4. 木材面油漆（011404）

（1）木护墙、木墙裙油漆，窗台板、筒子板、盖板、门窗套、踢脚线油漆，清水板条天棚、檐口油漆，木方格吊顶天棚油漆，吸声板墙面、天棚面油漆，暖气罩油漆及其他木材面油漆。其工程量均按设计图示尺寸以平方米计算。

（2）木间壁、木隔断油漆，玻璃间壁露明墙筋油漆，木栅栏、木栏杆（带扶手）油 漆。按设计图示尺寸以单面外围面积按平方米计算。

（3）衣柜、壁柜油漆，梁柱饰面油漆，零星木装修油漆。按设计图示尺寸以油漆部分展开面积按平方米计算。

（4）木地板油漆、木地板烫硬蜡面。按设计图示尺寸以平方米计算。空洞、空圈、暖气包槽、壁龛的开口部分并入相应的工程量内。

5. 金属面油漆（011405）

工程量按设计图示尺寸以吨计算或者按设计展开面积以平方米计算。

6. 抹灰面油漆（011406）

（1）抹灰面油漆。按设计图示尺寸以平方米计算。

（2）抹灰线条油漆。按设计图示尺寸以延长米计算。

（3）满刮腻子。按设计图示尺寸以平方米计算。

7. 喷刷涂料（011407）

（1）墙面喷刷涂料、天棚喷刷涂料。按设计图示尺寸以平方米计算。

（2）空花格、栏杆刷涂料。按设计图示尺寸以单面外围面积按平方米计算。

（3）线条刷涂料。按设计图示尺寸以延长米计算。

（4）金属构件刷防火涂料。按设计图示尺寸以吨计算或者按设计展开面积以平方米计算。

（5）木材构件喷刷防火涂料。工程量按设计图示以平方米计算。

8. 裱糊（011408）

包括墙纸裱糊、织锦缎裱糊。按设计图示尺寸以平方米计算。

7.3.15　其他装饰工程

1. 柜类、货架（011501）

包括柜台、酒柜、衣柜、存包柜、鞋柜、书柜、厨房壁柜、木壁柜、厨房低柜、厨房吊柜、矮柜、吧台背柜、酒吧吊柜、酒吧台、展台、收银台、试衣间、货架、书架、服务台等。工程量计算有三种方式可供选择：①按设计图示以"个"数计算；②或按设计图示尺寸以延长米计算；③或按设计图示尺寸以立方米计算。

2. 压条、装饰线（011502）

包括金属装饰线、木质装饰线、石材装饰线、石膏装饰线、镜面玻璃线、铝塑装饰线、塑料装饰线、GRC装饰线。按设计图示尺寸以"米"计算。

3. 扶手，栏杆、栏板装饰（011503）

包括金属扶手、栏杆、栏板，硬木扶手、栏杆、栏板，塑料扶手、栏杆、栏板，GRC栏杆、扶手，金属靠墙扶手，硬木靠墙扶手，塑料靠墙扶手，玻璃栏板。按设计图示尺寸以扶手中心线按延长米（包括弯头长度）计算。

4. 暖气罩（011504）

包括饰面板暖气罩、塑料板暖气罩、金属暖气罩。按设计图示尺寸以垂直投影面积（不展开）按平方米计算。

5. 浴厕配件（011505）

（1）洗漱台按设计图示尺寸以台面外接矩形面积按平方米计算。不扣除孔洞、挖弯、削角所占面积，挡板、吊沿板面积并入台面面积内。

（2）晒衣架、帘子杆、浴缸拉手、卫生间扶手、毛巾杆（架）、毛巾环、卫生纸盒、肥皂盒、镜箱按设计图示以数量计算。

（3）镜面玻璃按设计图示尺寸以边框外围面积按平方米计算。

6. 雨篷、旗杆（011506）

（1）雨篷吊挂饰面、玻璃雨篷按设计图示尺寸以水平投影面积计算。

（2）金属旗杆按设计图示以"根"数计算。

7. 招牌、灯箱（011507）

（1）平面、箱式招牌按设计图示尺寸以正立面边框外围面积计算。复杂形的凸凹造型部分不增加面积。

（2）竖式标箱、灯箱，信报箱按设计图示以"个"数计算。

8. 美术字（011508）

包括泡沫塑料字、有机玻璃字、木质字、金属字、吸塑字。按设计图示以"个"数计算。

7.3.16　拆除工程

1. 砖砌体拆除（011601）

砖砌体拆除工程量按拆除的体积以立方米计算或者按拆除的长度以延长米计算。以延长米为单位计量时，项目特征必须描述拆除部位的截面尺寸，如砖地沟、砖明沟等。以立方米为单位计量时，截面尺寸不必描述。

2. 混凝土及钢筋混凝土构件拆除（011602）

混凝土及钢筋混凝土构件拆除工程量按拆除构件的体积以立方米计算，或者按拆除部位的面积以平方米计算，也可以按拆除部位的长度按延长米计算。以立方米为单位计量时，可不描述构件的规格尺寸；以平方米作为计量单位时，则应描述构件的厚度；以米为计量单位时，则应描述构件的规格尺寸。

3. 木构件拆除（011603）

拆除木构件应按木梁、木柱、木楼梯、木屋架、承重木楼板等分别在构件中描述。

木构件拆除工程量按拆除构件的体积以立方米计算，或者按拆除部位的面积以平方米计算，也可以按拆除部位的长度按延长米计算。以立方米为单位计量时，可不描述构件的规格尺寸；以平方米作为计量单位时，则应描述构件的厚度；以米为计量单位时，则应描述构件的规格尺寸。

4. 抹灰层拆除（011604）

抹灰面拆除按拆除部位的面积以平方米计算。抹灰层种类可描述为一般抹灰或装饰抹灰。

5. 块料面层拆除（011605）

块料面层拆除按拆除面积以平方米计算。拆除的基层类型描述是指砂浆层、防水层、干挂或挂贴所采用的钢骨架层等。

6. 龙骨及饰面拆除（011606）

龙骨及饰面拆除按拆除面积以平方米计算。基层类型的描述是指砂浆层、防水层等。如仅拆除龙骨及饰面，拆除的基层类型不用描述。如只拆除饰面，不用描述龙骨材料种类。

7. 屋面拆除（011607）

屋面拆除，按拆除部位的面积以平方米计算。

8. 铲除油漆涂料裱糊面（011608）

铲除油漆涂料裱糊面按铲除部位的面积以平方米计算，或者按铲除部位的长度按延长米计算。按延长米计量时，必须描述铲除部位的截面尺寸；以平方米计量时则不用描述铲除部位的截面尺寸。铲除部位的名称描述是指墙面、柱面、天棚、门窗等等。

9. 栏杆栏板、轻质隔断隔墙拆除（011609）

栏板、栏杆拆除按拆除部位的面积以平方米计算；或者按拆除的长度以延长米计算。以平方米计量时不用描述栏杆（板）的高度。轻质隔断隔墙拆除，按拆除部位的面积以平方米计算。

10. 门窗拆除（011610）

门窗拆除包括木门窗和金属门窗拆除，其工程量按拆除面积以平方米计算；或者以"樘"数计算。以平方米计算时不用描述门窗的洞口尺寸。

11. 金属构件拆除（011611）

金属构件拆除中钢网架按拆除构件的质量以"吨"计算，其他（钢梁、钢柱、钢支撑、钢墙架）按拆除构件质量以"吨"计算，或者按拆除构件长度以延长米计算。

12. 管道及卫生洁具拆除（011612）

管道拆除按拆除管道的长度以延长米计算；卫生洁具拆除按拆除的数量以"套"或者"个"数计量。

13. 灯具、玻璃拆除（011613）

灯具拆除按拆除的数量以"套"或者"个"数计量。玻璃拆除按拆除面积以平方米计算。

14. 其他构件拆除（011614）

其他构件拆除中，暖气罩、柜体拆除按拆除的"个"数计量，或者按拆除的长度以延长米计算；窗台板、筒子板按拆除的"块"数计算，或者按拆除的长度以延长米计算；窗帘盒、窗帘轨按拆除的长度以延长米计算。

15. 开孔（打洞）（011615）

开孔（打洞）以"个"为单位，按数量计算。

7.3.17　措施项目

《房屋建筑与装饰工程工程量计算规范》中给出了脚手架、混凝土模板及支架、垂直运输、超高施工增加、大型机械设备进出场及安拆、施工降水及排水、安全文明施工及其他措施项目工程量的计算规则。除安全文明施工及其他措施项目外。前6项都详细列出了项目编码、项目名称、项目特征、工程量计算规则、工程内容。其清单的编制与分部分项工程一致。

1. 脚手架工程（011701）

1）综合脚手架

能够按"建筑面积计算规则"计算建筑面积的建筑工程均套用综合脚手架定额。综合脚手架工程量按建筑面积以平方米计算。计算综合脚手架时，不再计算外脚手架，里脚手架等单项脚手架，不适用于房屋加层、构筑物及附属工程脚手架。综合脚手架项目特征包括建设结构形式、檐口高度。同一建筑物有不同的檐高时，按不同檐口高度竖向分割建筑物，并计算不同檐口高度的建筑面积并编列清单项目。脚手架的材质可不作为项目特征内容。

2）单项脚手架

（1）外脚手架、里脚手架、整体提升架、外装饰吊篮，按所服务对象的垂直投影面积以平方米计算，整体提升架包括 2 m 高的防护架体设施。

（2）悬空脚手架、满堂脚手架，按搭设的水平投影面积以平方米计算。

（3）挑脚手架，按搭设长度乘以搭设层数以延长米计算。

2. 混凝土模板及支架（011702）

1）一般规定

混凝土模板及支架工程量按模板与混凝土构件的接触面积以平方米计算。混凝土模板及支撑（架）项目，只适用于以"平方米"计量，采用清水模板时应在项目特征中说明。以"立方米"计量的模板及支撑（架），按混凝土及钢筋混凝土实体项目执行，其综合单价中应包含模板及支撑（架）。

2）工程量计算规则

（1）混凝土基础、柱、梁、墙板等主要构件模板及支架工程量按模板与现浇混凝土构件的接触面积以平方米计算。原槽浇灌的混凝土基础不计算模板工程量。若现浇混凝土梁、板支撑高度超过 3.6 m 时，项目特征应描述支撑高度。

①现浇钢筋混凝土墙，板单孔面积小于或等于 0.3 m² 的孔洞不予扣除，洞侧壁模板亦不增加。单孔面积大于 0.3 m² 时应予扣除，洞侧壁模板面积并入墙、板工程量内计算。

②现浇框架分别按梁、板、柱有关规定计算；附墙柱、暗梁、暗柱并入墙内工程量计算。

③柱、梁、墙、板相互连接的重叠部分，均不计算模板面积。

④构造柱按图示外露部分计算模板面积。

（2）天沟、檐沟、电缆沟、地沟，散水、扶手、后浇带、化粪池、检查井按模板与现浇混凝土构件的接触面积计算。

（3）雨篷、悬挑板、阳台板，按图示外挑部分尺寸的水平投影面积计算，挑出墙外的悬臂梁及板边不另计算。

（4）楼梯，按楼梯（包括休息平台、平台架、斜架和楼层板的连接梁）的水平投影面积计算，不扣除宽度小于或等于 500 mm 的楼梯井所占面积，楼梯踏步、踏步板、平台梁等侧面模板不另计算，伸入墙内部分亦不增加。

3. 垂直运输（011703）

垂直运输指施工工程在合理工期内所需垂直运输机械。垂直运输可按建筑面积以平方米计算工程量，也可以按施工工期日历天数计算。

垂直运输项目特征包括建筑物建筑类型及结构形式、地下室建筑面积、建筑物檐口高度及层数。其中建筑物的檐口高度是指设计室外地坪至檐口滴水的高度（平屋顶系指屋面板底高度），突出主体建筑物屋顶的电梯机房、楼梯出口间、水箱间、瞭望塔、排烟机房等不计入檐口高度。同一建筑物有不同檐高时，按建筑物的不同檐高做纵向分割，分别计算建筑面积，以不同檐高分别编码列项。

4. 超高施工增加（011704）

单层建筑物檐口高度超过 20 m，多层建筑物超过 6 层时（不包括地下室层数），可按超高部分的建筑面积计算超高施工增加费用。其工程量按建筑物超高部分的建筑面积以平方米计算。同一建筑物有不同檐高时，按建筑物的不同檐高做纵向分割，分别计算建筑面积，以不同檐高分别编码列项。

其工作内容包括：①由超高引起的人工工效降低以及由于人工工效降低引起的机械降效；②高层施工用水加压水泵的安装、拆除及工作台班；③通信联络设备的使用及摊销。

5. 大型机械设备进出场及安拆（011705）

大型机械设备安拆费包括施工机械、设备和现场进行安装拆卸所需人工、材料、机械和试运转费用以及机械辅助设施的折旧、搭设、拆除等费用。

进出场费包括施工机械、设备整体或分体自停放地点运至施工现场或由一施工地点运至另一施工地点所发生的运输，装卸、辅助材料等费用。工程量按使用机械设备的数量按台次计算。

6. 施工排水、降水（011706）

（1）成井，按设计图示尺寸钻孔深度以米计算。

（2）排水、降水，安排、降水日历天数以昼夜计算。

7. 安全文明施工及其他措施项目（011707）

1）安全文明施工

安全文明施工费是指工程施工期间按照国家现行的环境保护、建筑施工安全、施工现场环境与卫生标准和有关规定，购置和更新施工安全防护用具及设施、改善安全生产条件和作业环境所需要的费用。

包括环境保护、文明施工、安全施工、临时设施四项内容。

（1）环境保护。包括现场施工机械设备降低噪声、防扰民措施；水泥和其他易飞扬细颗粒建筑材料密闭存放或采取覆盖措施等；工程防扬尘洒水；土石方、建渣外运车辆冲洗、防洒漏等；现场污染源的控制、生活垃圾清理外运、场地排水排污措施；其他环境保护措施。

（2）文明施工。包括"五牌一图"；现场围挡的墙面美化（包括内外粉刷、刷白、标语等）、压顶装饰；现场厕所便槽刷白、贴面砖，水泥砂浆地面或地砖，建筑物内临时便溺设施；其他施工现场临时设施的装饰装修、美化措施；现场生活卫生设施；符合卫生要求的饮水设备、淋浴、消毒等设施；生活用洁净燃料；防煤气中毒、防蚊虫叮咬等措施；施工现场操作场地的硬化；现场绿化、治安综合治理；现场配备医药保健器材、物品和急救人员培训；用于现场工人的防暑降温、电风扇、空调等设备及用电；其他文明施工措施。

（3）安全施工。包括安全资料、特殊作业专项方案的编制，安全施工标志的购置及安全宣传；"三宝"（安全帽、安全带、安全网）、"四口"（楼梯口、电梯井口、通道口、预留洞口）、"五临边"（阳台围边、楼板围边、屋面围边、槽坑围边、卸料平台两侧）；水平防护架、垂直防护架、外架封闭等防护；施工安全用电，包括配电箱三级配电、两级保护装置要求、外电防护措施；起重机、塔吊等起重设备（含井架、门架）及外用电梯的安全防护措施（含警示标志）及卸料平台的临边防护、层间安全门、防护棚等设施；建筑工地起重机械的检验检测；施工机具防护棚及其围栏的安全保护设施；施工安全；防护通道；工人的安全防护用品、用具购置；消防设施与消防器材的配置；电气保护、安全照明设施；其他安全防护措施。

（4）临时设施。包括施工现场采用彩色、定型钢板，砖、混凝土砌块等围挡的安砌、维修、拆除；施工现场临时建筑物、构筑物的搭设、维修、拆除，如临时宿舍、办公室，食堂、厨房、厕所、诊疗所、临时文化福利用房、临时仓库、加工场、搅拌站、临时简易水塔、水池等；施工现场临时设施的搭设、维修、拆除，如临时供水管道、临时供电管线、小型临时设施等；施工现场规定范围内临时简易道路铺设，临时排水沟、排水设施安砌、维修、拆除；其他临时设施搭设、维修、拆除。

2）其他措施项目

其他措施项目包括夜间施工、非夜间施工照明、二次搬运、冬雨季施工、地上、地下设施、建筑物的临时保护设施，已完工程及设备保护等。

（1）夜间施工。包括夜间固定照明灯具和临时可移动照明灯具的设置和拆除；夜间施工时，施工现场交通标志、安全标牌、警示灯等的设置、移动、拆除：以及夜间照明设备的摊销及照明用电、施工人员夜班补助、夜间施工劳动效率的降低等。

（2）非夜间施工照明。非夜间施工照明包括为保证工程施工正常进行，在如地下室等特殊施工部位施工时所采用的照明设备的安拆、维护、摊销及照明用电等费用。

（3）二次搬运。二次搬运是指由于施工场地条件限制而发生的材料、成品、半成品等一次运输不能到达工地堆放地点，必须进行二次或多次搬运的费用。

（4）冬雨季施工。冬雨季施工是指冬雨（风）季施工时增加的临时设施（防寒保温、防雨、防风设施）的搭设、拆除；冬雨（风）季施工时，对砌体、混凝土等采用的特殊加温、保温和养护措施；冬雨（风）季施工时，施工现场的防滑处理、对影响施工的雨雪的清除；包括冬雨（风）季施工时增加的临时设施、施工人员的劳动保护用品、冬雨（风）季施工劳动效率降低等。

（5）地上、地下设施、建筑物的临时保护设施。地上、地下设施、建筑物的临时保护设施是指在工程施工过程中，对已建成的地上、地下设施和建筑物进行的遮盖、封闭、隔离等必要保护措施。

（6）已完工程及设备保护。已完工程及设备保护是指对已完工程及设备采取的覆盖、包裹、封闭、隔离等必要保护措施。

思考与练习

问答题：

1. 工程量计算的基本要求是什么？

2. 平整场地的清单工程量和定额工程量是如何计算的？

3. 挖基础土方的清单工程量和定额工程量是如何计算的？试简述其工程量清单的报价过程及特点。

4. 基础回填土、室内回填土工程量计算时应注意什么？

5. 试述预制混凝土桩的计价特点。

6. 什么是接桩？工程量如何计算？

7. 屋面防水有哪些项目？各项目适用于哪种条件的屋面？其工程内容包括哪些？

8. 墙面、地面防水（潮）有哪些项目？如何列项？

9. 保温隔热屋面、保温隔热天棚工程量如何计算？包括哪些工程内容？

10. 综合脚手架综合了哪些内容?

11. 叙述单项脚手架的搭设方式。

12. 什么是垂直防护架?

13. 如何区分地坑与地槽?

14. 什么是放坡系数?

15. 怎样计算打预制混凝土桩的工程量?

16. 怎样计算灌注桩工程量?

17. 砖墙与砖基础如何划分?

18. 工程量计算中砖墙的高度、长度如何计算?

19. 定额中的砖厚度是否按设计施工图标注尺寸确定?

20. 砌筑的工程量清单项目划分有哪几个部分?

21. 如何计算卷闸门工程量?

22. 如何计算木屋架工程量?

23. 如何计算檩木工程量?

24. 如何计算屋面木基层工程量?

25. 如何计算封檐板工程量?

26. 如何计算木楼梯工程量?

27. 如何计算楼地面垫层工程量?

28. 如何计算楼地面面层工程量?

29. 如何计算块料面层工程量?

30. 如何计算台阶面层工程量?

31. 如何计算踢脚板工程量?

32. 如何计算楼梯扶手工程量?

33. 如何计算散水工程量?

34. 屋面坡度系数是如何确定的?

35. 如何利用坡度系数 C 计算屋面工程量?

36. 如何计算卷材屋面工程量?

37. 如何确定屋面找坡层的平均厚度?

38. 如何计算变形缝工程量?

39. 如何计算保温隔热层工程量?

40. 内墙面抹灰按规定应扣除哪些面积?

41. 如何确定内墙抹灰的长度和高度?

42. 外墙抹灰按规定应扣除哪些面积?

43. 如何计算窗台线抹灰工程量?

44. 如何计算外墙装饰抹灰工程量?

45. 如何计算幕墙工程量?

46. 如何计算独立柱装饰抹灰工程量?

47. 如何计算顶棚龙骨和顶棚面层工程量?

48. 如何计算油漆工程量?

49. 叙述金属结构工程量计算规则。

50. 民用建筑的铁栏杆按平方米计算吗？为什么？

51. 实腹钢柱的清单项目包括哪些工程内容？

52. 某建筑外墙厚 370 mm，中心线总长 80 m，内墙厚 240 mm，净长线总长为 35 m。底层建筑面积为 600 m²，室内外高差 0.6 m，地坪厚度 100 mm，已知该建筑基础挖土量为 1000 m³，室外涉及地坪以下埋设物体积 450 m³，求该工程的余土外运量。

53. 某冷库为无梁楼盖结构层高 3.6 m，楼板厚 200 mm，混凝土圆柱直径 400 mm，柱帽高 400 mm，计算每层中一根柱的混凝土工程量。

判断题：

1. 人工平整场地是指建筑物地挖、填土方厚度在 30cm 以上的找平。　　（　　）

2. 平整场地工程量是按建筑物外墙边每边各加 3 m 以 m² 计算。　　（　　）

3. 本地区建筑工程（预算）计价定额规定的人工挖地坑放坡系数 $K = 0.3$。　　（　　）

4. 运土工程量等于挖土工程量。　　（　　）

5. 室内回填土 = 建筑面积 × 回填厚度。　　（　　）

6. 现浇构件与预制构件的钢筋工程量可以合在一起计算。　　（　　）

7. 抗震构件箍筋弯钩的平直部分长不小于箍筋直径的 10 倍。　　（　　）

8. 钢筋混凝土独立基础与柱的分界线是 ±0.00 标高。　　（　　）

9. 框架柱高应自柱基上表面至现浇混凝土板底面。　　（　　）

10. 构造柱按施工平面图尺寸计算工程量。　　（　　）

11. 无梁板的柱帽体积合并在柱内计算。　　（　　）

12. 现浇平板按面积计算工程量。　　（　　）

13. 现浇整体楼梯要扣除楼梯井面积。　　（　　）

14. 各类门窗制作、安装工程量均按框外围面积计算。　　（　　）

15. 门窗贴脸、披水条按面积计算。　　（　　）

16. 铝合金门按洞口面积计算工程量。　　（　　）

17. 封檐板就是指博风板。　　（　　）

18. 地面垫层按室内主墙间净面积计算。　　（　　）

19. 室内地面面积 = 建筑面积 − 墙结构面积。　　（　　）

20. 散水面积可以根据 $L_外$ 计算。　　（　　）

21. 楼梯栏杆按平方米计算。　　（　　）

22. 不锈钢楼梯栏杆扶手按重量计算。　　（　　）

23. 计算卷材屋面工程量应包括女儿墙弯起部分。　　（　　）

24. 预制混凝土桩的体积要扣除桩尖虚体积。　　（　　）

25. 管桩的空心体积要扣除。　　（　　）

26. 电焊接桩按设计接头以个计算。　　（　　）

27. 综合脚手架按建筑面积计算工程量。　　（　　）

28. 悬空脚手架属于单项脚手架。　　（　　）

29. 花岗岩外墙面挂贴属于装饰工程预算项目。　　（　　）

30. 铝合金门窗安装属于装饰工程预算项目。　　（　　）

第 8 章

建设工程价款结算和竣工决算

8.1　建设工程价款结算

8.1.1　工程价款结算的概念

工程价款结算，也称工程结算，是指依据施工合同进行工程预付款、工程进度款、工程竣工价款结算的活动。在履行施工合同过程中，工程价款结算分为预付款结算、进度款结算和竣工价款结算三个阶段。

建筑工程价款结算可以根据不同情况，采取多种方式。现行价款结算主要方法有按月结算、竣工后一次结算、分段结算、目标结算方式。

1. 按月结算

按月结算实行旬末或月中预支工程款项，月中实施结算。跨年度竣工的工程，在年终进行工程盘点，办理年度结算。在建施工工程，每月月末（或下月初）由承包商提出已完工程月报表和工程款结算清单，交现场监理工程师审查签证并经业主确认后，办理已完工程的工程款结算和支付业务。

按月结算时，对已完成的施工部分产品，必须严格按规定标准检查质量并逐一清点工程量。对质量不合格或未完成预算定额规定的全部工序内容，则不能办理工程结算。

2. 分阶段结算

分阶段结算是指以单项（或单位）工程为对象，按其施工对象进度划分为若干施工阶段，按阶段进行工程价款结算，具体做法有以下几种：

（1）按施工阶段预支，该施工阶段完工后结算。这种做法是将工程总造价通过计算拆分到各个施工阶段，从而得到各个施工阶段的工程费用。承包商据此填写工程价款预支账单，送监理工程师签证并经业主确认后办理结算。

（2）按施工阶段预支，竣工后一次结算。

（3）分次预支，竣工后一次结算。分次预支，每次预支金额数应与施工进度大体一致。此种结算方法的优点是可以简化结算手续，适用于投资少、工期短、技术简单的工程。

3. 竣工后一次结算

竣工后一次结算是指工程竣工后，按照合同（或协议）的规定，向建设单位办理最后的工程价款结算。建设项目或单项工程的全部建筑安装工程建设工期在 12 个月以内，或者工程承包合同价在 100 万元以内的，可以实行工程价款每月月中预支（或按合同规定），竣工后一次结算的方式。

4. 目标结算方式

目标结算即在工程合同中,将承包工程的内容分解成不同的控制界面,以业主验收控制界面作为支付工程价款的前提条件。也就是说,将合同中的工程内容分解成不同的验收单元,当承包商完成单元工程内容并经业主(或其委托人)验收后,业主即支付构成单元工程内容的工程价款。

目标结算方式下,承包商要想获得工程价款,必须按照合同约定的质量标准完成界面内的工程内容。要想尽早获得工程价款,承包商必须充分发挥自己的组织实施能力,在保证质量的前提下,加快施工进度。

我国现行建筑安装工程价款结算中,相当一部分是按月计算。这种结算办法是按分部分项工程,即以"假定建筑安装产品"为对象,按月结算(或预支),待工程竣工后再办理竣工结算,一次结算,找补余款。

8.1.2　工程预付款及安全文明施工费

工程预付款是建设工程施工合同订立后由发包人按照合同约定,在正式开工前预先支付给承包人的工程款。它是施工准备和所需要材料、结构件等流动资金的主要来源。工程是否实行预付款,取决于工程性质、承包工程量的大小及发包人在招标文件中的规定。工程实行预付款的,发包人应按照合同约定支付工程预付款,承包人应将预付款专用于合同工程。支付的工程预付款,按照合同约定在工程进度款中抵扣。

1. 预付款的支付

(1)预付款的额度。包工包料工程的预付款的支付比例不得低于签约合同价(扣除暂列金额)的10%,不宜高于签约合同价(扣除暂列金额)的30%。对重大工程项目,按年度工程计划逐年预付。实行工程量清单计价的工程,实体性消耗和非实体性消耗部分应在合同中分别约定预付款比例(或金额)。

(2)预付款的支付时间。承包人应在签订合同或向发包人提供与预付款等额的预付款保函后向发包人提交预付款支付申请。发包人应在收到支付申请的7天内进行核实后向承包人发出预付款支付证书,并在签发支付证书后的7天内向承包人支付预付款。发包人没有按合同约定按时支付预付款的,承包人可催告发包人支付;发包人在预付款期满后的7天内仍未支付的,承包人可在付款期满后的第8天起暂停施工。发包人应承担由此增加的费用和延误的工期,并应向承包人支付合理利润。

2. 预付款的扣回

发包人拨付给承包人的工程预付款属于预支的性质。随着工程进度的推进,拨付的工程进度款数额不断增加,工程所需主要材料、构件的储备逐步减少,原已支付的预付款应以抵扣的方式从工程进度款中予以陆续扣回。预付款应从每一个支付期应支付给承包人的工程进度款中扣回,直到扣回的金额达到合同约定的预付款金额为止。承包人的预付款保函的担保金额根据预付款扣回的数额相应递减,但在预付款全部扣回之前一直保持有效。发包人应在预付款扣完后的14天内将预付款保函退还给承包人。

预付的工程款必须在合同中约定扣回方式,常用的扣回方式有以下几种:

(1)在承包人完成金额累计达到合同总价一定比例(双方合同约定)后,采用等比率或等额扣款的方式分期抵扣。也可针对工程实际情况具体处理,如有些工程工期较短、造价较低,就无需分期扣还;有些工期较长,如跨年度工程,其预付款的占用时间很长,根据需要可以少扣或不扣。

(2)从未完施工工程尚需的主要材料及构件的价值相当于工程预付款数额时起扣,从每次中间结算工程价款中,按材料及构件比重抵扣工程预付款,至竣工之前全部扣清。其基本计算公式如下:

①扣点的计算公式。

$$T = P - \frac{M}{N} \qquad (8-1)$$

式中:T——起扣点,即工程预付款开始扣回的累计已完工程价值;

P——承包工程合同总额;

M——工程预付款数额;

N——主要材料及构件所占比重。

②第一次扣还工程预付款数额的计算公式。

$$a_1 = \left(\sum_{i=1}^{n} T_i - T \right) \times N \qquad (8-2)$$

式中:a_1——第一次扣还工程预付款数额;

$\sum_{i=1}^{n} T_i$——累计已完工程价值。

③第二次及以后各次扣还工程预付款数额的计算公式。

$$a_i = T_i \times N \qquad (8-3)$$

式中:a_1——第 i 次扣还工程预付款数额($i > 1$)

T_i——第 i 次扣还工程预付款时,当期结算的已完工程价值。

3. 安全文明施工费

财政部、国家安全生产监督管理总局印发的《企业安全生产费用提取和使用管理办法》(财企〔2012〕16 号)第十九条对企业安全费用的使用范围做了规定,建设工程施工阶段的安全文明施工费包括的内容和使用范围应符合此规定。

鉴于安全文明施工的措施具有前瞻性,必须在施工前予以保证。因此,发包人应在工程开工后的 28 天内预付不低于当年施工进度计划的安全文明施工费总额的 60%,其余部分按照提前安排的原则进行分解,与进度款同期支付。发包人没有按时支付安全文明施工费的,承包人可催告发包人支付;发包人在付款期满后的 7 天内仍未支付的,若发生安全事故,发包人应承担相应责任。

承包人对安全文明施工费应专款专用,在财务账目中单独列项备查,不得挪作他用,否则发包人有权要求其限期改正;逾期未改正的,造成的损失和延误的工期由承包人承担。

8.1.3 工程进度款

建设工程合同是先由承包人完成建设工程,后由发包人支付合同价款的特殊承揽合同,由于建设工程具有投资大、施工期长等特点,合同价款的履行顺序主要通过“阶段小结、最终结清”来实现。当承包人完成了一定阶段的工程量后,发包人就应该按合同约定履行支付工程进度款的义务。

发、承包双方应按照合同约定的时间、程序和方法，根据工程计量结果，办理期中价款结算，支付进度款。进度款支付周期，应与合同约定的工程计量周期一致。其中，工程量的正确计量是发包人向承包人支付进度款的前提和依据。计量和付款周期可采用分段或按月结算的方式，按照财政部、建设部印发的《建设工程价款结算暂行办法》的规定：

（1）按月结算与支付。即实行按月支付进度款，竣工后结算的办法。合同工期在两个年度以上的工程，在年终进行工程盘点，办理年度结算。

（2）分段结算与支付。即当年开工、当年不能竣工的工程按照工程形象进度，划分不同阶段，支付工程进度款。

当采用分段结算方式时，应在合同中约定具体的工程分段划分方法，付款周期应与计量周期一致。

《建设工程工程量清单计价规范》规定：已标价工程量清单中的单价项目，承包人应按工程计量确认的工程量与综合单价计算；如综合单价发生调整的，以发、承包双方确认调整的综合单价计算进度款。已标价工程量清单中的总价项目，承包人应按合同中约定的进度款支付分解，分别列入进度款支付申请中的安全文明施工费和本周期应支付的总价项目的金额中。发包人提供的甲供材料金额，应按照发包人签约提供的单价和数量从进度款支付中扣出，列入本周期应扣减的金额中。进度款的支付比例按照合同约定，按期中结算价款总额计，不低于60%，不高于90%。

1. 承包人支付申请的内容

承包人应在每个计量周期到期后的7天内向发包人提交已完工程进度款支付申请一式四份，详细说明此周期认为有权得到的款额，包括分包人已完工程的价款。支付申请应包括下列内容：

（1）累计已完成的合同价款。

（2）累计已实际支付的合同价款。

（3）本周期合计完成的合同价款：

①本周期已完成单价项目的金额。

②本周期应支付的总价项目的金额。

③本周期已完成的计日工价款。

④本周期应支付的安全文明施工费。

⑤本周期应增加的金额。

（4）本周期合计应扣减的金额：

①本周期应扣回的预付款。

②本周期应扣减的金额。

（5）本周期实际应支付的合同价款。

2. 发包人支付进度款

发包人应在收到承包人进度款支付申请后的14天内根据计量结果和合同约定对申请内容予以核实，确认后向承包人出具进度款支付证书。若发、承包双方对有的清单项目的计量结果出现争议，发包人应对无争议部分的工程计量结果向承包人出具进度款支付证书。发包人应在签发进度款支付证书后的14天内，按照支付证书列明的金额向承包人支付进度款。

若发包人逾期未签发进度款支付证书,则视为承包人提交的进度款支付申请已被发包人认可,承包人可向发包人发出催告付款的通知。发包人应在收到通知后的 14 天内,按照承包人支付申请的金额向承包人支付进度款。发包人未按规定支付进度款的,承包人可催告发包人支付,并有权获得延迟支付的利息;发包人在付款期满后的 7 天内仍未支付的,承包人可在付款期满后的第 8 天起暂停施工。发包人应承担由此增加的费用和延误的工期,向承包人支付合理利润,并应承担违约责任。

发现已签发的任何支付证书有错、漏或重复的数额,发包人有权予以修正,承包人也有权提出修正申请。经发、承包双方复核同意修正的,应在本次到期的进度款中支付或扣除。

8.2　建设工程竣工结算与支付

工程完工后,发、承包双方必须在合同约定时间内办理工程竣工结算。工程竣工结算由承包人或受其委托具有相应资质的工程造价咨询人编制,由发包人或受其委托具有相应资质的工程造价咨询人核对。竣工结算办理完毕,发包人应将竣工结算文件报送工程所在地(或有该工程管辖权的行业管理部门)工程造价管理机构备案,竣工结算文件作为工程竣工验收备案、交付使用的必备文件。

8.2.1　工程竣工结算的编制

1. 工程竣工结算编制的依据

①《建设工程工程量清单计价规范》GB 50500—2013。

②工程合同。

③发、承包双方实施过程中已确认的工程量及其结算的合同价款。

④发、承包双方实施过程中已确认调整后追加(减)的合同价款。

⑤建设工程设计文件及相关资料。

⑥投标文件。

⑦其他依据。

2. 工程竣工结算的计价原则

(1)分部分项工程和措施项目中的单价项目应依据双方确认的工程量与已标价工程量清单的综合单价计算;如发生调整的,应以发、承包双方确认调整的综合单价计算。

(2)措施项目中的总价项目应依据已标价工程量清单的项目和金额计算;发生调整的,应以发、承包双方确认调整的金额计算,其中安全文明施工费应按国家或省级、行业建设主管部门的规定计算。

(3)其他项目应按下列规定计价:

①计日工应按发包人实际签证确认的事项计算。

②暂估价应按计价规范相关规定计算。

③总包服务费应依据已标价工程量清单的金额计算;发生调整的,应以发、承包双方确认调整的金额计算。

④索赔费用应依据发、承包双方确认的索赔事项和金额计算。

⑤现场签证费用应依据发、承包双方签证资料确认的金额计算。

⑥暂列金额应减去工程价款调整(包括索赔、现场签证)金额计算,如有余额归发包人。

(4)规费和税金按国家或省级、建设主管部门的规定计算。规费中的工程排污费应按工程所在地环境保护部门规定标准缴纳后按实列入。

(5)发、承包双方在合同工程实施过程中已经确认的工程计量结果和合同价款,在竣工结算办理中应直接进入结算。

3. 工程竣工结算的程序

合同工程完工后,承包方应在经发、承包双方确认的合同工程期中价款结算的基础上汇总编制完成竣工结算文件,并在合同约定的时间内,提交竣工验收申请的同时向发包人提交竣工结算文件。

承包人未在合同约定的时间内提交竣工结算文件,经发包人催告后 14 天内仍未提交或没有明确答复,发包人有权根据已有资料编制竣工结算文件,作为办理竣工结算和支付结算款的依据,承包人应予以认可。

发包人应在收到承包人提交的竣工结算文件后的 28 天内核对。发包人经核实,认为承包人还应进一步补充资料和修改结算文件,应在上述时限内向承包人提出核实意见,承包人在收到核实意见后的 28 天内按照发包人提出的合理要求补充资料,修改竣工结算文件,并应再次提交给发包人复核后批准。

发包人应在收到承包人再次提交的竣工结算文件后的 28 天内予以复核,并将复核结果通知承包人。若发、承包双方对复核结果无异议的,应在 7 天内在竣工结算文件上签字确认,竣工结算办理完毕;若发包人或承包人对复核结果认为有误的,无异议部分按照上述规定办理不完全竣工结算;有异议部分由发、承包双方协商解决;协商不成的,按照合同约定的争议解决方式处理。

发包人在收到承包人竣工结算文件后的 28 天内,不核对竣工结算或未提出核对意见的,应视为承包人提交的竣工结算文件已被发包人认可,竣工结算办理完毕。

承包人在收到发包人提出的核实意见后的 28 天内,不确认也未提出异议的,应视为发包人提出的核实意见已被承包人认可,竣工结算办理完毕。

发包人委托工程造价咨询人核对竣工结算的,工程造价咨询人应在 28 天内核对完毕,核对结论与承包人竣工结算文件不一致的,应提交给承包人复核;承包人应在 14 天内将同意核对结论或不同意见的说明提交工程造价咨询人。工程造价咨询人收到承包人提出的异议后,应再次复核,复核无异议的,应在 7 天内在竣工结算文件上签字确认,竣工结算办理完毕。复核后仍有异议的,无异议部分办理不完全竣工结算;有异议部分由发、承包双方协商解决,协商不成的,按照合同约定的争议解决方式处理。承包人逾期未提出书面异议,视为工程造价咨询人核对的竣工结算文件已经承包人认可。

对发包人或发包人委托的工程造价咨询人指派的专业人员与承包人指派的专业人员经核对后无异议并签名确认的竣工结算文件,除非发、承包人能提出具体、详细的不同意见,发、承包人都应在竣工结算文件上签名确认,如其中一方拒不签认的,按以下规定办理:

(1)若发包人拒不签认的,承包人可不提供竣工验收备案资料,并有权拒绝与发包人或其上级部门委托的工程造价咨询人重新核对竣工结算文件。

(2)若承包人拒不签认的,发包人要求办理竣工验收备案的,承包人不得拒绝提供竣工验收资料,否则,由此造成的损失,承包人承担相应责任。

合同工程竣工结算核对完成，发、承包双方签字确认后，禁止发包人又要求承包人与另一个或多个工程造价咨询人重复核对竣工结算。

发包人以对工程质量有异议，拒绝办理工程竣工结算的，已竣工验收或已竣工未验收但实际投入使用的工程，其质量争议按该工程保修合同执行，竣工结算应按合同约定办理；已竣工未验收且未实际投入使用的工程以及停工、停建工程的质量争议，双方应就有争议的部分委托有资质的检测鉴定机构进行检测，根据检测结果确定解决方案，或按工程质量监督机构的处理决定执行后办理竣工结算，无争议部分的竣工结算按合同约定办理。

4. 最终结清

缺陷责任期终止后，承包人应按照合同约定向发包人提交最终结清支付申请。发包人对最终结清支付申请有异议的，有权要求承包人进行修正和提供补充资料。承包人修正后，应再次向发包人提交修正后的最终结清支付申请。发包人应在收到最终结清支付申请后的 14 天内予以核实，并应向承包人签发最终结清支付证书，并在签发最终结清支付证书后的 14 天内，按照最终结清支付证书列明的金额向承包人支付最终结清款。如果发包人未在约定的时间内核实，又未提出具体意见的，视为承包人提交的最终结清支付申请已被发包人认可。

发包人未按期最终结清支付的，承包人可催告发包人支付，并有权获得延迟支付的利息。最终结清时，如果承包人被扣留的质量保证金不足以抵减发包人工程缺陷修复费用的，承包人应承担不足部分的补偿责任。承包人对发包人支付的最终结清款有异议的，按照合同约定的争议解决方式处理。

8.2.2　工程竣工结算的审查

工程竣工结算要有严格的审查，一般从以下几个方面入手。

1. 核对合同条款

首先，应核对竣工工程内容是否符合合同条件要求，工程是否竣工验收合格，只有按合同要求完成全部工程并验收合格才能竣工结算；其次，应按合同规定的结算方法、计价定额、取费标准、主材价格和优惠条款等，对工程竣工结算进行审核，若发现合同开口或有漏洞，应请发包人与承包人认真研究，明确结算要求。

2. 检查隐蔽验收记录

所有隐蔽工程均需进行验收，两人以上签证；实行工程监理的项目应经监理工程师签证确认。审核竣工结算时应核对隐蔽工程施工记录和验收签证，手续完整，工程量与竣工图一致方可列入结算。

3. 落实设计变更签证

设计修改变更应有原设计单位出具设计变更通知单和修改的设计图纸、校审人员签字并加盖公章，经发包人和监理工程师审查同意、签证；重大设计变更应经原审批部门审批，否则不应列入结算。

4. 按图核实工程数量

竣工结算的工程量应依据竣工图、设计变更单和现场签证等进行核算，并按国家统一规定的计算规则计算工程量。

5. 执行定额单价

结算单价应按合同约定或招标规定的计价定额与计价原则执行。

6. 防止各种计算误差

工程竣工结算子目多、篇幅大，往往有计算误差，应认真核算，防止因计算误差多计或少算。

8.2.3　工程竣工结算款的支付

1. 承包人提交竣工结算款支付申请

承包人应根据办理的竣工结算文件，向发包人提交竣工结算款支付申请。申请应包括下列内容：

（1）竣工结算合同价款总额。

（2）累计已实际支付的合同价款。

（3）应预留的质量保证金。

（4）实际应支付的竣工结算款金额。

2. 发包人签发竣工结算支付证书与支付结算款

发包人应在收到承包人提交竣工结算款支付申请后 7 天内予以核实，向承包人签发竣工结算支付证书，并在签发竣工结算支付证书后的 14 天内，按照竣工结算支付证书列明的金额向承包人支付结算款。

发包人在收到承包人提交的竣工结算款支付申请后 7 天内不予核实，不向承包人签发竣工结算支付证书的，视为承包人的竣工结算款支付申请已被发包人认可；发包人应在收到承包人提交的竣工结算款支付申请 7 天后的 14 天内，按照承包人提交的竣工结算款支付申请列明的金额向承包人支付结算款。

发包人未按照上述规定支付竣工结算款的，承包人可催告发包人支付，并有权获得延迟支付的利息。发包人在竣工结算支付证书签发后或者在收到承包人提交的竣工结算款支付申请 7 天后的 56 天内仍未支付的，除法律另有规定外，承包人可与发包人协商将该工程折价，也可直接向人民法院申请将该工程依法拍卖。承包人应就该工程折价或拍卖的价款优先受偿。

8.2.4　质量保证金

发包人应按照合同约定的质量保证金比例从结算款中扣留质量保证金。承包人未按照合同约定履行属于自身责任的工程缺陷修复义务的，发包人有权从质量保证金中扣留用于缺陷修复的各项支出。经查验，工程缺陷属于发包人原因造成的，应由发包人承担查验和缺陷修复的费用。在合同约定的缺陷责任期终止后，发包人应按照合同中最终结清的相关规定，将剩余的质量保证金返还给承包人。当然，剩余质量保证金的返还，并不能免除承包人按照合同约定应承担的质量保修责任和应履行的质量保修义务。

1. 缺陷和缺陷责任期

（1）缺陷

缺陷是指建设工程质量不符合工程建设强制性标准，设计文件、以及承包合同的约定。

（2）缺陷责任期

缺陷责任期一般为 6 个月、12 个月或 24 个月，具体可由发、承包双方在合同中约定。缺陷责任期从工程通过竣（交）工验收之日起，由于承包人的原因导致工程无法按规定期限进行竣（交）工验收的，缺陷责任期从实际工程通过竣（交）工验收之日起计。由于发包人的原因导致工程无法按规定期限进行竣（交）工验收的，在承包人提交竣（交）工验收报告 90 天后，工程自动进入缺陷责任期。

2. 质量保证金的预留和返还

（1）发、承包双方的约定

发包人应当在招标文件中明确质量保证金的预留、返还等内容，并与承包人在合同条款中对涉及质量保证金的下列事项进行约定：

①保证金的预留、返还方式。

②保证金预留比例、期限。

③保证金是否计付利息，如计付利息，利息的计算方式。

④缺陷责任期的期限及计算方式。

⑤保证金预留、返还及工程维修质量、费用等争议的处理程序。

⑥缺陷责任期内出现缺陷的索赔方式。

（2）保证金的预留

建设工程结算后，发包人应按照合同约定及时向承包人支付工程结算款并预留保证金。全部或者部分使用政府投资的建设项目，按工程价款结算总额 5% 左右的比例预留保证金。社会投资项目采用预留保证金方式的，预留保证金的比例可参照执行。

（3）保证金的返还

保证金的返还缺陷责任期内，承包人认真履行合同约定的责任，到期后，承包人向发包人申请返还保证金。发包人在接到承包人返还保证金的申请后，应于 14 日内会同承包人按照合同约定的内容进行核实。如无异议，发包人应当在核实后 14 日内将保证金返还给承包人，预期支付的，从逾期之日起，按照同期银行贷款利率计付利息，并承担违约责任。发包人在接到承包人返还保证金的申请后 14 日内不予答复，经催告后 14 日内仍不予答复，视同认可承包人返还保证金的申请。

3. 保证金的管理及缺陷修复

（1）保证金的管理

缺陷责任期内，实行国库集中支付的政府投资项目，保证金的管理应按国库集中支付的有关规定执行。其他的政府投资项目，保证金可以预留在财政部门或发包方。缺陷责任期内，若发包人被撤销，保证金随交付使用资产一并移交使用单位管理，由使用单位代行发包人职责。社会投资项目采用保证金方式的，发、承包双方可以约定将保证金交由金融机构托管；采用工程质量担保、工程质量保险等其他保证方式的，发包人不再预留保证金，并按照有关规定执行。

（2）缺陷责任期内缺陷责任的承担

缺陷责任期内，由承包人原因造成的缺陷，承包人应负责维修，并承担鉴定及维修费用。如承包人不维修也不承担费用，发包人可按合同约定扣除保证金，并由承包人承担违约责任。承包人维修并承担费用后，不免除对工程的一般损失赔偿责任。由他人原因造成的缺陷，发包人负责组织维修，承包人不承担费用，且发包人不得从保证金中扣除费用。

8.3　建设工程竣工决算

竣工决算是项目竣工报告的重要组成部分,对于总结分析建设过程的经验教训,提高工程造价管理水平和积累技术经济资料,为有关部门制订类似工程的建设计划与修订概(预)算定额指标提供资料和经验,都具有重要意义。

8.3.1　工程竣工决算的概念及作用

1.工程竣工决算的概念

竣工决算是指建设项目竣工后,业主按照国家有关规定在新建、改建和扩建工程建设项目竣工验收阶段编制的决算报告,竣工决算由竣工财务决算报表、竣工财务决算说明书、竣工工程平面示意图、工程造价比较分析四部分组成。其中竣工财务决算报表、竣工财务决算说明书属于竣工财务决算的内容。竣工财务决算是竣工决算的组成部分,是正确核定新增固定资产价值、考核分析投资效果、建立健全经济责任制的依据,也是竣工验收报告的重要组成部分。

2.工程竣工决算的作用

竣工验收是工程项目建设全过程的最后一个程序,是全面考核基本建设工作是否合乎设计要求和工程质量的重要环节,是投资成果转人生产或使用的标志。而所有竣工验收的项目在办理验收手续之前,必须对所有财产和物资进行清理,编好竣工决算。

(1)竣工决算是国家对基本建设投资实行计划管理的重要手段

在基本建设项目从筹建到竣工投产或交付使用的全过程中,各项费用的实际发生额,基本建设投资计划的实际执行情况,只能从建设单位编制的建设工程竣工决算中全面反映出来,通过把竣工决算的各项费用数额与设计概算中的相应费用指标相比,可得出节约或超支的情况,通过分析节约或超支的原因,总结经验教训。加强投资计划管理,以提高基本建设投资效果。

(2)竣工决算是对基本建设设实行"三算"对比的基本依据

"三算"对比是指设计概算、施工图预算和竣工决算的对比。这里的设计概算和施工图预算都是人们在建筑施工前不同建设阶段根据有关资料进行计算,确定拟建工程所需的费用。在一定意义上,它们属于人们主观上的估算范畴。而建设工程竣工决算所确定的建设费用是人们在建设活动中实际支出的费用,它在"三算"对比中具有特殊的作用·能够直接反映出固定资产投资计划完成情况和投资效果。

(3)竣工决算是基本建设成果和财务状况的综合反映

建设项目竣工决算包括基本建设项目从开始筹建到竣工验收为止的全部实实际费用。它采用货币指标、建设工期、实物数量和各种技术经济指标,综合、全面地反映基本建设项目的建设成果和财务状况。

(4)竣工决算是竣工验收的主要依据

按国家基本建设程序规定,当批准的设计文件规定的工业项目经负荷运转和试生产,并生产出合格的产品。民用项目符合设计要求。能够正常使用时,应该及时组织竣工验收工作,对建设项目进行全面考核。在竣工验收之前,建设单位向主管部门提出验收报告,其中主要组成部分是建设单位编制的竣工决算文件,作为验收委员会(或小组)验收依据。

验收人员要检查建设项目实际建筑物、构筑物和生产设备与设施的生产和使用情况,同时审查竣工决算文件中的有关内容和指标,确定建设项目的验收结果。

5. 竣工决算是确定建设单位新增资产价值的依据

在竣工决算中详细计算了建设项目所有的建筑工程费、安装工程费、设备费和其他费用等新增固定资产总额及流动资金,作为建设管理部门向使用单位移交财产的依据。

8.3.2 工程竣工决算的编制依据及编制步骤

1. 工程竣工决算的编制依据

(1)可行性研究报告、投资估算书、初步设计或扩大初步设计、修正总概算及其他批复文件。

(2)原始概(预)算书。

(3)设计图交底或施工图会审的会议纪要。

(4)设计变更通知书、现场工程变更签证、施工记录、各种验收资料、停(复)工报告

(5)关于材料、设备等价差调整的有关规定,其他施工中发生的费用记录。

(6)竣工图。

(7)各种结算资料。包括建筑工程的竣工结算文件、设备安装工程结算文件、设备购置费用结算文件、工(器)具和生产用具购置结算文件等。

(8)国家和地方主管部门颁发的有关建设工程竣工决算的文件。

2. 工程竣工决算的编制步骤

竣工决算可按以下步骤进行编制:

(1)收集、整理和分析原始资料:从工程开始就按编制依据的要求,收集、清点、整理有关资料,如设计文件、施工记录、上级批文、概(预)算文件、工程结算的归集整理、财务处理、财产物资的盘点核实及债权债务的清偿,做到账账、账证、账实、账表相符。

(2)进行工程对照,核实工程变动情况,重新核实各单位工程、单项工程造价。将竣工图与原设计图纸进行核实,必要时可实地测量,确认实际变更情况。按照有关规定对原工程合同结算价款进行增减调整。

(3)核定其他各项投资费用。对经审定的待摊投资、其他投资、待核销基建支出和非经营项目的转出投资,按照财政部印发的通知要求,严格划分和核定后,分别计入相应的基建支出(占用)栏目内。

(4)编制竣工财务决算说明书。按相关要求编制,力求内容具体、简明扼要、文字流畅、重点突出、分析问题全面透彻。

(5)填报竣工财务决算报表。

(6)工程造价对比分析。

(7)制作工程竣工图。

(8)按国家规定上报审批、存档。

3. 工程竣工结算与竣工决算的关系

建设项目的竣工决算是以竣工结算为基础进行编制的,它是在整个建设项目竣工结算的基础上,加上从筹建开始到工程全部竣工过程中有关基本建设的其他工程和费用支出,便构

成了建设项目的竣工决算。它们的区别表现在以下几个方面：

（1）编制单位不同。竣工结算是由施工单位编制的，竣工决算是由建设单位编制。

（2）编制范围不同。竣工结算主要是针对单位工程编制的，单位工程竣工后便可以进行编制；而竣工决算是针对建设项目编制的，必须在整个建设项目全部竣工后才可以进行编制。

（3）编制作用不同。竣工结算是建设单位与施工单位结算工程价款的依据，是核定施工企业生产成果、考核工程成本的依据，是建设单位编制建设项目竣工决算的依据。而竣工决算是建设单位考核基本建设投资效果的依据，是正确确定固定资产价值和正确计算固定资产折旧费的依据。

8.3.3　工程竣工决算的内容

竣工决算的内容包括竣工决算报告说明书、竣工财务决算报表、建设工程竣工图和工程造价比较分析四个部分。前两个部分又称为建设项目竣工财务决算，是竣工决算的核心内容和重要组成部分。

1. 竣工决算报告说明书

竣工决算报告说明书反映了竣工项目建设成果和经验，是全面考核工程投资与造价的书面总结文件，是竣工决算报告的重要组成部分，其主要内容包括：

（1）建设项目概况。

对工程总的评价一般从进度、质量、安全、造价及施工方面进行分析说明。对工程进度，主要说明开工和竣工时间，对照合同工期的要求，分析工期是提前还是延期；对工程质量，要根据竣工验收委员会或质量监督部门的验收评定等级，对合格率和优良率进行说明；对工程安全，要根据劳动工资和施工部门记录，对有无设备事故和人身事故进行说明；对工程造价，应对照概算造价，说明是节约还是超支，并用金额和百分率进行分析说明。

（2）资金来源及运用等财务分析。

主要包括工程价款结算、会计账务的处理、财产物资情况及债权债务的清偿情况。

（3）基本建设收入、投资包干结余、竣工结余资金的上缴分配情况。

通过对基本建设投资包干情况的分析，说明投资包干数、实际支用数和节约额、投资包干节余的有机构成和包干节余的分配情况。

（4）主要技术经济指标的分析、计算情况。

①概算执行情况分析，根据实际投资完成额与概算进行对比分析，②新增生产能力的效益分析，说明交付使用财产占总投资额的比例，不增加固定资产的造价占投资总额的比例，分析其有机构成和成果。

（5）工程建设的经验、项目管理和财务管理工作以及竣工财务决算中有待解决的问题。

（6）需说明的其他事项。

2. 竣工财务决算报表

建设项目竣工财务决算报表按大、中型建设项目和小型建设项目分别制定。其中大、中型建设项目竣工财务决算报表包括：建设项目竣工财务决算审批表；大、中型建设项目概况表；大、中型建设项目竣工财务决算表；大、中型建设项目交付使用资产总表；建设项目交付使用资产明细表。

（1）建设项目竣工财务决算审批表。

该表作为竣工决算上报有关部门审批时使用，其格式如表8-1所示。

表8-1　建设项目竣工财务决算审批表

项目法人(建设单位)		建设性质	
工程项目名称		主管部门	

开户银行意见：

盖章
年　月　日

专员办审批意见：

盖章
年　月　日

主管部门或财务部门审批意见：

盖章
年　月　日

（2）大中型建设项目概况表。

该表综合反映大中型建设项目的基本概况，其格式如表8-2所示。

（3）大中型建设项目竣工财务决算表。

该表反映竣工的大中型建设项目从开工到竣工为止全部资金来源和资金运用的情况，其格式如表8-3所示。

（4）大中型建设项目交付使用资产总表。

该表反映建设项目建成后新增固定资产、流动资产、无形资产和其他资产价值的情况，作为办理财产交接、检查投资计划完成情况和分析投资效果的依据，其格式如表8-4所示。

表 8－2　大中型建设项目竣工工程概况表

建设项目名称		建设地址				项目	概算	实际	主要指标
主要设计单位		主要施工企业				建筑安装工程			
						待摊投资 其中:建设单位管理费			
占地面积	计划　实际	总投资额/万元	设计		实际	其他投资			
			固定资产	流动资产	固定资产　流动资产				
新增生产能力	效益名称	设计	实际			合计			
建设起止时间	设计	从 年 月 开工至 年 月 竣工				名称	单位	概算	实际
						钢材	t		
	实际	从 年 月 开工至 年 月 竣工				木材	m³		
						水泥	t		
设计概算批准文号									
完成主要工程量	建筑面积/m²		设备/台、套、t						
	设计　实际		设计	实际					
收尾工程	工程内容	投资额	完成时间						

基建支出（竖排）；主要材料消耗（竖排）；主要技术经济指标（竖排）

表 8-3 大中型建设项目竣工财务决算表

单位:元

资金来源	金额	资金占用	金额	补充资料
一、基建拨款		一、基本建设支出		1. 基建投资借款期末余额
1. 预算拨款		1. 支付使用资产		
2. 基建基金拨款		2. 在建工程		
3. 进口设备转账拨款		3. 待摊销基建支出		2. 生产单位投资借款期末余额
4. 器材转账拨款		4. 非经营项目转出投资		
5. 自筹资金拨款		二、应收生产单位投资借款		
6. 煤代油专用基金拨款		三、拨付所属投资借款		3. 基建结余资金
7. 拨款、其他		四、器材		
二、项目资本		其中:待处理器材损失		
1. 国家资本		五、货币资金		
2. 法人资本		六、预付及应收款		
3. 个人资本		七、有价证券		
三、项目资本公积金		八、固定资产		
四、基建借款		固定资产原价		
五、上级拨入投资借款		减:累计折旧		
六、企业债券资金		固定资产净值		
七、待冲基金支出		固定资产清理		
八、应付款		待处理固定资产损失		
九、未交款				
1. 未交税金				
2. 未交基金收入				
3. 未交基建包干结余				
4. 其他未交款				
十、上级拨入资金				
十一、留成收入				
合计		合计		

表 8 – 4　大中型建设项目交付使用资产总表　　　单位：元

建设项目名称	总计	固定资产				流动资产	无形资产	其他资产
		建安工程	设备	其他	合计			
1								
2								
……								

（5）建设项目交付使用资产明细表。

该表反映交付使用的固定资产、流动资产、无形资产和其他资产及其价值的明细情况，是办理资产交接的依据和接收单位登记资产账目的依据，是使用单位建立资产明细账和登记新增资产价值的依据。其格式如表 8 – 5 所示

表 8 – 5　建设项目交付使用资金明细表

工程项目名称	结构	面积/m²	价值/元	名称	规格型号	单位	数量	价值/元	设备安装费/元	名称	价值/元	名称	价值/元	名称	价值/元

3. 建设工程竣工图

建设工程竣工图是真实地记录各种地上、地下建筑物、构筑物等情况的技术文件，是工程进行交工验收、维护改建和扩建的依据，是国家的重要技术档案。国家规定：各项新建、扩建、改建的基本建设工程，特别是基础、地下建筑、管线、结构、井巷、桥梁、隧道、港口、水坝以及设备安装等隐蔽部位，都要编制竣工图。为确保竣工图质量。必须在施工过程中（不能在竣工后）及时做好隐蔽工程检查记录，整理好设计变更文件。

4. 工程造价比较分析

经批准的概（预）算是考核实际建设工程造价和进行工程造价比较分析的依据。在分析时，可先对比整个项目的总概算，然后将建筑安装工程费、设备工（器）具购置费和其他工程费用逐一与竣工决算表中所提供的实际数据和相关资料及批准的概算和预算指标、实际的工程造价进行对比分析，以确定竣工项目总造价是节约还是超支，并在对比的基础上，总结先进经验，找出节约和超支的内容和原因，提出改进措施。

思考与练习

问答题：

1. 进度款的结算方式有哪些？

2. 竣工结算编制与复核的依据有哪些？

3. 什么是竣工决算？其编制依据和编制步骤是什么？

4. 简述竣工决算的主要内容。

5. 什么是竣工结算？工程竣工结算有几种方式？

6. 竣工结算的编制依据是什么？

7. 工程竣工结算的编制内容都包括哪些？

8. 什么是工程竣工决算？竣工决算的编制内容包括哪些？

判断题：

1. 工程结算是对原施工图预算或工程承包价进行修正重新确定工程造价的经济文件。

                      （ ）

2. 工程结算由施工单位编制。   （ ）

3. 竣工决算由施工单位编制。   （ ）

4. 竣工决算由建设单位编制   （ ）

5. 工程结算由建设单位编制   （ ）

6. 编制工程结算应具备的资料有设计变更、分包工程结算等。 （ ）

7. 工程结算亦称竣工结算。   （ ）

8. 工程结算一般以一个单项工程为对象。   （ ）

9. 工程结算可以自行调整工程量。   （ ）

第 9 章

工程造价行业管理

9.1　工程造价管理概念

9.1.1　工程造价管理的基本内涵

1. 工程造价管理

工程造价管理是指综合运用管理学、经济学和工程技术等方面的知识与技能，对工程造价进行预测、计划、控制、核算等的过程。工程造价管理既涵盖了宏观层次的工程建设投资管理，也涵盖了微观层次的工程项目费用管理。

（1）工程造价的宏观管理。

工程造价的宏观管理是指政府部门根据社会经济发展的实际需要，利用法律、经济和行政等手段，规范市场主体的价格行为，监控工程造价的系统活动。

（2）工程造价的微观管理。

工程造价的微观管理是指工程参建主体根据工程有关计价依据和市场价格信息等预测、计划、控制、核算工程造价的系统活动。

2. 建设工程全面造价管理

按照国际工程造价管理促进会给出的定义，全面造价管理（Total Cost Management, TCM）是指有效地利用专业知识与技术，对资源、成本、盈利和风险进行筹划和控制。建设工程全面造价管理包括全寿命期造价管理、全过程造价管理、全要素造价管理和全方位造价管理。

（1）全寿命期造价管理。

建设工程全寿命期造价是指建设工程初始建造成本和建成后的日常使用成本之和，它包括建设前期、建设期、使用期及拆除期各个阶段的成本。由于在实际管理过程中，在工程建设及使用的不同阶段，工程造价存在诸多不确定性，因此，全寿命期造价管理主要是作为一种实现建设工程全寿命期造价最小化的指导思想，指导建设工程的投资决策及设计方案的选择。

（2）全过程造价管理。

全过程造价管理是指覆盖建设工程策划决策及建设实施各个阶段的造价管理。包括：前期决策阶段的项目策划、投资估算、项目经济评价、项目融资方案分析；设计阶段的限额设计、方案比选、概预算编制；招投标阶段的标段划分、发、承包模式及合同形式的选择、招标控制价或标底编制；施工阶段的工程计量与结算、工程变更控制、索赔管理；竣工验收阶段的结算与决算等。

（3）全要素造价管理。

影响建设工程造价的因素有很多。为此，控制建设工程造价不仅仅是控制建设工程本身的建造成本，还应同时考虑工期成本、质量成本、安全与环境成本的控制，从而实现工程成本、工期、质量、安全、环境的集成管理。全要素造价管理的核心是按照优先性的原则，协调和平衡工期、质量、安全、环保与成本之间的对立统一关系。

（4）全方位造价管理。

建设工程造价管理不仅仅是业主或承包单位的任务，而应该是政府建设主管部门、行业协会、建设单位、设计单位、施工单位以及有关咨询机构的共同任务。尽管各方的地位、利益、角度等有所不同，但必须建立完善的协同工作机制，才能实现建设工程造价的有效控制。

9.1.2 工程造价管理的组织系统

工程造价管理的组织系统，是指为了实现工程造价管理目标而进行的有效组织活动，以及与造价管理功能相关的有机群体。它是工程造价动态的组织活动过程和相对静态的造价管理部门的统一。

为了实现工程造价管理目标而开展有效的组织活动，我国设置了多部门、多层次的工程造价管理机构，并规定了各自的管理权限和职责范围。

1. 政府行政管理系统

政府在工程造价管理中既是宏观管理主体，也是政府投资项目的微观管理主体。从宏观管理的角度，政府对工程造价管理有一个严密的组织系统，设置了多层管理机构，规定了管理权限和职责范同。

（1）国务院建设主管部门造价管理机构。主要职责是：

①组织制定工程造价管理有关法规、制度并组织贯彻实施。

②组织制定全国统一经济定额和制定、修订本部门经济定额。

③监督指导全国统一经济定额和本部门经济定额的实施。

④制定和负责全国工程造价咨询企业的资质标准及其资质管理工作。

⑤制定全国工程造价管理专业人员执业资格准入标准，并监督执行。

（2）国务院其他部门的工程造价管理机构。包括：水利、水电、电力、石油、石化、机械、冶金、铁路、煤炭、建材、林业、有色、核工业、公路等行业和军队的造价管理机构。主要是修订、编制和解释相应的工程建设标准定额，有的还担负本行业大型或重点建设项目的概算审批、概算调整等职责。

（3）省、自治区、直辖市工程造价管理部门。主要职责是修编、解释当地定额、收费标准和计价制度等。此外，还有审核国家投资工程的标底、结算，处理合同纠纷等职责。

2. 企事业单位管理系统

企事业单位对工程造价的管理属微观管理的范畴。设计单位、工程造价咨询企业等按照业主或委托方的意图，在可行性研究和规划设计阶段合理确定和有效控制建设工程造价，通过限额设计等手段实现设定的造价管理目标；在招投标工作中编制招标文件、标底，参加评标、合同谈判等工作；在项目实施阶段，通过工程计量与支付、工程变更与索赔管理等控制工程造价。设计单位、工程造价咨询机构通过在全过程造价管理中的业绩，赢得自己的信誉，提高市场竞争力。

工程承包企业的造价管理是企业自身管理的重要内容。工程承包企业设有自己专门的职能机构参与企业的投标决策，并通过对市场的调查研究。利用过去积累的经验，研究报价策略，提出报价；在施工过程中进行工程造价的动态管理，注意各种调价因素的发生和工程价款的结算，避免收益的流失以促进企业盈利目标的实现。

3. 行业协会管理系统

中国建设工程造价管理协会是经建设部和民政部批准成立的，代表我国建设工程造价管理的全国性行业协会，是亚太区测量师协会(PAQS)和国际工程造价联合会(ICEC)等相关国际组织的正式成员。在各国造价管理协会和相关学会团体的不断共同努力下，目前，联合国已将造价管理行业列入了国际组织认可行业，这对于造价咨询行业的可持续发展和进一步提高造价专业人员的社会地位将起到积极的促进作用。

为了增强对各地工程造价咨询工作和造价工程师的行业管理。近些年来，先后成立了各省、自治区、直辖市所属的地方工程造价管理协会：全国性造价管理协会与地方造价管理协会是平等、协商、相互支持的关系，地方协会接受全国性协会的业务指导，共同促进全国工程造价行业管理水平的整体提升。

9.1.3　工程造价管理的主要内容及原则

1. 工程造价管理的主要内容

在工程建设全过程各个不同阶段工程造价管理有着不同的工作内容，其目的是在优化建设方案、设计方案、施工方案的基础上。有效地控制建设工程项目的实际费用支出。

(1)工程项目策划阶段：按照有关规定编制和审核投资估算，经有关部门批准，即可作为拟建工程项目策划决策的控制造价：基于不同的投资方案进行经济评价，作为工程项目决策的重要依据。

(2)工程设计阶段：在限额设计、优化设计方案的基础上编制和审核工程概算、施工图预算。对于政府投资工程而言，经有关部门批准的工程概算，将作为拟建工程项目造价的最高限额。

(3)工程发、承包阶段：进行招标策划、编制和审核工程量清单、招标控制价或标底，确定投标报价及其策略，直至确定承包合同价。

(4)工程施工阶段：进行工程计量及工程款支付管理，实施工程费用动态监控，处理工程变更和索赔，编制和审核工程结算、竣工决算，处理工程保修费用等。

2. 工程造价管理的基本原则

实施有效的工程造价管理，应遵循以下三项原则：

(1)以设计阶段为重点的全过程造价管理。工程造价管理贯穿于工程建设全过程的同时，应注重工程设计阶段的造价管理。工程造价管理的关键在于前期决策和设计阶段，而在项目投资决策后，控制工程造价的关键就在于设计。建设工程全寿命期费用包括工程造价和工程交付使用后的日常开支费用(含经营费用、日常维护修理费用、使用期内大修和局部更新费用)以及该工程使用期满后的报废拆除费用等。

长期以来，我国往往将控制工程造价的主要精力放在施丁阶段——审核施工图预算、结算建筑安装工程价款，对工程项目策划决策阶段的造价控制重视不够。要有效地控制工程造价，就应将工程造价管理的重点转到工程项目策划决策和设计阶段。

（2）主动控制与被动控制相结合。长期以来，人们一直把控制理解为目标值与实际值的比较，以及当实际值偏离目标值时，分析其产生偏差的原因，并确定下一步的对策。在工程建设全过程中进行这样的工程造价控制当然是有意义的。但问题在于，这种立足于调查—分析—决策基础之上的偏离—纠偏—再偏离—再纠偏的控制是一种被动控制，因为这样做只能发现偏离，不能预防可能发生的偏离。为尽可能地减少以至避免目标值与实际值的偏离，还必须立足于事先主动地采取控制措施，实施主动控制。也就是说，工程造价控制不仅要反映投资决策，反映设计、发包和施工，被动地控制工程造价，更要能动地影响投资决策，影响工程设计、发包和施工，主动地控制工程造价。

（3）技术与经济相结合。要有效地控制工程造价，应从组织、技术、经济等多方面采取措施。从组织上采取的措施，包括明确项目组织结构，明确造价控制者及其任务，明确管理职能分工；从技术上采取措施，包括重视设计多方案选择，严格审查监督初步设计、技术设计、施工图设计、施工组织设计，深入技术领域研究节约投资的可能性；从经济上采取措施，包括动态地比较造价的计划值和实际值，严格审核各项费用支出，采取对节约投资的有力奖励措施等。

应该看到，技术与经济相结合是控制工程造价最有效的手段。应通过技术比较、经济分析和效果评价，正确处理技术先进与经济合理两者之间的对立统一关系，力求在技术先进条件下的经济合理。在经济合理基础上的技术先进，将控制工程造价观念渗透到各项设计和施工技术措施之中。

9.2　造价工程师管理制度

9.2.1　造价工程师的素质要求和职业道德

根据《注册造价工程师管理办法》（建设部第 150 号部令），造价工程师是指通过全国造价工程师执业资格统一考试，或者通过资格认定或资格互认，取得中华人民共和国造价工程师执业资格，按有关规定进行注册并取得中华人民共和国造价工程师注册证书和执业印章，从事工程造价活动的专业人员。

我国实行造价工程师注册执业管理制度。取得造价工程师执业资格的人员，必须经过注册方能以注册造价工程师的名义进行执业。

1. 造价工程师的素质要求

造价工程师的职责关系到国家和社会公众利益，对其专业和身体素质的要求应包括以下几个方面：

①造价工程师是复合型的专业管理人才。作为工程造价管理者，造价工程师应是具备工程、经济和管理知识与实践经验的高素质复合型专业人才。

②造价工程师应具备技术技能。技术技能是指能使用由经验、教育及培训的知识、方法、技能及设备，来达到特定任务的能力。

③造价工程师应具备人文技能。人文技能是指与人共事的能力和判断力。造价工程师应具有高度的责任心与协作精神，善于与业务有关的各方面人员沟通、协作，共同完成对项目

目标的控制或管理。

④造价工程师应具备观念技能。观念技能是指了解整个组织及自己在组织中地位的能力，使自己不仅能按本身所属的群体目标行事，而且能按整个组织的目标行事。同时，造价工程师应有一定的组织管理能力，具有面对机遇与挑战积极进取，勇于开拓的精神。

⑤造价工程师应有健康的体魄。健康的心理和较好的身体素质是造价工程师适应紧张、繁忙工作的基础。

2. 造价工程师的职业道德

造价工程师的职业道德又称职业操守，通常是指在职业活动中所遵守的行为规范的总称，是专业人士必须遵从的道德标准和行业规范。为提高造价工程师整体素质和职业道德水准，维护和提高造价咨询行业的良好信誉，促进行业的健康持续发展，中国建设工程造价管理协会制订和颁布了《造价工程师职业道德行为准则》，其具体要求如下：

①遵守国家法律、法规和政策，执行行业自律性规定，珍惜职业声誉，自觉维护国家和社会公共利益。

②遵守"诚信、公正、敬业、进取"的原则，以高质量的服务和优秀的业绩，赢得社会和客户对造价工程师职业的尊重。

③勤奋工作，独立、客观、公正、正确地出具工程造价成果文件，使客户满意。

④诚实守信，尽职尽责，不得有欺诈、伪造、作假等行为。

⑤尊重同行，公平竞争，搞好同行之间的关系，不得采取不正当的手段损害、侵犯同行的权益。

⑥廉洁自律，不得索取、收受委托合同约定以外的礼金和其他财物，不得利用职务之便谋取其他不正当的利益。

⑦造价工程师与委托方有利害关系的，应当主动回避；同时，委托方也有权要求其回避。

⑧对客户的技术和商务秘密负有保密义务。

⑨接受国家和行业自律组织对其职业道德行为的监督检查。

9.2.2　造价工程师执业资格考试、注册和执业

为了加强建设工程造价技术管理专业人员的执业准入管理，确保建设工程造价管理的工作质量，维护国家和社会公共利益，原国家人事部、建设部在 1996 年联合发布了《造价工程师执业资格制度暂行规定》，确立了国家在工程造价领域实施造价工程师执业资格制度。凡从事工程建设活动的建设、设计、施工、工程造价咨询、工程造价管理等单位和部门，必须在计价、评估、审查(核)、控制及管理等岗位配备有造价工程师执业资格的专业技术管理人员。

《注册造价工程师管理办法》(建设部令第 150 号)及《造价工程师继续教育实施办法》、《造价工程师职业道德行为准则》等文件的陆续颁布与实施，确立了我国造价工程师执业资格制度体系框架。

1. 执业资格考试

造价工程师执业资格考试实行全国统一大纲、统一命题、统一组织。从 1997 年的试点考试至今，每年均举行一次全同造价工程师执业资格考试(除 1999 年停考外)。

(1)报考条件。凡中华人民共和国公民，工程造价或相关专业大专及其以上毕业，从事

工程造价业务工作一定年限后，均可申请参加造价工程师执业资格考试。

（2）考试科目。造价工程师执业资格考试分为四个科目："建设工程造价管理"、"建设工程计价"、"建设工程技术与计量"（土建或安装专业）和"工程造价案例分析"。参加全部科目考试的人员。须在连续两个考试年度通过。

（3）证书取得。造价工程师执业资格考试合格者，由省、自治区、直辖市人事（职改）部门颁发统一印制、由国家人力资源主管部门和住房城乡建设主管部门统一用印的造价工程师执业资格证书，该证书全国范围内有效，并作为造价工程师注册的凭证。

2. 注册

1）注册管理部门

国务院建设主管部门作为造价工程师注册机关，负责全国注册造价工程师的注册和执业活动，实施统一的监督管理工作。

各省、自治区、直辖市人民政府建设主管部门对本行政区域内作为造价工程师的省级注册、执业活动初审机关，对其行政区域内造价工程师的注册、执业活动实施监督管理。

国务院铁道、交通、水利、信息产业等相关专业部门作为造价工程师的注册初审机关，负责对其管辖范围内造价工程师的注册、执业活动实施监督管理。

2）注册条件与注册程序

（1）注册条件：

①取得造价工程师执业资格。

②受聘于一个工程造价咨询企业或者工程建设领域的建设、勘察设计、施工、招标代理、工程监理、工程造价管理等单位。

③没有不予注册的情形。

（2）注册程序：取得造价工程师执业资格证书的人员申请注册的，应当向聘用单位工商注册所在地的省级注册初审机关或者部门注册初审机关提出注册申请。

对申请初始注册的，注册初审机关应当白受理申请之日起20日内审查完毕，并将申请材料和初审意见报注册机关。注册机关应当自受理之日起20日内作出决定。

对申请变更注册、延续注册的，注册初审机关应当自受理申请之日起5日内审查完毕，并将申请材料和初审意见报注册机关。注册机关应当自受理之日起10日内作出决定。

（3）初始注册：取得造价工程师执业资格证书的人员，可自资格证书签发之日起1年内申请初始注册。逾期未申请者，须符合继续教育的要求后方可申请初始注册。初始注册的有效期为4年。

申请初始注册的，应当提交下列材料：

①初始注册申请表。

②执业资格证件和身份证件复印件。

③与聘用单位签订的劳动合同复印件。

④工程造价岗位工作证明。

⑤取得造价工程师执业资格证书的人员，自资格证书签发之日起1年后申请初始注册的，应当提供继续教育合格证明。

⑥受聘于具有工程造价咨询企业资质的中介机构的，应当提供聘用单位为其交纳的社会基本养老保险凭证、人事代理合同复印件，或者劳动、人事部门颁发的离退休证复印件。

⑦外国人、台港澳人员应提供外国人就业许可证书、台港澳人员就业证书复印件。

（4）延续注册：注册造价工程师注册有效期满需继续执业的，应当在注册有效期满 30 日前，按照规定的程序申请延续注册。延续注册的有效期为 4 年。

申请延续注册的，应当提交下列材料：

①延续注册申请表。

②造价工程师注册证书。

③与聘用单位签订的劳动合同复印件。

④前一个注册期内的工作业绩证明。

⑤继续教育合格证明。

（5）变更注册：在注册有效期内，注册造价工程师变更执业单位的，应当与原聘用单位解除劳动合同。并按照规定的程序办理变更注册手续。变更注册后延续原注册有效期。

申请变更注册的，应当提交下列材料：

①变更注册申请表。

②造价工程师注册证书。

③与新聘用单位签订的劳动合同复印件。

④与原聘用单位解除劳动合同的证明文件。

⑤受聘于具有工程造价咨询企业资质的中介机构的，应当提供聘用单位为其交纳的社会基本养老保险凭证、人事代理合同复印件，或者劳动、人事部门颁发的离退休证复印件。

⑥外国人、台港澳人员应当提供外国人就业许可证书、台港澳人员就业证书复印件。

（6）注册证书和执业印章：注册证书和执业印章是注册造价工程师的执业凭证，应当由注册造价工程师本人保管、使用。造价工程师注册证书和执业印章由注册机关核发。注册造价工程师遗失注册证书、执业印章，应当在公众媒体上声明作废后，按照规定的程序申请补发。

（7）不予注册的情形：有下列情形之一的，不予注册：

①不具有完全民事行为能力的。

②申请在两个或者两个以上单位注册的。

③未达到造价工程师继续教育合格标准的。

④前一个注册期内造价工作业绩达不到规定标准或未办理暂停执业手续而脱离工程造价业务岗位的。

⑤受刑事处罚，刑事处罚尚未执行完毕的。

⑥因工程造价业务活动受刑事处罚，自刑事处罚执行完毕之日起至申请注册之日止不满 5 年的。

⑦因工程造价业务活动以外的原因受刑事处罚，自处罚决定之日起至申请注册之日止不满 3 年的。

⑧被吊销注册证书，自被处罚决定之日起至申请之日止不满 3 年的。

⑨以欺骗、贿赂等不正当手段获准注册被撤销，自被撤销注册之日起至申请注册之日止不满 3 年的。

⑩法律、法规规定不予注册的其他情形。

(8)注册证书失效、撤销注册及注销注册：

①注册证书失效。注册造价工程师有下列情形之一的，其注册证书失效：

a.已与聘用单位解除劳动合同且未被其他单位聘用的。

b.注册有效期满且未延续注册的。

c.死亡或者不具有完全民事行为能力的。

d.其他导致注册失效的情形。

②撤销注册：有下列情形之一的，注册机关或其上级行政机关依据职权或者根据利害关系人的请求，可以撤销注册造价工程师的注册：

a.行政机关工作人员滥用职权、玩忽职守作出准予注册许可的。

b.超越法定职权作出准予注册许可的。

c.违反法定程序作出准予注册许可的。

d.对不具备注册条件的申请人作出准予注册许可的。

e.依法可以撤销注册的其他情形。

同时，申请人以欺骗、贿赂等不正当手段获准注册的，应当予以撤销。

③注销注册：有下列情形之一的，由注册机关办理注销注册手续，收回注册证书和执业印章或者公告其注册证书和执业印章作废。

a.有注册证书失效情形发生的。

b.依法被撤销注册的。

c.依法被吊销注册证书的。

d.受到刑事处罚的。

e.法律、法规规定应当注销注册的其他情形。

注册造价工程师有上述情形之一的，注册造价工程师本人和聘用单位应当及时向注册机关提出注销注册的申请；有关单位和个人有权向注册机关举报；县级以上地方人民政府建设主管部门或者其他有关部门应当及时告知注册机关。

(9)重新注册：被注销注册或者不予注册者，在具备注册条件后重新申请注册的，按照规定的程序办理。

(10)暂停执业：在注册有效期内，注册造价工程师因特殊原因需要暂停执业的应当到注册初审机构办理暂停执业手续，并交回注册证书和执业印章。

(11)信用制度：注册造价工程师及其聘用单位应当按照规定，向注册机关提供真实、准确、完整的注册造价工程师信用档案信息。注册造价工程师信用档案信息。注册造价工程师信用档案应当包括造价工程师的基本情况、业绩、良好行为、不良行为等内容。违法违规行为、被投诉举报处理、行政处罚等情况应当作为造价工程师的不良行为记入其信用档案。注册造价工程师信用档案信息按规定向社会公示。

3.执业

(1)注册造价工程师的执业范围：

①建设项目建议书、可行性研究投资估算的编制和审核，项目经济评价，工程概算、预算、结算，竣工结(决)算的编制和审核。

②工程量清单、标底(或者控制价)、投标报价的编制和审核，工程合同价款的签订及变更、调整，工程款支付与工程索赔费用的计算。

③建设项目管理过程中设计方案的优化、限额设计等工程造价分析与控制，工程保险理赔的核查。

④工程经济纠纷的鉴定。

（2）注册造价工程师的权利：

1）使用注册造价工程师名称。

2）依法独立执行工程造价业务。

3）在本人执业活动中形成的工程造价成果文件上签字并加盖执业印章。

4）发起设立工程造价咨询企业。

5）保管和使用本人的注册证书和执业印章。

6）参加继续教育。

（3）注册造价工程师的义务：

1）遵守法律、法规和有关管理规定，恪守职业道德；

2）保证执业活动成果的质量；

3）接受继续教育，提高执业水平；

4）执行工程造价计价标准和计价方法；

5）与当事人有利害关系的，应当主动回避；

6）保守在执业中知悉的国家秘密和他人的商业、技术秘密。

注册造价工程师应当在本人承担的工程造价成果文件上签字并盖章。修改经注册造价工程师签字盖章的工程造价成果文件，应当由签字盖章的注册造价工程师本人进行。注册造价工程师本人因特殊情况不能进行修改的，应当由其他注册造价工程师修改，并签字盖章；修改工程造价成果文件的注册造价工程师对修改部分承担相应的法律责任。

4. 继续教育

继续教育应贯穿于造价工程师的整个执业过程，是注册造价工程师持续执业资格的必备条件之一。注册造价工程师有义务接受并按要求完成继续教育。

注册造价工程师在每一注册有效期内应接受必修课和选修课各为 60 学时的继续教育。继续教育达到合格标准的，颁发继续教育合格证明。注册造价工程师继续教育由中国建设工程造价管理协会负责组织、管理、监督和检查。

（1）继续教育的内容。根据中国建设工程造价管理协会 2007 年颁布的《注册造价工程师继续教育实施暂行办法》，注册造价工程师继续教育学习内容主要包括：与工程造价有关的方针政策、法律法规和标准规范，工程造价管理的新理论、新方法、新技术等。

（2）继续教育的形式：

①参加中国建设工程造价管理协会或各省级和部门管理机构组织的注册造价工程师网络继续教育学习和集中面授培训。

②参加中国建设工程造价管理协会或各省级和部门管理机构举办的各种类型的注册造价工程师培训班、研讨会。

③中国建设工程造价管理协会认可的其他形式。

（3）继续教育学时的计算方法：

①参加中国建设工程造价管理协会或各省级和部门管理机构组织的注册造价工程师网络继续教育学习，按在线学习课件记录的时间计算学时。

②参加中国建设工程造价管理协会或各省级和部门管理机构组织的注册造价工程师集中面授培训及各种类型的培训班、研讨会等，每半天可认定 4 个学时。

③其他由中国建设工程造价管理协会认定的学时。

（1）对擅自从事工程造价业务的处罚。未经注册，以注册造价工程师的名义从事工程造价业务活动的，所签署的工程造价成果文件无效，由县级以上地方人民政府建设行政主管部门或者其他有关专业部门给予警告，责令停止违法活动，并可处以 1 万元以上、3 万元以下的罚款。

（2）对注册违规的处罚。

①隐瞒有关情况或者提供虚假材料申请造价工程师注册的，不予受理或者不予注册，并给予警告，申请人在 1 年内不得再次申请造价工程师注册。

②聘用单位为申请人提供虚假注册材料的，由县级以上地方人民政府建设行政主管部门或者其他有关专业部门给予警告，并可处以 1 万元以上、3 万元以下的罚款。

③以欺骗、贿赂等不当手段取得造价工程师注册的，由注册机关撤销其注册。3 年内不得再次申请注册，并由县级以上地方人民政建设主管部门处以罚款。其中没有违法所得的，处以 1 万元以下罚款；有违法所得的，处以违法所得 3 倍以下且不超过 3 万元的罚款。

④未按照规定办理变更注册仍继续执业的，由县级以上地方人民政府建设主管部门或者有关专业部门责令限期改正；逾期不改的，可处以 5000 元以下的罚款。

（3）对执业活动违规的处罚。注册造价工程师有下列行为之一的，由县级以上地方人民政府建设主管部门或者有关专业部门给予警告，责令改正。没有违法所得的，处以 1 万元以下罚款；有违法所得的，处以违法所得 3 倍以下且不超过 3 万元的罚款：

①不履行注册造价工程师义务。

②在执业过程中索贿、受贿或者谋取合同约定费用外的其他利益。

③在执业过程中实施商业贿赂。

④签署有虚假记载、误导性陈述的工程造价成果文件。

⑤以个人名义承接工程造价业务。

⑥允许他人以自己名义从事工程造价业务。

⑦同时在两个或者两个以上单位执业。

⑧涂改、倒卖、出租、出借或以其他形式非法转让注册证书或执业印章。

⑨法律、法规、规章禁止的其他行为。

（4）对未提供信用档案信息的处罚。注册造价工程师或者其聘用单位未按照要求提供造价工程师信用档案信息的，由县级以上地方人民政府建设主管部门或者其他有关专业部门责令限期改正；逾期不改的。可处以 1000 元以上、1 万元以下的罚款。

9.3　工程造价咨询管理

9.3.1　工程造价咨询企业资质管理

工程造价咨询企业是指接受委托，对建设工程造价的确定与控制提供专业咨询服务的企业。工程造价咨询企业可以为政府部门、建设单位、施工单位、设计单位提供相关专业技术服务，这种以造价咨询业务为核心的服务有时是单项或分阶段的，有时覆盖工程建设全过程。

工程造价咨询企业从事工程造价咨询活动，应当遵循独立、客观、公正、诚实信用的原则，不得损害社会公共利益和他人的合法权益。同时，任何单位和个人不得非法干预依法进行的工程造价咨询活动。

1. 资质等级标准

工程造价咨询企业资质等级分为甲级、乙级两类。截至 2012 年，我国共有工程造价咨询企业 6500 多家，其中甲级资质企业 2000 多家，占总数的 31%；乙级资质企业 4500 多家，占总数的 69%。

1）甲级工程造价咨询企业资质标准

（1）已取得乙级工程造价咨询企业资质证书满 3 年。

（2）企业出资人中注册造价工程师人数不低于出资人总人数的 60%，且其出资额不低于企业注册资本总额的 60%。

（3）技术负责人是注册造价工程师，并具有工程或工程经济类高级专业技术职称，且从事工程造价专业工作 15 年以上。

（4）专职从事工程造价专业工作的人员（以下简称专职专业人员）不少于 20 人。其中，具有工程或者工程经济类中级以上专业技术职称的人员不少于 16 人，注册造价工程师不少于 10 人，其他人员均需要具有从事工程造价专业工作的经历。

（5）企业与专职专业人员签订劳动合同，且专职专业人员符合国家规定的职业年龄（出资人除外）。

（6）专职专业人员人事档案关系由国家认可的人事代理机构代为管理。

（7）企业注册资本不少于人民币 100 万元。

（8）企业近 3 年工程造价咨询营业收入累计不低于人民币 500 万元。

（9）具有固定的办公场所，人均办公建筑面积不少于 10 m²。

（10）技术档案管理制度、质量控制制度、财务管理制度齐全。

（11）企业为本单位专职专业人员办理的社会基本养老保险手续齐全。

（12）在申请核定资质等级之日前 3 年内无违规行为。

2）乙级工程造价咨询企业资质标准

（1）企业出资人中注册造价工程师人数不低于出资人总人数的 60%，且其出资额不低于注册资本总额的 60%。

（2）技术负责人是注册造价工程师，并具有工程或工程经济类高级专业技术职称，且从事工程造价专业工作 10 年以上。

（3）专职专业人员不少于 12 人，其中，具有工程或者工程经济类中级以上专业技术职称的人员不少于 8 人，注册造价工程师不少于 6 人，其他人员均需要具有从事工程造价专业工作的经历。

（4）企业与专职专业人员签订劳动合同，且专职专业人员符合国家规定的职业年龄（出资人除外）。

（5）专职专业人员人事档案关系由国家认可的人事代理机构代为管理。

（6）企业注册资本不少于人民币 50 万元。

(7)具有固定的办公场所,人均办公建筑面积不少于 10 m^2。

(8)技术档案管理制度、质量控制制度、财务管理制度齐全。

(9)企业为本单位专职专业人员办理的社会基本养老保险手续齐全。

(10)暂定期内工程造价咨询营业收入累计不低于人民币 50 万元。

(11)在申请核定资质等级之日前无违规行为。

2. 资质申请与审批

1)相关管理部门

国务院建设主管部门负责对全国工程造价咨询企业的资质与审批统一进行监督管理工作;省、自治区、直辖市人民政府建设主管部门负责本行政区域内工程造价咨询企业的资质与审批行使监督管理职能;国务院有关专业部门对本专业工程造价咨询企业的资质与审批实施监督管理。

2)资质许可的程序

(1)甲级许可程序:申请甲级工程造价咨询企业资质的,首先应当向申请人工商注册所在地省、自治区、直辖市人民政府建设主管部门或者有关专业部门提出申请。

省、自治区、直辖市人民政府建设主管部门、国务院有关专业部门应当自受理申请材料之日起 20 日内审查完毕,然后将初审意见和全部申请材料报国务院建设主管部门;最终由国务院建设主管部门自受理之日起 20 日内作出是否给予审批的决定。

(2)乙级许可程序:申请乙级工程造价咨询企业资质的,直接由省、自治区、直辖市人民政府建设行政主管部门审查决定。其中,申请有关专业乙级工程造价咨询企业资质的,由省、自治区、直辖市人民政府建设主管部门与同级的有关专业部门共同审查决定。

乙级工程造价咨询企业资质许可的具体实施程序由省、自治区、直辖市人民政府建设主管部门依法确定。省、自治区、直辖市人民政府建设主管部门应当自作出决定之日起 30 日内,将准予资质许可的决定报国务院建设主管部门备案。

3. 申报材料的要求

申请工程造价咨询企业资质,应当提交下列材料并同时在网上申报:

(1)《工程造价咨询企业资质等级申请书》。

(2)专职专业人员(含技术负责人)的造价工程师注册证书、造价员资格证书、专业技术职称证书和身份证。

(3)专职专业人员(含技术负责人)的人事代理合同和企业为其交纳的本年度社会基本养老保险费用的凭证。

(4)企业章程、股东出资协议并附工商管理部门出具的股东出资情况证明。

(5)企业缴纳营业收入的营业税发票或税务部门出具的缴纳工程造价咨询营业收入的营业税完税证明;企业营业收入含其他业务收入的,还需出具工程造价咨询营业收入的财务审计报告。

(6)工程造价咨询企业资质证书。

(7)企业营业执照。

(8)固定办公场所的租赁合同或产权证明。

(9)有关企业技术档案管理、质量控制、财务管理等制度的文件。

(10)法律、法规规定的其他材料。

　　新申请工程造价咨询企业资质的，不需要提交第(5)、(6)项所列材料，其资质等级按照乙级资质标准中的相关条款进行审核，合格者应核定为乙级，设暂定期一年；当暂定期届满需要继续从事工程造价咨询活动的，应当在暂定期届满30日前，向资质许可机关申请换发资质证书。符合乙级资质条件的，由资质许可机关换发资质证书。

3. 资质证书

1) 资质证书的领取和补办

　　准予资质许可的造价咨询企业，资质许可机关应当向申请人颁发工程造价咨询企业资质证书。该资质证书由国务院建设主管部门统一印制，分正本和副本；正本和副本具有同等法律效力。如果工程造价咨询企业遗失了资质证书，应首先在公众媒体上声明作废后，向资质许可机关申请补办。

2) 资质证书的续期申请

　　工程造价咨询企业资质有效期为3年。资质有效期届满，需要继续从事工程造价咨询活动的，应当在资质有效期届满30日前向资质许可机关提出资质延续申请；资质许可机关应当根据申请作出是否准予延续的决定。准予延续的。资质有效期延续3年。

3) 资质证书的变更

　　工程造价咨询企业的名称、住所、组织形式、法定代表人、技术负责人、注册资本等事项发生变更的，应当自变更确立之日起30日内，到资质许可机关办理资质证书变更手续。

　　工程造价咨询企业合并的，合并后存续或者新设立的工程造价咨询企业可以继承合并前各方中较高的资质等级，但应当符合相应的资质等级条件。

　　工程造价咨询企业分立的，只能由分立后的一方继承原工程造价咨询企业资质，但应当符合原工程造价咨询企业资质等级条件。

4. 资质的撤销和注销

1) 撤销资质

　　有下列情形之一的，资质许可机关或者其上级机关，根据利害关系人的请求或者依据职权，可以撤销工程造价咨询企业资质：

　　(1) 资质许可机关工作人员滥用职权、玩忽职守作出准予工程造价咨询企业资质许可的；

　　(2) 超越法定职权作出准予工程造价咨询企业资质许可的；

　　(3) 违反法定程序作出准予工程造价咨询企业资质许可的；

　　(4) 对不具备行政许可条件的申请人作出准予工程造价咨询企业资质许可的；

　　(5) 依法可以撤销工程造价咨询企业资质的其他情形。

　　同时，工程造价咨询企业以欺骗、贿赂等不正当手段取得工程造价咨询企业资质的，应当予以撤销。此外，工程造价咨询企业取得工程造价咨询企业资质后，如不再符合相应资质条件的，资质许可机关根据利害关系人的请求或者依据职权，可以责令其限期改正，逾期不改的，可以撤回其资质。

2) 注销资质

　　有下列情形之一的，资质许可机关应当依法注销工程造价咨询企业资质。

　　(1) 工程造价咨询企业资质有效期满，未申请延续的。

　　(2) 工程造价咨询企业资质被撤销、撤回的。

　　(3) 工程造价咨询企业依法终止的。

（4）法律、法规规定的应当注销工程造价咨询企业资质的其他情形。

9.3.2　工程造价咨询业管理

1. 业务承接

工程造价咨询企业应当依法取得工程造价咨询企业资质，并在其资质等级许可的范围内从事工程造价咨询活动。工程造价咨询企业依法从事工程造价咨询活动，不受行政区域限制。其中，甲级工程造价咨询企业可以从事各类建设项目的工程造价咨询业务；乙级工程造价咨询企业可以从事工程造价5000万元人民币以下的各类建设项目的工程造价咨询业务。

1）业务范围

工程造价咨询业务范用包括：

（1）建设项目建议书及可行性研究投资估算、项目经济评价报告的编制和审核。

（2）建设项目概预算的编制与审核，并配合设计方案比选、优化设计、限额设计等工作进行工程造价分析与控制。

（3）建设项目合同价款的确定（包括招标工程工程量清单和标底、投标报价的编制和审核）；合同价款的签订与调整（包括工程变更、工程洽商和索赔费用的计算）与工程款支付，工程结算、竣工结算和决算报告的编制与审核等。

（4）工程造价经济纠纷的鉴定和仲裁的咨询。

（5）提供工程造价信息服务等。

同时，工程造价咨询企业可以对建设项目的组织实施进行全过程或者若干阶段的管理和服务。

2）咨询合同及其履行

工程造价咨询企业在承接各类建设项目的工程造价咨询业务时，可以参照《建设工程造价咨询合同》（示范文本）与委托人签订书面的工程造价咨询合同。

建设工程造价咨询合同一般包括下列主要内容：

（1）委托人与咨询人的详细信息。

（2）咨询项目的名称、委托内容、要求、标准，以及履行期限。

（3）委托人与咨询人的权利、义务与责任。

（4）咨询业务的酬金、支付方式和时间。

（5）合同的生效、变更与终止。

（6）违约责任、合同争议与纠纷的解决方式。

（7）当事人约定的其他专用条款的内容。

工程造价咨询企业从事工程造价咨询业务，应按照相关合同或约定出具工程造价成果文件。工程造价成果文件应当由工程造价咨询企业加盖有企业名称、资质等级及证书编号的执业印章，并由执行咨询业务的注册造价工程师签字、加盖个人执业印章。

3）企业分支机构

工程造价咨询企业设立分支机构的，应当自领取分支机构营业执照之日起30日内，持下列材料到分支机构工商注册所在地省、自治区、直辖市人民政府建设主管部门备案：

（1）分支机构营业执照复印件。

（2）工程造价咨询企业资质证书复印件。

（3）拟在分支机构执业的不少于 3 名注册造价工程师的注册证书复印件。

（4）分支机构固定办公场所的租赁合同或产权证明。

省、自治区、直辖市人民政府建设主管部门应当在接受备案之日起 20 日内，报国务院建设主管部门备案。

分支机构从事工程造价咨询业务，应当由设立该分支机构的工程造价咨询企业负责承接工程造价咨询业务、订立工程造价咨询合同、出具工程造价成果文件；分支机构不得以自己名义承接工程造价咨询业务、订立工程造价咨询合同、出具工程造价成果文件。

4）跨省区承接业务

工程造价咨询企业跨省、自治区、直辖市承接工程造价咨询业务的，应当自承接业务之日起 30 日内到建设工程所在地省、自治区、直辖市人民政府建设主管部门备案。

2. 行为准则

为了保障国家与公共利益，维护公平竞争的良好秩序以及各方的合法权益，具有造价咨询资质的企业在执业活动中均应遵循行业行为准则：

（1）执行国家的宏观经济政策和产业政策，遵守国家和地方的法律、法规及有关规定，维护国家和人民的利益。

（2）接受工程造价咨询行业自律组织业务指导，自觉遵守本行业的规定和各项制度。积极参加本行业组织的业务活动。

（3）按照工程造价咨询企业资质证书规定的资质等级和服务范围开展业务。

（4）具有独立执业能力和工作条件，以精湛的专业技能和良好的职业操守，竭诚为客户服务。

（5）按照公平、公正和诚信的原则开展业务，认真履行合同，依法独立自主开展经营活动，努力提高经济效益。

（6）靠质量、靠信誉参加市场竞争，杜绝无序和恶性竞争；不得利用与行政机关、社会团体以及其他经济组织的特殊关系搞业务垄断。

（7）以人为本，鼓励员工更新知识，掌握先进的技术手段和业务知识，采取有效措施组织、督促员工接受继续教育。

（8）不得在解决经济纠纷的鉴证咨询业务中分别接受双方当事人的委托。

（9）不得阻挠委托人委托其他工程造价咨询单位参与咨询服务；共同提供服务的工程造价咨询单位之间应分工明确，密切协作，不得损害其他单位的利益和名誉。

（10）有义务保守客户的技术和商务秘密，客户事先允许和国家另有规定的除外。

3. 信用制度

工程造价咨询企业应当按照有关规定，向资质许可机关提供真实、准确、完整的工程咨询企业信用档案信息。工程造价咨询企业信用档案应当包括：工程造价咨询企业的基本情况、业绩、良好行为、不良行为等内容。违法行为、被投诉举报处理、行政处罚等情况应当作为工程造价咨询企业的不良记录记入其信用档案。任何单位和个人均有权查阅信用档案。

4. 法律责任

1）资质申请或取得的违规责任

申请人隐瞒有关情况或者提供虚假材料申请工程造价咨询企业资质的，不予受理或者不予资质许可，并给予警告，申请人在 1 年内不得再次申请工程造价咨询企业资质。以欺骗、贿赂等不正当手段取得工程造价咨询企业资质的，由县级以上地方人民政府建设主管部门或者有关专业部门给予警告，并处1万元以上3万元以下的罚款，申请人3年内不得再次申请工程造价咨询企业资质。

2）经营违规的责任

未取得工程造价咨询企业资质从事工程造价咨询活动或者超越资质等级承接工程造价咨询业务的，出具的工程造价成果文件无效，由县级以上地方人民政府建设主管部门或者有关专业部门给予警告，责令限期改正，并处以1万元以上3万元以下的罚款。

工程造价咨询企业不及时办理资质证书变更手续的，由资质许可机关责令限期办理；逾期不办理的，可处以1万元以下的罚款。

有下列行为之一的，由县级以上地方人民政府建设主管部门或者有关专业部门给予警告，责令限期改正；逾期未改正的，可处以5000元以上2万元以下的罚款：

(1)新设立的分支机构不备案的。

(2)跨省、自治区、直辖市承接业务不备案的。

3）其他违规责任

工程造价咨询企业有下列行为之一的，由县级以上地方人民政府建设主管部门或者有关专业部门给予警告，责令限期改正，并处以1万元以上3万元以下的罚款：

(1)涂改、倒卖、出租、出借资质证书，或者以其他形式非法转让资质证书。

(2)超越资质等级业务范同承接工程造价咨询业务。

(3)同时接受招标人和投标人或两个以上投标人对同一工程项目的工程造价咨询业务。

(4)以给予回扣、恶意压低收费等方式进行不正当竞争。

(5)转包承接的工程造价咨询业务。

(6)法律、法规禁止的其他行为。

4）对资质许可机关及其工作人员违规的处罚

资质许可机关有下列情形之一的，由其上级行政主管部门或者监察机关责令改正，对直接负责的主管人员和其他直接责任人员依法给予处分；构成犯罪的，依法追究刑事责任：

(1)对不符合法定条件的申请人作出准予工程造价咨询企业资质许可，或者超越职权作出准予工程造价咨询企业资质许可决定的。

(2)对符合法定条件的申请人作出不予工程造价咨询企业资质许可，或者不在法定期限内作出准予工程造价咨询企业资质许可决定的。

(3)利用职务上的便利，收受他人财物或者其他利益的。

(4)不履行监督管理职责，或者发现违规行为不予查处的。

9.4　工程造价司法鉴定

9.4.1　工程造价司法鉴定的概念及特征

1. 工程造价司法鉴定的概念

工程造价司法鉴定是指依法取得有关工程造价司法鉴定资格的鉴定机构和鉴定人，接受司法机关或当事人委托，依据法律、法规及行业管理颁布的工程计价规范、标准等计价依据，针对某一特定建设项目的施工图纸和竣工资料来计算和确定诉讼仲裁活动中所涉及的工程价值并提供鉴定结论的活动。

工程造价司法鉴定作为一种独立证据，是工程造价纠纷案调解和判决的重要依据，在建筑工程诉讼活动中起着至关重要的作用。

工程造价司法鉴定就其本质而言是因委托而产生的专业行为，而非行政、司法行为，即不是国家行为，其公正准确程度取决于鉴定人员的专业技术水平（包括造价、政策和法律）和职业道德水平。

2. 目前我国工程造价司法鉴定的特征

（1）工程造价司法鉴定的鉴定对象是特定工程项目造价，诉讼当事人一般是承发包双方，有的涉及分包商。

（2）由于建筑工程生产周期长，生产过程复杂，定价过程特殊，鉴定所涉及的资料、信息量大，内容多，因此，鉴定结论常常难以一次完成。

（3）工程计价目前正处在新旧体制交替，计价依据和计价办法正在发生深刻变化时期，致使鉴定的依据也存在指导与市场价并存、行业标准多元化的状态。

（4）市场竞争激烈，违规现象时有发生。如阴阳合同、拖欠工程款、现场乱签证、工程质量低劣等，给鉴定难度增大。

9.4.2　工程司法鉴定的实施

工程造价司法鉴定应遵循科学、客观、公正、合法的原则。科学，即用专门知识采用科学方法进行鉴定；客观，即按照工程的真实面貌作出分析判断；公正，即要客观地听取双方的意见，并且最好同时听取，公开地进行鉴定活动；合法，即从委托到受理，从形式到内容，从技术手段到依据标准必须符合有关法规的要求。

1. 工程造价鉴定的委托

委托方是人民法院或当事人及其他诉讼参与人。根据待鉴定工程的具体情况，委托方已书面形式委托具有一定资质等级及有良好的社会信誉的造价咨询机构。委托书中应详细注明：受委托单位；鉴定要求；提供的材料；案情简介、委托单位及委托时间。

2. 造价咨询机构接受委托

造价咨询机构应根据自己的实际情况决定是否接受委托。如接受委托，则在委托书底联或委托回执上签字盖章，并根据待鉴定的工程选择合适的主鉴定人及其他鉴定人员。主鉴定人应尽快了解案情，以书面形式向委托方提出鉴定所需的有关材料，同时编制鉴定计划。

主鉴定人的确定至关重要，因为其将负责：选择其他鉴定人员，协调内、外关系，编制鉴定计划；组织现场勘测，撰写鉴定报告等工作。

3. 初始鉴定

司法鉴定机构应在 3 日内指派具体承办的司法鉴定人进行初始鉴定。鉴定人应具备工程造价司法鉴定资格。同一司法鉴定事项由二名以上人员进行鉴定时，第一鉴定人对鉴定情况负主要责任，其他鉴定人负次要责任。

（1）鉴定方案的确定。

司法鉴定人要全面了解熟悉案情，对送鉴材料要认真研究，了解当事人争议的焦点和委托方的鉴定要求，结合工程合同和有关规定提出鉴定方案。因为建设工程情况错综复杂，鉴定方案直接影响着鉴定结论，所以鉴定方案必须经鉴定机构的技术负责人批准后方能实施。

一般的司法鉴定应当在30个工作日内完成，疑难的司法鉴定应当在60个工作日内完成。主鉴定人应根据委托人的鉴定期限，做出详细的鉴定时间安排，需要注意的细节：

①阅卷、熟悉图纸、设计变更、现场签证、了解合同、协议等所需的时间；

②现场实地勘测所需的时间（较复杂的工程可能多次勘测）；

③计算工程量、套取定额及计取材料价差所需要的时间；

④鉴定过程中对遇到的问题进行集中研究所需的时间。

（2）案情调查。

①案情调查的作用：一是避免其中一方当事人的先入为主，能够客观、公正地了解案情；其次是克服送鉴材料的局限性，对一些不完整、表达不清楚、有矛盾的地方必须经双方当事人共同澄清；再就是确定现场勘验的进行，现场勘验必须经双方当事人共同确认并通知委托人方能进行。

②案情调查的形式。案情调查形式有开调查听证会和现场勘验调查会两种。调查听证会是请当事人分别陈述案情及争议的焦点，目的是充分听取各方的意见。鉴定人在听证会上应严格保持中立，绝不妄加评论。现场勘验调查会，是对当事人争议的地方进行现场实测、实量、实查、实验。案情调查视工程情况，可以举行一次或多次。每次案情调查会应由第一司法鉴定人主持，专人负责记录，并形成会议纪要，会议纪要由参与者签字后方能作为鉴定的依据。

（3）勘查记录与询问笔录注意事项。

①注明时间、地点、勘验人或询问人、临场人或被询问人、记录人。

②记清问答情况、当事人承认确认或争议情况及关键语句，记准勘测数据。如需绘制勘测图时应做到清晰准确。

③结束时当事人查阅笔录后签字（不识字的按规定宣读按手印）。

④记录必须存档备查。

4. 鉴定结论

（1）工程造价司法鉴定结论的复核。

为确保鉴定工作质量，工程造价司法鉴定结论应由本机构中具有高级工程师职称且具有注册造价工程师资格的司法鉴定人复核，复核人对鉴定结论承担连带责任。

（2）工程造价司法鉴定中复杂、疑难问题的论证。

工程造价司法鉴定中如对复杂、疑难问题或鉴定结论有重大意见分歧时，可以聘请本行业中的专家举行论证会，根据论证意见，最后仍由工程造价司法鉴定机构作出结论，不同意见应当如实记录在案。

（3）补充鉴定。

发现新的相关鉴定材料，或原鉴定项目的有遗漏，或质证后需要补充其他事项的情况下，可进行补充鉴定。补充鉴定由原司法鉴定人进行。补充鉴定文书是原司法鉴定文书的组成部分。

（4）重新鉴定和终局鉴定。

需要重新鉴定的实施主体，不得由原鉴定人进行。重新鉴定的范围如下：

①原鉴定机构、鉴定人不具备司法鉴定资格或超出核定业务范围鉴定的。

②送鉴材料失实或者虚假的。

③鉴定人故意作虚假鉴定的。

④鉴定人应当回避而未回避的。

⑤鉴定结论与实际情况不符的。

⑥鉴定使用的仪器和方法不当，可能导致鉴定结论不正确的。

⑦其他因素可能导致鉴定结论不正确的。

重新鉴定最多可以进行两次，对第一次重新鉴定有异议的，经司法机关决定，应当委托司法鉴定专家委员会鉴定。由于全国尚未作统一的规定，目前司法鉴定专家委员会的鉴定结论，一般为各省内的终局鉴定。

9.4.3　工程造价司法鉴定依据及鉴定人的权利义务

1. 工程造价司法鉴定的依据

（1）司法鉴定委托书或司法鉴定委托受理协议书。

（2）诉讼状与答辩状等卷宗。

（3）诉讼当事人双方签订的工程施工合同、补充合同、附属于合同的招投标文件、中标通知书。

（4）合同约定的有关定额、标准、规范。

（5）合同约定的主要材料价格。

（6）工程造价所依附的工程有关图纸、技术资料。

（7）根据工程具体情况应依据的有关文件，其他资料等。

2. 工程造价鉴定所需主要资料

（1）当事人的起诉和答辩状、法庭庭审调查笔录。

（2）当事人双方认定的各相关专业工程设计图纸、设计变更、现场签证、技术联系单、图纸会审记录。

（3）当事人双方签订的施工合同、各种补充协议。

（4）当事人双方认定的主要材料、设备采购发票、加工订货合同及甲供材料的清单。

（5）工程招投标文件及相关计量结算文件。

（6）鉴定调查会议笔录（询问笔录）、现场勘察记录。

（7）经建设单位批准的施工组织设计、年度形象进度记录。

（8）当事人双方认定的其他与工程造价鉴定有关的资料。

3. 鉴定人的权利及义务

（1）鉴定人权利

①了解案情，要求委托人提供鉴定所需的资料。

②勘验现场，进行有关的检验，询问与鉴定有关的当事人。必要时，可申请人民法院依据职权采集鉴定材料，决定鉴定方法和处理检验鉴定材材。

③自主阐述鉴定观点，与其他鉴定意见不同时，可不在鉴定文件上署名。

④拒绝受理违反法律规定的委托。

（2）鉴定人义务：

①尊重科学，恪守职业道德。

②保守案件秘密。

③及时出具鉴定结论。

④依法出庭宣读鉴定结论并回答与鉴定人相关的提问。

9.4.4　工程造价司法鉴定书的内容

造价司法鉴定文书是工程造价司法鉴定实施的最终结果，是委托人要求提供的重要诉讼证据，因此司法鉴定文书必须概念清楚、观点明确、文字规范、内容详实。

1. 工程造价司法鉴定书的主要内容

工程造价司法鉴定书的主要内容包括案情概况，主要介绍建筑工程概况、施工合同及招投标情况，造价纠纷的原因，委托方及委托鉴定的要求等。鉴定依据，

详细地列出鉴定所依据的基础资料，如施工合同、施工图纸、设计变更、现场签证、执行的计价依据、材料价格、现场勘验记录、案情调查会议纪要等等。鉴定说明，即鉴定依据的说明，如采用的定额、取费类别、材料价格、施工形象进度等等；对有争议部分的实质性问题，根据送鉴材料、现场勘验记录和有关政策规定客观地评价当事人双方各自应承担的责任。鉴定结论，根据鉴定要求，明确列出属于鉴定范围内的工程造价鉴定结论，并列出适合各专业造价、单方造价、主要材料消耗量的鉴定造价汇总表。

工程造价鉴定书是工程造价鉴定最主要的附件，应按专业分别提供，如跨年度工程执行不同版本定额、不同的计价规范和计价办法，则应提供分年度的工程造价鉴定书及必要的附件，如现场勘验的照片、勘验记录等等。鉴定人出具的完整鉴定书应具有下列内容：

①委托人姓名或者名称、委托鉴定的内容。

②委托鉴定的凭据资料。

③鉴定的依据及使用的科学技术手段。

④对鉴定过程的说明。

⑤明确的鉴定结论。

⑥对鉴定人鉴定资料的证明。

⑦鉴定人员及鉴定机构签名盖章。

2. 所需附录资料

（1）鉴定委托书（应详细注明：受委托单位；鉴定要求；提供的资料；案情简介及委托单位等）。

（2）涉案单位提供的工程招投标及预（结）算文件。

（3）相关合同文件、补充协议、现场签证等。

（4）鉴定调查笔录。

（5）鉴定单位资质证书与鉴定人员的资格。

（6）其他有关资料。

3. 鉴定书的出具

正式鉴定文书用 A4 纸打印后装订成册。封面和鉴定报告的落款处加盖工程造价司法鉴定机构的印鉴；在工程造价鉴定书上加盖第一鉴定人、第二鉴定人和复核人的印鉴。

正式鉴定文书须一式四份，分别由委托人、当事人双方、鉴定人各执一份。

9.4.5 工程造价司法鉴定过程中应注意的问题

工程造价鉴定是一项技术性、政策性、经济性及法律性很强的工作，涉及的内容广泛又复杂，因此在工程造价司法鉴定过程中应该注意以下一些问题。

1. 工程造价司法鉴定与工程造价审计的区别

工程造价审计是工程造价咨询企业咨询业务的一部分。是受业主委托对其工程项目的概算、预算及结算等，依据现行国家政策法规、计价依据及相关工程技术资料对送审造价的工程量、单价及取费等进行逐项审核的一种活动。而工程造价司法鉴定是由法院委托鉴定机构进行鉴定，其所作出的鉴定报告，经法院审查和采纳后将以司法鉴定的证据作为定案的依据，判决生效后，即产生强制性。司法鉴定的结果可能不符合原被告的意愿，这一点是不同于工程审计的，鉴定报告不需要原、被告的签字，但在开庭时鉴定人须解答当事人的质询和书面向法院答复当事人的异议。

2. 确保提供资料完整真实

工程造价司法鉴定最重要的、工作量最大环节就是资料的搜集。其完整性、真实性直接影响到司法鉴定的准确性、公正性。工程资料有其特殊的证据特性，其既是案件本身的证据，也是确定工程造价的依据，而鉴定结论本身亦属于证据的一种。鉴定所依据的资料只有必须保证其客观性和不失真，才有可能保证鉴定结论的客观精确。证据资料搜集大体上包括以下几个方面：

①当事人的起诉和答辩状、法庭庭审调查笔录。

②当事人双方认定的各相关专业工程设计图纸、设计变更、现场签证、技术联系单、图纸会审记录。

③当事人双方签订的施工合同、各种补充协议。

④当事人双方认定的主要材料、设备采购发票、加工订货合同及甲供材料的清单。

⑤工程预(结)算书。

⑥招投标项目要提供中标通知书，及有关的招投标文件。

⑦鉴定调查会议笔录(询问笔录)、现场勘察记录。

⑧经建设单位批准的施工组织设计、年度形象进度记录。

⑨当事人双方认定的其他与工程造价鉴定有关的资料。

鉴定的资料证据必须经双方当事人确认。资料不齐全的，原被告双方必须在规定的时间内补齐鉴定所需资料；在举证期限内不提交的，视为放弃举证权利。

对证据的真实性问题，当事人在提供证据时，必须提供复印件，同时出具原件，对自己提供证据的真实性负法律责任，并要求当事人出具有效证明文件及承诺书。鉴定方不负责证据真伪的鉴别。

3. 客观公正解决举证矛盾争议

对当事人双方的举证相互矛盾而又无法提供准确的资料时，理论上应当由人民法院来判定。但在实际鉴定工作中，由于工程造价的专业性，基本上还是以鉴定人的判定为主。鉴定人的判定原则应是：

①工程设计图有矛盾以现场勘测或设计规范为准。

②计取费用等级有争议，可根据施工合同、施工单位取费证或建筑物类别等为标准。

③建筑材料价格有争议时,应以同期的市场价格信息为准。

④施工措施有争议时,以正常的施工组织设计为准。

4. 认真做好勘查记录和询问笔录

由于建筑工程的建造周期较长,很多单位的档案管理较差,很难提供完整的竣工图及结算资料,因此做好勘查记录和询问笔录对整个司法鉴定具有十分重要作用。其内容应包括以下几个方面:

①注明时间、地点、勘验人或询问人、临场人或被询问人、记录人。

②记清问答情况、当事人承认确认或争议情况及关键语句,记准勘测数据。如需绘制勘测图时应做到清晰准确。

③结束时当事人查阅笔录后签字(不识字的按规定宣读按手印)。

④记录必须存档备查。

5. 工程造价司法鉴定人的出庭

工程造价司法鉴定人执业时,应履行"依法出庭参与诉讼"的义务,这是法律规定的义务,是诉讼活动的需要,也是司法鉴定人支持自己出具的鉴定结论的需要。

对工程造价司法鉴定人出庭的一般要求:

(1)鉴定人应当按时出庭。

(2)应携带司法鉴定机构和司法鉴定人的资格证明,开庭时,应当出示。

(3)应携带已出具的有关司法鉴定报告及资料。

(4)由第一鉴定人负责应答审判人员的提问,其口头表达应依法准确、客观公正、重点突出、观点明确。

6. 鉴定人的回避。

有下列情形之一的鉴定人应当回避:

(1)鉴定人是案件的当事人,或者当事人的近亲属。

(2)鉴定人的近亲属与案件有利害关系的。

(3)鉴定人担任过本案的证人、辩护人、诉讼代理人。

(4)其他可能影响准确鉴定的情形。

9.5 工程造价管理的发展

9.5.1 发达国家和地区的工程造价管理

1. 代表性国家和地区的工程造价管理

当今,国际工程造价管理有着几种主要模式,主要包括:英国、美国、日本,以及继承了英国模式,又结合自身特点而形成独特工程造价管理模式的国家和地区,如新加坡、马来西亚,以及我国香港地区。

(1)英国工程造价管理。

英国是世界上最早出现工程造价咨询行业并成立相关行业协会的国家。英国的工程造价管理至今已有近400年的历史。在世界近代工程造价管理的发展史上,作为早期世界强国的英国,由于其工程造价管理发展较早,且其联邦成员国和地区分布较广,时至今日,其工程造价管理模式在世界范围内仍具有较强的影响力。

英国工程造价咨询公司在英国被称为工料测量师行,成立的条件必须符合政府或相关行业协会的有关规定。目前,英国的行业协会负责管理工程造价专业人士、编制工程造价计量标准,发布相关造价信息及造价指标。

在英国,政府投资工程和私人投资工程分别采用不同的工程造价管理方法,但这些工程项目通常都需要聘请专业造价咨询公司进行业务合作。其中,政府投资工程是由政府有关部门负责管理,包括计划、采购、建设咨询、实施和维护。对从工程项目立项到竣工各个环节的工程造价控制都较为严格,遵循政府统一发布的价格指数,通过市场竞争形成工程造价。目前,英国政府投资工程约占整个国家公共投资的50%左右。在工程造价业务方面要求必须委托给相应的工程造价咨询机构进行管理。英国建设主管部门的工作重点则是制定有关政策和法律,以全面规范工程造价咨询行为。

对于私人投资工程,政府通过相关的法律法规对此类工程项目的经营活动进行一定的规范和引导,只要在国家法律允许的范围内,政府一般不予干预。此外,社会上还有许多政府所属代理机构及社会团体组织,如英国皇家特许测量师学(RICS)等协助政府部门进行行业管理,主要对咨询单位进行业务指导和管理从业人员。英国工程造价咨询行业的制度、规定和规范体系都较为完善。

英国工程测量师行经营的内容较为广泛,涉及建设工程全寿命期造价的各个领域,主要包括:项目策划咨询、可行性研究、成本计划和控制、市场行情的趋势预测;招投标活动及施工合同管理;建筑采购、招标文件的编制;投标书的分析与评价、标后谈判,合同文件准备;工程实施阶段的成本控制,财务报表,洽商变更;竣工工程的估价、决算,合同索赔的保护;成本重新估计;对承包商破产或被并购后的应对措施;应急合同的财务管理,后期物业管理等。

(2)美国工程造价管理。

美国拥有世界最为发达的市场经济体系。美国的建筑业也十分发达,具有投资多元化和高度现代化、智能化的建筑技术与管理的广泛应用相结合的行业特点。美国的工程造价管理是建立在高度发达的自由竞争市场经济基础之上的;美国的建设工程也主要分为政府投资和私人投资两大类,其中,私人投资工程占到整

个建筑业投资总额的60%~70%。美国联邦政府没有主管建筑业的政府部门,因而也没有主管工程造价咨询业的专门政府部门,工程造价咨询业完全由行业协会管理。工程造价咨询业涉及多个行业协会,如美国土木工程师协会、总承包商协会、建筑标准协会、工程咨询业协会、国际工程造价促进会等。

美国工程造价管理具有以下特点:

①完全市场化的工程造价管理模式。在没有全国统一的工程量计算规则和计价依据的情况下,一方面由各级政府部门制定各自管辖的政府投资工程相应的计价标准,另一方面,承包商需根据自身积累的经验进行报价。同时,工程造价咨询公司依据自身积累的造价数据和市场信息,协助业主和承包商对工程项目提供全过程、全方位的管理与服务。

②具有较完备的法律及信誉保障体系。美国工程造价管理是建立在相关的法律制度基础上的。例如:在建筑行业中对合同的管理十分严格,合同对当事人各方都具有严格的法律制约,即业主、承包商、分包商、提供咨询服务的第三方之间,都必须采用合同的方式开展业

务，严格履行相应的权利和义务。

同时，美国的工程造价咨询企业自身具有较为完备的合同管理体系和完善的企业信誉管理平台。各个企业视自身的业绩和荣誉为企业长期发展的重要条件。

③具有较成熟的社会化管理体系。美国的工程造价咨询业主要依靠政府和行业协会的共同管理与监督，实行"小政府、大社会"的行业管理模式。美国的相关政府管理机构对整个行业的发展进行宏观调控，更多的具体管理工作主要依靠行业协会，由行业协会更多地承担对专业人员和法人团体的监督和管理职能。

④拥有现代化管理手段。当今的工程造价管理均需采用先进的计算机技术和现代化的网络信息技术。在美国，信息技术的广泛应用，不但大大提高了工程项目参与各方之间的沟通、文件传递等的工作效率，也可及时、准确地提供市场信息，同时也使工程造价咨询公司收集、整理和分析各种复杂、繁多的工程项目数据成为可能。

（3）日本工程造价管理。

在日本，工程积算制度是日本工程造价管理所采用的主要模式。工程造价咨询行业由日本政府建设主管部门和日本建筑积算协会统一进行业务管理和行业指导。其中，政府建设主管部门负责制定发布工程造价政策、相关法律法规、管理办法。对工程造价咨询业的发展进行宏观调控。

日本建筑积算协会作为全国工程咨询的主要行业协会，其主要的服务范围是：推进工程造价管理的研究；工程量计算标准的编制、建筑成本等相关信息的收集、整理与发布；专业人员的业务培训及个人执业资格准入制度的制定与具体执行等。

工程造价咨询公司在日本被称为工程积算所，主要由建筑积算师组成。日本的工程积算所一般对委托方提供以工程造价管理为核心的全方位、全过程的工程咨询服务，其主要业务范围包括：工程项目的可行性研究、投资估算、工程量计算、单价调查、工程造价细算、标底价编制与审核、招标代理、合同谈判、变更成本积算，工程造价后期控制与评估等。

（4）我国香港地区工程造价管理。

香港工程造价管理模式是沿袭英国的做法，但在管理主体、具体计量规则的制定，工料测量事务所和专业人士的执业范围和深度等方面，都根据自身特点进行了适当调整，使之更适合香港地区工程造价管理的实际需要。

在香港，专业保险在工程造价管理中得到了较好应用。一般情况下，由于工料测量师事务所受雇于业主，在收取一定比例咨询服务费的同时，要对工程造价控制负有较大责任。因此，工料测量师事务所在接受委托，特别是控制工期较长、难度较大的项目造价时，都需购买专业保险，以防工作失误时因对业主进行赔偿后而破产。可以说，工程保险的引入，一方面加强了工料测量师事务所防范风险和抵抗风险的能力，也为香港工程造价业务向国际市场开拓提供了有力保障。

从20世纪60年代开始，香港的工料测量事务所已发展为可对工程建设全过程进行成本控制，并影响建筑设计事务所和承包商的专业服务类公司，在工程建设过程中扮演着越来越重要的角色。政府对测量事务所合伙人有严格要求，要求公司的合伙人必须具有较高的专业知识和技能，并获得相关专业学会颁发的注册测量师执业资格，否则，领不到公司营业执照，无法开业经营。香港的工料测量师以自己的实力、专业知识、服务质量在社会上赢得声誉，以公正、中立的身份从事各种服务。

香港地区的专业学会是在众多测量师事务所、专业人士之间相互联系和沟通的纽带。这种学会在保护行业利益和推行政府决策方面起着重要作用，同时，学会与政府之间也保持着密切联系。学会内部互相监督、互相协调、互通情报，强调职业道德和经营作风。学会对工程造价起着指导和间接管理的作用，甚至也充当工程造价纠纷仲裁机构，如：当承发包双方不能相互协调或对工料测量师事务所的计价有异议时，可以向学会提出仲裁申请。

2. 发达国家和地区工程造价管理的特点

分析发达国家和地区的工程造价管理，其特点主要体现在以下几个方面：

(1) 政府的间接调控。

发达国家一般按投资来源不同，将项目划分为政府投资项目和私人投资项目。政府对不同类别的项目实行不同力度和深度的管理，重点是控制政府投资工程。

如英国，对政府投资工程采取集中管理的办法，按政府的有关面积标准、造价指标，在核定的投资范围内进行方案设计、施工设计，实施目标控制，不得突破。如遇非正常因素。宁可在保证使用功能的前提下降低标准，也要将造价控制在额度范同内。美国对政府投资工程则采用两种方式，一是由政府设专门机构对工程进行直接管理。美国各地方政府都设有相应的管理机构，如纽约市政府的综合开发部(DGS)、华盛顿政府的综合开发局(GSA)等都是代表各级政府专门负责管理建设工程的机构。二是通过公开招标委托承包商进行管理。美国法律规定，所有的政府投资工程都要进行公开招标，特定情况下(涉及国防、军事机密等)可邀请招标和议标。但对项目的审批权限、技术标准(规范)、价格、指数都需明确规定，确保项目资金不突破审批的金额。

发达国家对私人投资工程只进行政策引导和信息指导，而不干预其具体实施过程，体现政府对造价的宏观管理和间接调控。如美国政府有一套完整的项目或产品目录，明确规定私人投资者的投资领域，并采取经济杠杆，通过价格、税收、利率、信息指导、城市规划等来引导和约束私人投资方向和区域分布。政府通过定期发布信息资料，使私人投资者了解市场状况，尽可能使投资项目符合经济发展的需要。

(2) 有章可循的计价依据。

费用标准、工程量计算规则、经验数据等是发达国家和地区计算和控制工程造价的主要依据。如美国，联邦政府和地方政府没有统一的工程造价计价依据和标准，一般根据积累的工程造价资料，并参考各工程咨询公司有关造价的资料，对各自管辖的政府工程制订相应的计价标准，作为工程费用估算的依据。通过定期发布工程造价指南进行宏观调控与干预。有关工程造价的工程量计算规则、指标、费用标准等，一般是由各专业协会、大型工程咨询公司制订。各地的工程咨询机构，根据本地区的具体特点，制订单位建筑面积的消耗量和基价，作为所管辖项目造价估算的标准。

英国也没有类似我国的定额体系，工程量的测算方法和标准都是由专业学会或协会进行负责。因此，由英国皇家测量师学会(RICS)组织制定的《建筑工程工程量计算规则》(SMM)作为工程量计算规则，是参与工程建设各方共同遵守的计量、计价的基本规则，在英国及英联邦国家被广泛应用与借鉴。此外，英国土木工程学会(ICE)还编制有适用于大型或复杂工程项目的《土木工程工程量计算规则》(CESMM)。英国政府投资工程从确定投资和控制工程项目规模及计价的需要出发，各部门均需制订并经财政部门认可的各种建设标准和造价指标，这些标准和指标均作为各部门向国家申报投资、控制规划设计、确定工程项目规模和投资的基础，也是审批立项、确定规模和造价限额的依据。英国十分重视已完工程数据资料的积累和数据库的建设。每个皇家测量师学会会员都有责任和义务将自己经办的已完工程的数据资料，按照规定的格式认真填报，收入学会数据库，同时也即取得利用数据库资料的权利。计算机实行全国联网，所有会员资料共享，这不仅为测算各类工程的造价指数提供了基础，同时也为分析暂时没有设计图纸及资料的工程造价数据提供了参考。在英国，对工程造价的调整及价格指数的测定、发布等有一整套比较科学、严密的办法。政府部门要发布《工程调整规定》和《价格指数说明》等文件。

（3）多渠道的工程造价信息。

发达国家和地区都十分重视对各方面造价信息的及时收集、筛选、整理以及加工工作。这是因为造价信息是建筑产品估价和结算的重要依据，是建筑市场价格变化的指示灯。从某种角度讲，及时、准确地捕捉建筑市场价格信息是业主和承包商能否保持竞争优势和取得盈利的关键因素之一。如在美国，建筑造价指数一般由一些咨询机构和新闻媒介来编制，在多种造价信息来源中，工程新闻记录（Engineering News Record，ENR）造价指标是比较重要的一种。编制 ENR 造价指数的目的是为了准确地预测建筑价格，确定工程造价。它是一个加权总指数，由构件钢材、波特兰水泥、木材和普通劳动力 4 种个体指数组成。ENR 共编制两种造价指数，一是建筑造价指数，一是房屋造价指数。这两个指数在计算方法上基本相同，区别只体现在计算总指数中的劳动力要素不同。ENR 指数资料来源于 20 个美国城市和 2 个加拿大城市，ENR 在这些城市中派有信息员，专门负责收集价格资料和信息。ENR 总部则将这些信息员收集到的价格信息和数据汇总，并在每个星期四计算并发布最近的造价指数。

（4）造价工程师的动态估价。

在英国，业主对工程的估价一般要委托工料测量师行来完成。测量师行的估价大体上是按比较法和系数法进行，经过长期的估价实践，他们都拥有极为丰富的工程造价实例资料，甚至建立了工程造价数据库，对于标书中所列出的每一项目价格的确定都有自己的标准。在估价时，工料测量师行将不同设计阶段提供的拟建工程项目资料与以往同类工程项目对比，结合当前建筑市场行情，确定项目单价。对于未能计算的项目（或没有对比对象的项目），则以其他建筑物的造价分析得来的资料补充。承包商在投标时的估价一般要凭

自己的经验来完成，往往把投标工程划分为各分部工程，根据本企业定额计算出所需人工、材料、机械等的耗用量，而人工单价主要根据各劳务分包商的报价，材料单价主要根据各材料供应商的报价加以比较确定，承包商根据建筑市场供求情况随行就市，自行确定管理费率，最后做出体现当时当地实际价格的工程报价。总之，工程任何一方的估价，都是以市场状况为重要依据，是完全意义的动态估价。

在美国，工程造价的估算主要由设计部门或专业估价公司来承担，造价工程师在具体编制工程造价估算时，除了考虑工程项目本身的特征因素（如项目拟采用的独特工艺和新技术、项目管理方式、现有场地条件以及资源获得的难易程度等）外，一般还对项目进行较为详细的风险分析，以确定适度的预备费。但确定工程预备费的比例并不固定，随项目风险程度的大小而确定不同的比例。造价工程师通过掌握不同的预备费率来调节造价估算的总体水平。

美国工程造价估算中的人工费由基本工资和附加工资两部分组成。其中，附加工资项目包括管理费、保险金、劳动保护金、退休金、税金等。材料费和机械使用费均以现行的市场行情或市场租赁价作为造价估算的基础，并在人工费、材料费和机械使用费总额的基础上按

照一定的比例(一般为10%左右)再计提管理费和利润。

(5)通用的合同文本。

合同在工程造价管理中有着重要的地位,发达国家和地区都将严格按合同规定办事作为一项通用的准则来执行,并且有的国家还执行通用的合同文本。在英国,其建设工程合同制度已有几百年的历史,有着丰富的内容和庞大的体系。澳大利亚、新加坡和香港地区的建设工程合同制度都始于英国。著名的FIDIC(国际咨询工程师联合会)合同文件,也以英国的合同文件作为母本。英国有着一套完整的建设工程标准合同体系。JCT是英国的主要合同体系之一,主要适用于房屋建筑工程。JCT合同体系本身又是一个系统的合同文件体系,它针对房屋建筑中不同的工程规模、性质、建造条件,提供各种不同的文本,供业主在发包、采购时选择。

美国建筑师学会(AIA)的合同条件体系更为庞大,分为A、B、C、D、F、G系列。其中,A系列是关于发包人与承包人之间的合同文件;B系列是关于发包人与提供专业服务的建筑师之间的合同文件;C系列是关于建筑师与提供专业服务的顾问之间的合同文件;D系列是建筑师行业所用的文件;F系列是财务管理表格;G系列是合同和办公管理表格。AIA系列合同条件的核心是"通用条件"。采用不同的计价方式时,只需选用不同的"协议书格式"与"通用条件"结合。AIA合同条件主要有总价、成本补偿及最高限定价格等计价方式。

(6)重视实施过程中的造价控制。

国外对工程造价的管理是以市场为中心的动态控制。造价工程师能对造价计划执行中所出现的问题及时分析研究,及时采取纠正措施,这种强调项目实施过程中的造价管理的做法,体现了造价控制的动态性,并且重视造价管理所具有的随环境、工作的进行以及价格等变化而调整造价控制标准和控制方法的动态特征。

以美国为例,造价工程师十分重视工程项目具体实施过程中的控制和管理,对工程预算执行情况的检查和分析工作做得非常细致,对于建设工程的各分部分项工程都有详细的成本计划,美国的建筑承包商是以各分部分项工程的成本详细计划为依据来检查工程造价计划的执行情况。对于工程实施阶段实际成本与计划目标出现偏差的工程项目,首先按照一定标准筛选成本差异,然后进行重要成本差异分析,并填写成本差异分析报告表,由此反映出造成此项差异的原因、此项成本差异对项目其他成本项目的影响、拟采取的纠正措施以及实施这些措施的时间、负责人及所需条件等。对于采取措施的成本项目,每月还应跟踪检查采取措施后费用的变化情况。若采取的措施不能消除成本差异,则需重新进行此项成本差异的分析,再提出新的纠正措施,如果仍不奏效,造价控制项目经理则有必要重新审定项目的竣工结算。

美国的一些大型工程公司十分重视工程变更的管理工作,建立了较为完善的工程变更管理制度,可随时根据各种变化情况提出变更,修改估算造价。美国工程造价的动态控制还体现在造价信息的反馈系统。各工程公司十分注意收集在造价管理各个阶段中的造价资料,并把向有关部门提出造价信息资料视为一种应尽的义务,不仅注意收集造价资料,也派出调查员实地调查。这种造价控制反馈系统使动态控制以事实为依据,保证了造价管理的科学性。

9.5.2 我国工程造价管理的发展方向

新中国成立后，我国参照前苏联的工程建设管理经验，逐步建立了一套与计划经济体制相适用的定额管理体系，并陆续颁布了多项规章制度和定额，在国民经济的复苏与发展中起到了十分重要的作用。改革开放以来，我国工程造价管理进入黄金发展期，工程计价依据和方法不断改革，工程造价管理体系不断完善，工程造价咨询行业得到快速发展。近年来，我国工程造价管理呈现出国际化、信息化和专业化发展趋势。

1. 工程造价管理的国际化

随着中国经济日益融入全球资本市场，在我国的外资和跨国工程项目不断增多，这些工程项目大都需要通过国际招标、咨询等方式运作。同时，我国政府和企业在海外投资和经营的工程项目也在不断增加。国内市场国际化，国内外市场的全面融合，使得我国工程造价管理的国际化成为一种趋势。境外工程造价咨询机构在长期的市场竞争中已形成自己独特的核心竞争力，在资本、技术、管理、人才、服务等方面均占有一定优势。面对日益严峻的市场竞争，我国工程造价咨询企业应以市场为导向，转换经营模式，增强应变能力，在竞争中求生存，在拼搏中求发展，在未来激烈的市场竞争中取得主动。

2. 工程造价管理的信息化

我国工程造价领域的信息化是从 20 世纪 80 年代末期伴随着定额管理，推广应用工程价管理软件开始的。进入 20 世纪 90 年代中期，伴随着计算机和互联网技术的普及，全国性的工程造价管理信息化已成必然趋势。近年来，尽管全国各地及各专业工程造价管理机构逐步建立了工程造价信息平台，工程造价咨询企业也大多拥有专业的计算机系统和工程造价管理软件，但仍停留在工程量计算、汇总及工程造价的初步统计分析阶段。从整个工程造价行业看，还未建立统一规划、统一编码的工程造价信息资源共享平台；从工程造价咨询企业层面看，工程造价管理的数据库、知识库尚未建立和完善。目前，发达国家和地区的工程造价管理已大量运用计算机网络和信息技术，实现工程造价管理的网络化、虚拟化。特别是建筑信息建模（Building Information Modeling，BIM）技术的推广应用，必将推动工程造价管理的信息化发展。

3. 工程造价管理的专业化

经过长期的市场细分和行业分化，未来工程造价咨询企业应向更加适合自身特长的专业方向发展。作为服务型的第三产业，工程造价咨询企业应避免走大而全的规模化，而应朝着集约化和专业化模式发展。企业专业化的优势在于：经验较为丰富、人员精干、服务更加专业、更有利于保证工程项目的咨询质量、防范专业风险能力较强。在企业专业化的同时，对于日益复杂、涉及专业较多的工程项目而言，势必引发和增强企业之间尤其是不同专业的企业之间的强强联手和相互配合。同时，不同企业之间的优势互补、相互合作，也将给目前的大多数实行公司制的工程造价咨询企业在经营模式方面带来转变，即企业将进一步朝着合伙制的经营模式自我完善和发展。鼓励及加速实现我国工程造价咨询企业合伙制经营，是提高企业竞争力的有效手段，也是我国未来工程造价咨询企业的主要组织

模式。合伙制企业因对其组织方面具有强有力的风险约束性，能够促使其不断强化风险意识，提高咨询质量，保持较高的职业道德水平，自觉维护自身信誉。正因如此，在完善的工程保险制度下的合伙制也是目前发达国家和地区工程造价咨询企业所采用的典型经营模式。

思考与练习

问答题：

1. 我国对造价从业人员有何要求？试简述我国的工程造价咨询制度特点。

2. 工程造价管理的含义是什么？

3. 什么是全寿命期造价管理？

4. 什么是全过程造价管理？

5. 什么是全要素造价管理？

6. 什么是全方位造价管理？

7. 简述工程造价管理的组织系统。

8. 工程造价管理的主要内容有哪些？

9. 工程造价管理应遵循的基本原则是什么？

10. 工程造价咨询企业从事工程造价咨询活动应遵循什么原则？

11. 工程造价咨询企业资质等级是如何划分的？

12. 简述工程造价咨询企业的资质审批程序。

13. 工程造价咨询企业有哪些行为准则？

14. 工程造价司法鉴定的概念是什么？

15. 我国工程造价司法鉴定有哪些特征？

16. 工程造价司法鉴定应遵循哪些原则？

17. 简述工程造价司法鉴定的程序。

18. 工程造价司法鉴定的依据有哪些？

19. 工程造价司法鉴定人的权利及义务有哪些？

20. 工程造价司法鉴定书的主要内容有哪些？

21. 工程造价司法鉴定过程中有哪些问题须要注意？

22. 试展望工程造价未来的发展模式。

第 10 章

工程造价信息资料管理

10.1 工程造价信息概述

在确定工程造价时对相关造价信息的准确掌握决定了计价成果的质量和精度，因此，准确地把握工程造价信息对工程计价有着非常重要的意义。

10.1.1 工程造价信息的概念

1. 工程造价信息的含义

工程造价信息是一切有关工程造价的特征、状态及其变动的消息的组合。在工程发、承包市场和工程建设过程中，工程造价总是在不停地运动着、变化着，并呈现出种种不同特征。人们对工程发、承包市场和工程建设过程中工程造价运动的变化，是通过工程造价信息来认识和掌握的。

在工程发、承包市场和工程建设中，工程造价是最灵敏的调节器和指示器，无论是政府工程造价主管部门还是工程承、发包双方，都要通过接收工程造价信息来了解工程建设市场动态，预测工程造价发展，决定政府的工程造价政策和工程承、发包价。因此，工程造价主管部门和工程承、发包双方都要接收、加工、传递和利用工程造价信息，工程造价信息作为一种社会资源在工程建设中的地位日趋明显，特别是随着我国开始推行工程量清单计价制度，工程价格从政府计划的指令性价格向市场定价转化，而在市场定价的过程中，信息起着举足轻重的作用，因此工程造价信息资源开发的意义更为重要。

2. 工程造价信息的特点

（1）区域性。建筑材料大多重量大、体积大、产地远离消费地点，因而运输量大，费用也较高。尤其不少建筑材料本身的价值或生产价格并不高，但所需要的运输费用却很高，这都在客观上要求尽可能就近使用建筑材料。因此，这类建筑信息的交换和流通往往限制在一定的区域内。

（2）多样性。建设工程具有多样性的特点，要使工程造价管理的信息资料满足不同特点项目的需求，在信息的内容和形式上应具有多样性的特点。

（3）专业性。工程造价信息的专业性集中反映在建设工程的专业化上，例如房屋、水利、电力、铁道、公路、桥梁等工程，所需的信息有它的专业特殊性。

（4）系统性。工程造价信息是由若干具有特定内容和同类性质的、在一定时间和空间内形成的一连串信息。一切工程造价的管理活动和变化总是在一定条件下受各种因素的制约和影响。工程造价管理工作也同样是多种因素相互作用的结果，并且从多方面反映出来，因而从工程造价信息源发出来的信息都不是孤立的、紊乱的，而是大量的，有系统的。

（5）动态性。工程造价信息需要经常不断地收集和补充新的内容，进行信息更新，真实反映工程造价的动态变化。

（6）季节性。出于建筑生产受自然条件影响大，施工内容的安排必须充分考虑季节因素，使得工程造价的信息也不能完全避免季节性的影响。

10.1.2　工程造价信息分类

为便于对信息的管理，有必要将各种信息按一定的原则和方法进行区分和归集，并建立起一定的分类系统和排列顺序。因此，在工程造价管理领域，也应该按照不同的标准对信息进行分类。

1. 工程造价信息分类的原则

对工程造价信息进行分类必须遵循以下基本原则：

（1）稳定性。信息分类应选择分类对象最稳定的本质属性或特征作为信息分类的基础和标准；信息分类体系应建立在对基本概念和划分对象的透彻理解和准确把握基础上。

（2）兼容性。信息分类体系必须考虑到项目各参与方所应用的编码体系的情况，项目信息的分类体系应能满足不同项目参与方高效信息交换的需要。同时，与有关国际、国内标准的一致性也是兼容性应考虑的内容。

（3）扩展性。信息分类体系应具备较强的灵活性，可以在使用过程中进行方便的扩展，以保证增加新的信息类型时，不至于打乱已建立的分类体系，同时一个通用的信息分类体系还应为具体环境中信息分类体系的拓展和细化创造条件。

（4）综合实用性。信息分类应从系统工程的角度出发，放在具体的应用环境中进行整体考虑，这体现在信息分类的标准与方法的选择上，应综合考虑项目的实施环境和信息技术工具。

2. 工程造价信息的具体分类

工程造价信息具有区域性、多样性、专业性、系统性、动态性、季节性等特点。为便于使用和管理，有必要将各种工程造价信息按一定的原则和方法进行区分和归集，并建立起一定的分类系统和排列顺序。从以下不同角度，可以对工程造价信息进行不同的分类。

（1）按不同的内容，可以分为工程价格信息、已完工程信息、工程造价指数等。从广义上说，所有对工程估价过程起作用的资料都可以称为是工程造价信息，例如各种定额资料、标准规范、政策文件等。但最能体现信息动态性变化特征，并且在工程价格的市场机制中起重要作用的工程造价信息，主要包括工程价格信息、已完工程信息、工程造价指数三类。

（2）按反映的不同层次，可分为宏观工程造价信息和微观工程造价信息。工程造价指数为宏观信息；已完工程信息和人工、材料、机械等各种工程价格信息则为微观信息。

（3）从时态上来划分，可分为过去的工程造价信息、现在的工程造价信息和未来的工程造价信息。

（4）按稳定程度来划分，可以分为静态工程造价信息和动态工程造价信息。

（5）按传递方向来划分，可以分为横向传递的工程造价信息和纵向传递的工程造价信息。

（6）按处理程度不同，可以分为原始工程造价信息和经处理的工程造价信息。

（7）从形式来分，可以分为文件式工程造价信息和非文件式工程造价信息。

10.1.3 工程造价信息内容

从广义上说,所有对工程造价的计价和控制过程起作用的资料都可以称为是工程造价信息。例如各种定额资料、标准规范、政策文件等。但最能体现信息动态性变化特征,并且在工程价格的市场机制中起重要作用的工程造价信息主要包括价格信息、工程造价指数和已完工程信息三类。

1. 工程价格信息

工程价格信息主要包括各种建筑材料、装修材料、安装材料、人工工资、施工机械等的市场价格。这些信息是比较初级的微观信息,一般没有经过系统地加工处理也可以称其为数据或者原始信息。

(1)人工计价信息。

我国自 2007 年起开展建筑工程实物工程量与建筑工种人工成本信息(也称人工价格信息)的测算和发布工作。其成果是引导建筑劳务合同双方合理确定建筑工人工资水平的基础,是建筑业企业合理支付工人劳动报酬和调解、处理建筑工人劳动工资纠纷的依据,也是工程招投标中评定成本的依据。

①建筑工程实物工程量人工价格信息。这种价格信息是按照建筑工程的不同划分标准为对象,反映了单位实物工程量的人工价格信息。根据工程不同部位,体现作业的难易,结合不同工种作业情况将建筑工程划分为:土石方工程、架子工程、砌筑工程、模板工程、钢筋工程、混凝土工程、防水工程、抹灰工程、木作与木装饰工程、油漆工程、玻璃工程、金属制品制作及安装、其他工程等十三项。

②建筑工种人工成本信息。这种价格信息是按照建筑工人的工种分类,反映不同工种的单位人工日工资单价。建筑工种是根据《劳动法》和《职业教育法》的有关规定,对从事技术复杂、通用性广、涉及国家财产、人民生命安全和消费者利益的职业(工种)的劳动者实行就业准人的规定,结合建筑行业实际情况确定的。

(2)材料价格信息。在材料价格信息的发布中,应披露材料类别、规格、单价、供货地区、供货单位以及发布日期等信息。

(3)机械价格信息。机械价格信息包括设备市场价格信息和设备租赁市场价格信息两部分。相对而言,后者对于工程计价更为重要,发布的机械价格信息应包括机械种类、规格型号、供货厂商名称、租赁单价、发布日期等内容。

2. 工程造价指数

工程造价指数(造价指数信息)是反映一定时期价格变化对工程造价影响程度的指数,包括各种单项价格指数、设备工器具价格指数、建筑安装工程造价指数、建设项目或单项工程造价指数。该内容将在本章第三节单独讲述。

3. 已完工程信息

已完工程信息是指已建成竣工和在建的有使用价值和有代表性的工程设计概算、施工图预算、工程竣工结算、竣工决算、单位工程施工成本以及新材料、新结构、新设备、新施工工艺等建筑安装工程分部分项工程的单价分析等资料。这种信息也可被称为工程造价资料。

已完工程信息可以分为以下几种类别:

(1)按照其不同工程类型,可以划分为厂房、铁路、住宅、公建、市政工程等已完工程信息,并分别列出其包含的单项工程和单位工程。

(2)按照其不同阶段,一般分为项目可行性研究、投资估算、初步设计概算、施工图预算、竣工结算、竣工决算等。

(3)按照其组成特点,一般分为建设项目、单项工程和单位工程造价资料,同时也包括有关新材料、新工艺、新设备、新技术的分部分项工程造价资料。

10.2　工程造价资料的积累与管理

10.2.1　工程造价资料的积累

1. 工程造价资料的概念

工程造价资料是指已建成和在建的有代表性的工程设计概算、施工图预算、工程竣工结算、工程竣工决算、单位工程施工成本以及新材料、新工艺、新设备和新结构等建筑安装分部分项工程的单价资料等。特别是已建成工程的竣工结算和竣工决算资料的积累、分析和运用,对于制定工程宏观管理政策、研究工程造价变化规律、招投标定价、固定资产价值评估、计算类似工程造价和编制有关定额等具有重要作用。

2. 工程造价资料的积累

工程造价资料的积累是指对上述资料的收集、整理与应用等诸项工作的总称,工程造价资料的积累是建设工程造价管理的一项基础工作,全面系统地积累和利用工程造价资料,建立稳定的造价资料积累制度,对加强工程造价管理,合理确定和有效控制工程造价具有十分重要的意义。

3. 工程造价资料积累的内容

工程造价资料积累的内容包括"量"(如主要工程量、材料用量、设备量等)

和"价",还要包括对造价有重要影响的技术经济条件,如,工程概况、建设条件等。

(1)建设项目和单项工程造价资料。

①对造价有主要影响的技术经济条件。如项目建设标准、建设工期、建设地点等。

②主要的工程量、主要的材料量和主要设备的名称、型号、规格、数量等。

③投资估算、概算、预算、竣工决算及造价指数等。

(2)单位工程造价资料。

单位工程造价资料包括工程内容、建筑结构特征、主要工程量、主要材料的用量和单价、人工工日和人工费以及相应的造价。

(3)其他。

有关新材料、新工艺、新设备、新技术分部分项工程的人工工日,主要材料用量,机械台班用量。

4. 工程造价资料的运用

工程造价资料的运用主要有以下几个方面:

①作为编制固定资产投资计划的参考,进行建设成本分析。

②用来进行单位生产能力投资分析。

③作为编制投资估算的重要依据。

④作为编制初步设计概算和审查施工图预算的重要依据。

⑤作为确定招标控制价和投标报价的参考资料。

⑥作为进行技术经济分析的基础资料。

⑦作为编制各类定额的基础资料。

⑧作为测定调价系数、编制造价指数的依据。

⑨作为研究同类工程造价变化规律的依据。

10.2.2　工程造价资料的管理

1. 建立工程造价资料积累制度

工程造价资料积累的目的是为了使不同的用户都可以使用这些资料，从而达到工程造价管理的目的。工程造价资料积累的工作量大、牵涉面广，国外主要是由单位和个人进行有关资料的积累，我国主要是依靠政府有关部门如造价管理站、统计部门等进行有关资料的积累，但也需要有关单位与个人的支持与配合，特别是要让有关单位充分认识到工程造价资料积累的重要意义，促使其主动投入到有关资料的积累活动中去，工程造价资料积累的基础在于广大的建设单位、咨询单位和施工企业等。

2. 资料数据库的建立和网络化管理

为了便于工程造价资料的传输、储存和使用，应积极推广使用计算机建立工程造价的资料数据库，开发通用的工程造价资料管理信息系统，以提高工程造价资料的适用性与可靠性。首先，必须设计出一套科学、系统的工程分类与编码体系；其次，必须开发出一套适用于企业内部与外部、不同的职能部门、不同功能的工程管理软件之间数据共享和协同工作的工程造价管理集成系统，从而实现对人、财、物的统一管理和分级控制，实现造价资料信息的相互交流，从而形成对工程造价资料数据库的网络化管理。

3. 工程造价资料信息化建设

工程造价资料信息化是以工程造价资料为基础，以计算机技术、通信技术等现代信息技术在工程造价活动中的应用为主要内容，以工程造价信息专门技术的研发和专门人才培养为支撑，实现工程造价活动由传统信息获取、加工、处理和纸上信息等方式向现代电子、网络方式转变，实现工程造价信息资源深度开发和利用的过程。

10.3　工程造价指数

10.3.1　工程造价指数的概念及意义

由于在投资估算中经常用到历史成本数据，所以把价格水平随时间的变化记录下来就很重要。价格变动的趋势也可以作为预测未来价格的基础。根据工程建设的特点，编制工程造价指数是解决这些问题的最佳途径。以合理方法编制的工程造价指数，不仅能够较好地反映工程造价的变动趋势和变化幅度，而且可用以剔除价格水平变化对造价的影响，正确反映建筑市场的供求关系和生产力发展水平。

工程造价指数是反映一定时期由于价格变化对工程造价影响程度的一种指标，它是调整工程造价价差的依据。工程造价指数反映了报告期与基期相比的价格变动趋势，利用它来研究实际工作中的下列问题很有意义：

①可以利用工程造价指数分析价格变动趋势及其原因。

②可以利用工程造价指数估计工程造价变化对宏观经济的影响。

③工程造价指数是工程承、发包双方进行工程估价和结算的重要依据。

10.3.2　工程造价指数的内容及特性

（1）各种单项价格指数。这其中包括了反映各类工程的人工费、材料费、施工机械使用费报告期价格对基期价格的变化程度的指标。可利用它研究主要单项价格变化的情况及其发展变化的趋势。其计算过程可以简单表示为报告期价格与基期价格之比。依此类推，可以把各种费率指数也归于其中，例如措施费指数、间接费指数，甚至工程建设其他费用指数等。这些费率指数的编制可以直接用报告期费率与基期费率之比求得。很明显，这些单项价格指数都属于个体指数。其编制过程相对比较简单。

（2）设备、工器具价格指数。设备、工器具的种类、品种和规格很多。设备、工器具费用的变动通常是由两个因素引起的，即设备、工器具单件采购价格的变化和采购数量的变化，并且工程所采购的设备、工器具是由不同规格、不同品种组成的，因此，设备、工器具价格指数属于总指数。由于采购价格与采购数量的数据无论是基期还是报告期都比较容易获得，因此设备、工器具价格指数可以用综合指数的形式来表示。

（3）建筑安装工程造价指数。建筑安装工程造价指数也是一种综合指数，其中包括了人工费指数、材料费指数、施工器械使用费指数以及其他直接费、现场经费、间接费等各项个体指数的综合影响。由于建筑安装工程造价指数相对比较复杂，涉及的方面较广，利用综合指数来进行计算分析难度较大。因此可以通过对各项个体指数的加权平均，用平均数指数的形式来表示。

（4）建设项目或单项工程造价指数。该指数是由设备、工器具指数、建筑安装工程造价指数、工程建设其他费用指数综合得到的。它也属于总指数，并且与建筑安装工程造价指数类似，一般也用平均数指数的形式来表示。

根据造价资料的期限长短来分类，也可以把工程造价指数分为时点造价指数、月指数、季指数和年指数等。

10.3.3　工程造价指数的编制

1. 各种单项价格指数的编制

（1）人工费、材料费、施工机械使用费等价格指数的编制。这种价格指数的编制可以直接用报告期价格与基期价格相比后得到。其计算公式如下：

$$人工费（材料费、施工机械使用费）价格指数 = P_n/P_0 \qquad (10-1)$$

式中：P_0——基期人工日工资单价（材料价格、机械台班单价）；

　　　P_n——报告期人工日工资单价（材料价格、机械台班单价）。

（2）按费率计算的措施费、企业管理费及工程建设其他费用等费率指数的编制。其计算公式如下：

$$措施费（企业管理费、工程建设其他费用）费率指数 = P_n/P_0 \qquad (10-2)$$

式中：P_0——基期措施费（企业管理费、工程建设其他费用）费率；

P_n——报告期措施费(企业管理费、工程建设其他费用)费率。

2. 设备、工器具价格指数的编制

如前所述,设备、工器具价格指数是用综合指数形式表示的总指数。运用综合指数计算总指数时,一般要涉及两个因素:一个是指数所要研究的对象,叫作指数化因素;另一个是将不能同度量现象过渡为可以同度量现象的因素,叫同度量因素。当指数化因素是数量指标时,这时计算的指数称为数量指标指数;当指数化因素是质量指标时这时的指数称为质量指标指数。很明显,在设备、工器具价格指数中,指数化因素是设备、工器具的采购价格,同度量因素是设备、工器具的采购数量。因此设备、工器具价格指数是一种质量指标指数。

(1)同度量因素的选择。既然已经明确了设备、工器具价格指数是一种质量指标指数,那么,同度量因素应该是数量指标,即设备、工器具的采购数量。那么就会面临一个新的问题,就是应该选择基期计划采购数量为同度量因素,还是选择报告期实际采购数量为同度量因素。根据统计学的一般原理,此处可分为拉斯贝尔体系和派许体系。

①拉斯贝尔体系。按照拉斯贝尔的主张,以基期销售量为同度量因素,此时计算公式可以表示为:

$$K_P = \frac{\sum q_0 p_1}{\sum q_0 p_0} \qquad (10-3)$$

式中: K_p ——综合指数。

　　 P_0 、P_1 —— 基期与报告期价格。

　　 q_0 —— 基期数量。

②派许体系。按照派许的主张,以报告期销售量为同度量因素,此时计算公式可以表示为:

$$K_P = \frac{\sum q_1 p_1}{\sum q_1 p_0} \qquad (10-4)$$

式中: K_p ——综合指数。

　　 P_0 、P_1 —— 基期与报告期价格。

　　 q_1 —— 报告期数量。

就质量指标指数而言,拉斯贝尔公式(简称拉氏公式)将同度量因素固定在基期,其结果说明,按过去的采购量计算设备、工器具价格的变动程度。公式子项与母项的差额,说明由于价格的变动,按过去的采购量买设备、工器具,将多支出或少支出的金额,显然是没有现实意义的。而派许公式(简称派氏公式)以报告期数量指标为同度量因素,使价格变动与现实的采购数量相联系,而不是与物价变动前的采购数量相联系。由此可见,用派氏公式计算价格总指数,比较符合价格指数的经济意义。

实际上,这一原则可以表述为,确定同度量因素的一般原则是:质量指标指数应当以报告期的数量指标作为同度量因素,即使用派氏公式;而数量指标指数则应以基期的质量指标作为同度量因素,即使用拉氏公式。

(2)设备、工器具价格指数的编制。考虑到设备、工器具的采购品种很多为简化起见,计算价格指数时可选择其中用量大、价格高、变动多的主要设备、工器具的购置数量和单价进行计算,按照派氏公式进行计算如下:

$$设备、工器具价格指数 = \frac{\sum（报告期设备、工器具单价 \times 报告期购置数量）}{\sum（基期设备、工器具单价 \times 报告期购置数量）}$$

$$(10-5)$$

3. 建筑安装工程价格指数

与设备、工器具价格指数类似，建筑安装工程价格指数也属于质量指标指数，所以也应用派氏公式计算。但考虑到建筑安装工程价格指数的特点，所以用综合指数的变形即平均数指数的形式表示。

（1）平均数指数。从理论上说，综合指数是计算总指数的比较理想的形式，因为它不仅可以反映事物变动的方向与程度，而且可以用分子与分母的差额直接反映事物变动的实际经济效果。然而，在利用派氏公式计算质量指标指数时，需要掌握 $\sum p_0 q_1$（基期价格与报告期数量之积的和），这是比较困难的。而相比而言，基期和报告期的费用总值（$\sum p_0 q_0$，$\sum p_1 q_1$）却是比较容易获得的资料。因此，我们就可以在不违反综合指数的一般原则的前提下，改变公式的形式而不改变公式的实质，利用容易掌握的资料来推算不容易掌握的资料，进而再计算指数，在这种背景下所计算的指数即为平均数指数。利用派氏综合指数进行变形后计算得出的平均数指数称为加权调和平均数指数。

（2）建筑安装工程造价指数的编制。根据加权调和平均数指数的理论建筑安装工程造价指数可以用如下计算公式计算（由于利润率和税率通常不会变化，可以认为其个体价格指数为1）：

$$建筑安装工程造价指数 = \frac{S_1}{D_1 + D_2 + D_3 + D_4 + D_5 + D_6 + D_7} \qquad (10-6)$$

式中：S_1—— 报告期建筑安装工程费；

$\quad D_1$—— 报告期人工费／人工费指数；

$\quad D_2$—— 报告期材料费／材料费指数；

$\quad D_3$—— 报告期施工机械使用费／施工机械使用费指数；

$\quad D_4$—— 报告期措施费／措施费指数；

$\quad D_5$—— 报告期企业管理费／企业管理费指数；

$\quad D_6$—— 利润；

$\quad D_7$—— 税金。

4. 建设项目或单项工程造价指数的编制

建设项目或单项工程造价指数是由建筑安装工程造价指数，设备、工器具价格指数和工程建设其他费用指数综合而成的。与建筑安装工程造价指数相类似，其计算公式如下：

$$建设项目或单项工程指数 = \frac{S_2}{D_8 + D_9 + D_{10}} \qquad (10-7)$$

式中：S_2—— 报告期建设项目或单项工程造价；

$\quad D_8$—— 报告期建筑安装工程费／建筑安装工程造价指数；

$\quad D_9$—— 报告期设备、工器具费用／设备、工器具价格指数；

$\quad D_{10}$—— 报告期工程建设其他费用／工程建设其他费指数。

编制完成的工程造价指数有很多用途，比如作为政府对建设市场宏观调控的依据，也可以作为工程估算以及概、预算的基本依据。当然，其最重要的作用是在建设市场的交易过程中，为承包商提出合理的投标报价提供依据，此时的工程造价指数也可称为是投标价格指数。

10.4 工程造价信息的管理

10.4.1 工程造价信息管理的基本原则

工程造价的信息管理是指对信息的收集、加工整理、储存、传递与应用等一系列工作的总成。其目的就是通过有组织的信息流通，使决策者能及时、准确地获得相应的信息。为了达到工程造价信息管理的目的，在工程造价信息管理中应遵循以下基本原则。

(1)标准化原则。要求在项目的实施过程中对有关信息的分类进行统一，对信息流程进行规范，力求做到格式化和标准化，从组织上保证信息生产过程的效率。

(2)有效性原则。工程造价信息应针对不同层次管理者的要求进行适当加工，针对不同管理层提供不同要求和浓缩程度的信息。这一原则是为了保证信息产品对于决策支持的有效性。

(3)定量化原则。工程造价信息不应是项目实施过程中产生数据的简单记录而应该是经过信息处理人员的比较与分析。采用定量工具对有关数据进行分析和比较是十分必要的。

(4)时效性原则。考虑到工程造价计价与控制过程的时效性，工程造价信息也应具有相应的时效性，以保证信息产品能够及时服务于决策。

(5)高效处理原则。通过采用高性能的信息处理工具(如工程造价信息管理系统)，尽量缩短信息在处理过程中的延迟。

10.4.2 我国工程造价信息管理的现状

在市场经济中，由于市场机制的作用和多方面的影响，工程造价的运动变化更快、更复杂。在这种情况下，工程承、发包者单独、分散地进行工程造价信息的收集、加工，不但工作困难，而且成本很高。工程造价信息是一种具有共享性的社会资源。现代工程建设市场的发展，要求工程造价信息收集渠道同一化，加工、传递、储存系统化。这样不仅可以减少由于工程造价信息收集渠道的同一性所造成的重复工作，而且可以大大提高工程造价信息加工处理的质量。因此，政府工程造价主管部门利用自己信息系统的优势，对工程造价提供信息服务，其社会和经济效益是显而易见的。我国目前的工程造价信息管理主要以国家和地方政府主管部门为主，通过各种渠道进行工程造价信息的搜集、处理和发布，随着我国的建设市场越来越成熟，企业规模不断扩大，一些工程咨询公司和工程造价软件公司也加入工程造价信息管理的行列。

(1)全国工程造价信息系统的逐步建立和完善。实行工程造价体制改革后，国家对工程造价的管理逐渐由直接管理转变为间接管理。国家制定统一的工程量计算规则，编制全国统一工程项目编码和定期公布劳力、材料、机械等价格的信息。随着计算机网络技术的广泛应用，国家也开始建立工程造价信息网，定期发布价格信息及其产业政策，为各地方主管部门、各咨询机构，其他造价编制和审定等单位提供基础数据。同时，通过工程造价信息网，采集各地、各企业的工程实际数据和价格信息。主管部门及时依据实际情况，制定新的政策法规，颁布新的价格指数等。各企业、地方主管部门可以通过该造价信息网，及时获得相关的信息。

（2）地区工程造价信息系统的建立和完善。由于各个地区的生产力发展水平不一致，经济发展不平衡，各地价格差异较大。因此，各地区造价管理部门通过建立地区性造价信息系统，定期发布反映市场价格水平的价格信息和调整指数；依据本地区的经济、行业发展情况制定相应的政策措施。通过造价信息系统，地区主管部门可以及时发布价格信息、政策规定等。同时，通过选择本地区多个具有代表性的固定信息采集点或通过吸收各企业作为基本信息网成员，收集本地区的价格信息，实际工程信息作为本地区造价政策制定，价格信息的数据和依据，使地区主管部门发布的信息更具有实用性、市场性和指导性。目前，全国有很多地区建立了造价价格信息网。

（3）随着工程量清单计价方式的应用，施工企业迫切需要建立自己的造价资料数据库，但由于大多数施工企业在规模和能力上都达不到这一要求，因此这些工作在很大程度上委托给工程造价咨询公司或工程造价软件公司去完成，这是我国《建设工程工程量清单计价规范》（GB 50500）颁布实施后工程造价信息管理出现的新的趋势。

10.4.3　工程造价信息管理目前存在的问题

（1）对信息的采集、加工和传播缺乏统一规划、统一编码、系统分类，信息系统开发与资源拥有之间处于相互封闭、各自为政状态。其结果是无法达到信息资源共享的优势，更多的管理者满足丁目前的表面信息，忽略信息深加工。

（2）信息网建设有待完善。现有工程造价网多为定额站或咨询公司所建，网站内容主要为定额颁布，价格信息，相关文件转发，招、投标信息发布，企业或公司介绍等；网站只是将已有的造价信息在网站上显示出来，缺乏对这些信息的整理与分析。

（3）信息资料的积累和整理还没有完全实现和工程量清单计价模式的接轨。由于信息在采集、加工处理上具有很大的随意性，没有统一的范式和标准，造成在投标报价时较难直接使用，还需要根据要求进行不断地调整，很显然不能满足新形势下市场定价的要求。

10.4.4　工程造价信息化建设

（1）适应建设市场的新形势，着眼于为建设市场服务，为工程造价管理服务。工程建设在国民经济中占有较大的份额，但存在着科技水平不高、现代化管理滞后、竞争能力较弱的问题。我国加入世界贸易组织后，建设管理部门、建设企业都面临着与国际市场接轨的问题，参与和接受国际竞争的严峻挑战。信息技术的运用，可以促进管理部门依法行政，提高管理工作的公开、公平、公正和透明度；可以促进企业提高产品质量、服务水平和企业效率，达到提高企业自身竞争能力的目的。针对我国目前正在大力推广的工程量清单计价制度，工程造价信息化应该围绕为工程建设市场服务、为工程造价管理改革服务这条主线，组织技术攻关，开展信息化建设。

（2）加快相关软件和网络发展速度，不断提高信息化技术在工程造价中的应用水平。我国有关工程造价方面的软件和网络发展很快，为加大信息化建设的力度，全国工程造价信息网正在与各省信息网联网，这样全国造价信息网联成一体，用户可以很容易地查阅到全国各省(市)的数据,从而大大提高各地造价信息网的使用效率。同时,把与工程造价信息化有关的企业组织起来,加强交流、协作,避免低层次、低水平的重复开发,鼓励技术创新,淘汰落后,不断提高信息化技术在工程造价中的应用水平。

(3)发展工程造价信息化,要建立有关的规章制度,促进工程技术健康有序地向前发展。为了加强建设信息标准化、规范化,建设系统信息标准体系正在建立,指定信息通用标准和专用标准,建立建设信息安全保障技术规范和网络设计技术规范。加强全国建设工程造价信息系统的信息标准化工作,包括组织编制建设工程人工、材料、机械、设备的分类及标准代码,工程项目分类标准代码,各类信息采集及传输标准格式等工作,将为全国工程造价信息化的发展提供基础。

思考与练习

问答题:

1. 工程造价信息管理的含义是什么?

2. 工程造价信息的含义是什么?

3. 工程造价信息的特点

4. 工程造价信息内容

5. 工程造价资料积累的内容

6. 工程造价指数的概念

7. 工程造价资料的管理的内容有哪些?

8. 工程造价指数的内容有哪些

9. 如何编制人工费、材料费、施工机械使用费的价格指数。

10. 如何编制措施费的价格指数?

11. 简述工程价格指数的意义。

12. 如何编制建筑安装工程价格指数?

第 11 章

工程施工阶段造价管理

施工阶段是将投资变成工程实体的过程，是资金投入量最大的阶段。在施工阶段，由于施工组织设计、工程变更、索赔、工程计量方式的差别以及工程实施中各种不可预见因素的存在，使得施工阶段的造价管理难度加大。

在施工阶段，建设单位应通过编制资金使用计划、及时进行工程计量与结算、预防并处理好工程变更与索赔，有效控制工程造价。承包人也应做好成本计划及动态监控等工作，综合考虑建造成本、工期成本、质量成本、安全成本、环保成本等全要素，有效控制施工成本。

11.1　资金使用计划的编制

资金使用计划的编制是在工程项目结构分解的基础上，将工程造价的总目标值逐层分解到各个工作单元，形成各分目标值及各详细目标值，从而可以定期地将工程项目中各个子目标实际支出额与目标值进行比较，以便于及时发现偏差，找出偏差原因并及时采取纠正措施，将工程造价偏差控制在一定范围内。

资金使用计划的编制与控制对工程造价水平有着重要影响。建设单位通过科学的编制资金使用计划，可以合理确定工程造价的总目标值和各阶段目标值，使工程造价控制有据可依。

依据项目结构分解方法不同，资金使用计划的编制方法也有所不同，常见的有按工程造价构成编制资金使用计划，按工程项目组成编制资金使用计划和按工程进度编制资金使用计划。这三种不同的编制方法可以有效地结合起来，组成一个详细完备的资金使用计划体系。

11.1.1　按工程造价构成编制资金使用计划

工程造价的主要部分为建筑安装工程费、设备工器具费和工程建设其他费三部分，按工程造价构成编制的资金使用计划也分为建筑安装工程费使用计划、设备工器具费使用计划和工程建设其他费使用计划。每部分费用比例根据以往经验或已建立的数据库确定，也可根据具体情况作出适当调整，每一部分还可以作进一步的划分。这种编制方法比较适合于有大量经验数据的工程项目。

11.1.2　按工程项目组成编制资金使用计划

大中型工程项目一般由多个单项工程组成，每个单项工程又可细分为不同的单位工程，进而分解为各个分部分项工程。设计概算、预算都是按单项工程和单位工程编制的，因此，这种编制方法比较简单，易于操作。

1. 按工程项目构成恰当分解资金使用计划总额

为了按不同子项划分资金的使用，首先必须对工程项目进行合理划分，划分的粗细程度根据实际需要而定。一般来说，将工程造价目标分解到各单项工程、单位工程比较容易，结果也比较合理可靠。按这种方式分解时，不仅要分解建筑安装工程费，而且要分解设备工器具购置费以及工程建设其他费用、预备费、建设期贷款利息等。

建筑安装工程费用中的人工费、材料费、施工机械使用费等分部分项工程费及可以计量的措施项目费可直接分解到各工程分项。而利润、税金则不宜直接进行分解。措施项目费应视具体情况，将其中与各工程分项有关的费用（如材料二次搬运费、检验试验费等）分离出来，按一定比例分解到相应的工程分项；其他与单位工程、分部工程有关的费用（如临时设施费、保险费等），则不能分解到各工程分项。

2. 编制各工程分项的资金支出计划

在完成工程项目造价目标的分解之后，应确定各工程分项的资金支出预算。工程分项的资金支出预算一般可按下式计算：

$$分项支出预算 = 核实的工程量 \times 单价 \qquad (11-1)$$

在式（11-1）中，核实的工程量可反映并消除实际与计划（如投标书）的差异，单价则在上述建筑安装工程费用分解的基础上确定。

3. 编制详细的资金使用计划表

各工程分项的详细资金使用计划表应包括：工程分项编号、工程内容、计量单位、工程数量、单价、工程分项总价等内容，见表 11-1。

表 11-1　资金使用计划表

序号	项目编码	工程内容	计量单位	工程数量	单价	工程分项总价	备注
1							
2							

在编制资金使用计划时，应在主要的工程分项中考虑适当的不可预见费。此外，对于实际工程量与计划工程量（如：工程量清单）的差异较大者，还应特殊标明，以便在实施中主动采取必要的造价控制措施。

11.1.3　按工程进度编制资金使用计划

投入到工程项目的资金是分阶段、分期支出的，资金使用是否合理与施工进度安排密切相关。为了编制资金使用计划，并据此筹集资金，尽可能减少资金占用和利息支付，有必要将工程项目的资金使用计划按施工进度进行分解，以确定各施工阶段具体的目标值。

1. 编制工程施工进度计划

应用工程网络计划技术，编制工程网络进度计划，计算相应的时间参数，并确定关键线路。

2. 计算单位时间的资金支出目标

根据单位时间(月、旬或周)拟完成的实物工程量、投入的资源数量,计算相应的资金支出额,并将其绘制在时标网络计划图中。

3. 计算规定时间内的累计资金支出额

若 q_n 为单位时间内的资金支出计划数额,t 为规定的计算时间,相应的累计资金支出数额 Q_t 可按式(11 - 2)计算:

$$Q = \sum_{n=1}^{t} q_n \tag{11 - 2}$$

4. 绘制资金使用计划 S 曲线

按规定的时间绘制资金使用与施工进度的 S 曲线。每一条 S 曲线都对应某一特定的工程进度计划。在网络进度计划中,非关键工序存在有总时差和自由时差,因此,S 曲线(投资计划值曲线)必然包括在由全部工作均按最早开始时间(ES)开始和全部工作均按最迟开始时间(LS)开始的曲线所组成的"香蕉图"内,如图 11 - 1 所示。

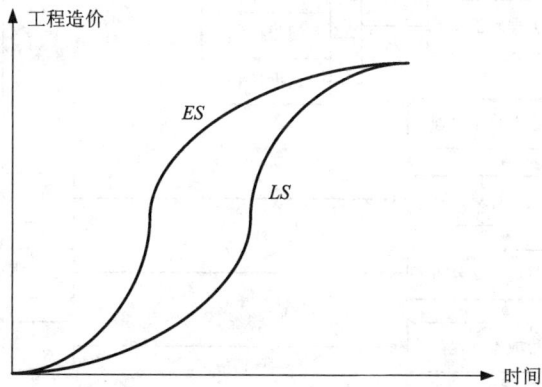

图 11 - 1　工程造价香蕉图

建设单位可以根据编制的投资支出预算来安排资金,同时,也可以根据筹措的建设资金来调整 S 曲线,即通过调整非关键路线上工作的开始时间,力争将实际投资支出控制在计划范围内。

一般而言,所有工作都按最迟开始时间开始,对节约建设单位的建设资金贷款利息是有利的,但同时也降低了工程按期竣工的保证率。因此,必须合理地

确定投资支出计划,达到既节约投资支出又保证工程按期完成的目的。

11.2　施工成本的控制

11.2.1　施工成本管理流程

施工成本管理是一个有机联系与相互制约的系统过程,施工成本管理流程如图 11 - 2 所示。成本预测是成本计划的编制基础,成本计划是开展成本控制和核算的基础;成本控制能

对成本计划的实施进行监督,保证成本计划的实现,而成本核算又是成本计划是否实现的最后检查,成本核算所提供的成本信息又是成本预测、成本计划、成本控制和成本考核等的依据;成本分析为成本考核提供依据,也为未来的成本预测与成本计划指明方向;成本考核是实现成本目标责任制的保证和手段。

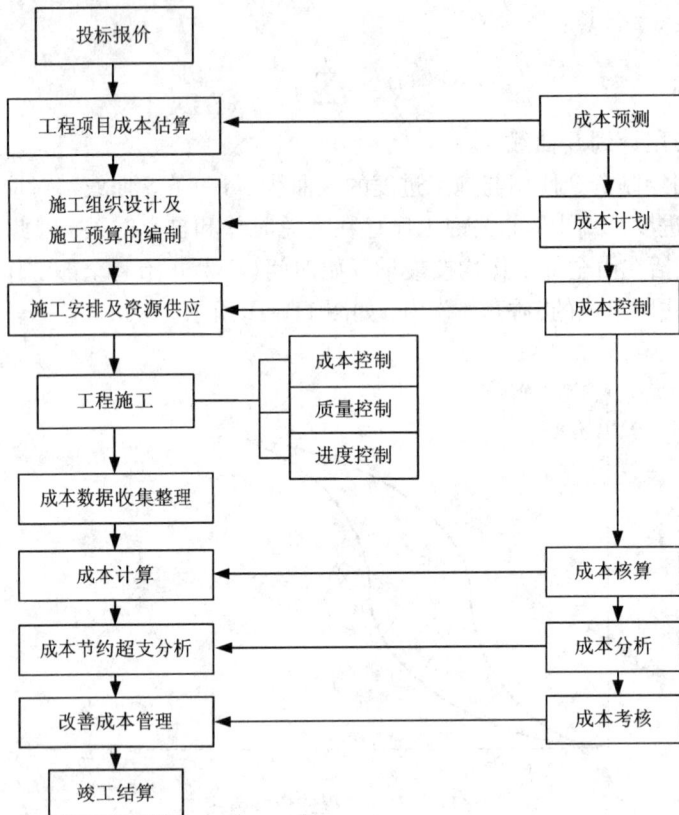

图 11 – 2 施工成本管理流程图

11.2.2 施工成本管理方法

1. 成本预测

施工成本预测是指施工承包单位及其项目经理部有关人员凭借历史数据和工程经验,运用一定方法对工程项目未来的成本水平及其可能的发展趋势做出科学估计。工程项目成本预测是工程项目成本计划的依据。预测时,通常是对工程项目计划工期内影响成本的因素进行分析,比照近期已完工程项目或将完工项目的成本(单位成本),预测这些因素对施工成本的影响程度,估算出工程项目的单位成本或总成本。

施工成本预测的方法可分为定性预测和定量预测两大类。

(1) 定性预测。是指造价管理人员根据专业知识和实践经验,通过调查研究,利用已有资料,对成本费用的发展趋势及可能达到的水平所进行的分析和推断。由于定性预测主要依靠管理人员的素质和判断能力,因而这种方法必须建立在对工程项目成本费用的历史资料、现状及影响因素深刻了解的基础之上。这种方法简便易行，在资料不多、难以进行定量预测时最为适用。最常用的定性预测方法是调查研究判断法，具体方式有：座谈会法和函询调查法。

（2）定量预测。是利用历史成本费用统计资料以及成本费用与影响因素之间的数量关系，通过建立数学模型来推测、计算未来成本费用的可能结果。在成本费用预测中，常用的定量预测方法有加权平均法、回归分析法等。

2. 成本计划

成本计划是在成本预测的基础上，施工承包单位及其项目经理部对计划期内工程项目成本水平所作的筹划。施工项目成本计划是以货币形式表达的项目在计划期内的生产费用、成本水平及为降低成本采取的主要措施和规划的具体方案。成本计划是目标成本的一种表达形式，是建立项目成本管理责任制、开展成本控制和核算的基础，是进行成本费用控制的主要依据。

（1）成本计划的内容。施工成本计划一般由直接成本计划和间接成本计划组成。

① 直接成本计划。主要反映工程项目直接成本的预算成本、计划降低额及计划降低率。主要包括工程项目的成本目标及核算原则、降低成本计划表或总控制方案、对成本计划估算过程的说明及对降低成本途径的分析等。

② 间接成本计划。主要反映工程项目间接成本的计划数及降低额，在编制计划时，成本项目应与会计核算中间接成本项目的内容一致。

此外，施工成本计划还应包括项目经理对可控责任目标成本进行分解后形成的各个实施性计划成本，即各责任中心的责任成本计划。责任成本计划又包括年度、季度和月度责任成本计划。

（2）成本计划的编制方法。

① 目标利润法。是指根据工程项目的合同价格扣除目标利润后得到目标成本的方法。在采用正确的投标策略和方法以最理想的合同价中标后，从标价中扣除预期利润、税金、应上缴的管理费等之后的余额即为工程项目实施中所能支出的最大限额。

② 技术进步法。是以工程项目计划采取的技术组织措施和节约措施所能取得的经济效果为项目成本降低额，求得项目目标成本的方法。即：

项目目标成本 = 项目成本估算值 − 技术节约措施计划节约额（或降低成本额）

$$(11-3)$$

③ 按实计算法。是以工程项目的实际资源消耗测算为基础，根据所需资源的实际价格，详细计算各项活动或各项成本组成的目标成本，即：

人工费 = $\sum$ 各类人员计划用工量 × 实际工资标准　　　$(11-4)$

材料费 = $\sum$ 各类材料的计划用量 × 实际材料单价　　　$(11-5)$

施工机械使用费 = $\sum$ 各类机械的计划台班量 × 实际台班单价　　　$(11-6)$

在此基础上，由项目经理部生产和财务管理人员结合施工技术和管理方案等测算措施费、项目经理部的管理费等，最后构成项目的目标成本。

④ 定率估算法（历史资料法）。当工程项目非常庞大和复杂而需要分为几个部分时采用的方法。首先将工程项目分为若干子项目，参照同类工程项目的历史数据，采用算术平均法计算子项目目标成本降低率和降低额，然后再汇总整个工程项目的目标成本降低率、降低

额。在确定子项目成本降低率时，可采用加权平均法或三点估算法。

3. 成本控制

成本控制是指在工程项目实施过程中，对影响工程项目成本的各项要素，即施工生产所耗费的人力、物力和各项费用开支，采取一定措施进行监督、调节和控制，及时预防、发现和纠正偏差，保证工程项目成本目标的实现。成本控制是工程项目成本管理的核心内容，也是工程项目成本管理中不确定因素最多、最复杂、最基础的管理内容。

(1)成本控制的内容和过程。施工成本控制包括计划预控、过程控制和纠偏控制三个环节。

①计划预控。是指应运用计划管理的手段事先做好各项施工活动的成本安排，使工程项目预期成本目标的实现建立在有充分技术和管理措施保障的基础上，为工程项目的技术与资源的合理配置和消耗控制提供依据。控制的重点是优化工程项目实施方案、合理配置资源和控制生产要素的采购价格。

②过程控制。是指控制实际成本的发生，包括实际采购费用发生过程的控制、劳动力和生产资料使用过程的消耗控制、质量成本及管理费用的支出控制。施工承包单位应充分发挥工程项目成本责任体系的约束和激励机制，提高施工过程的成本控制能力。

③纠偏控制。是指在工程项目实施过程中，对各项成本进行动态跟踪核算，发现实际成本与目标成本产生偏差时，分析原因，采取有效措施予以纠偏。

(2)成本控制的方法。

①成本分析表法。是指利用各种表格进行成本分析和控制的方法。应用成本分析表法可以清晰地进行成本比较研究。常见的成本分析表有月成本分析表、成本日报或周报表、月成本计算及最终预测报告表。

②工期—成本同步分析法。成本控制与进度控制之间有着必然的同步关系。因为成本是伴随着工程进展而发生的。如果成本与进度不对应，说明工程项目进展中出现虚盈或虚亏的不正常现象。

施工成本的实际开支与计划不相符，往往是由两个因素引起的：一是在某道工序上的成本开支超出计划；二是某道工序的施工进度与计划不符。因此，要想找出成本变化的真正原因，实施良好有效的成本控制措施，必须与进度计划的适时更新相结合。

③挣值分析法。挣值分析法是对工程项目成本—进度进行综合控制的一种分析方法。通过比较已完工程预算成本(Budget Cost of the Work Performed，BCWP)与已完工程实际成本(Actual Cost of the Work Performed，ACWP)之间的差值，可以分析由于实际价格的变化而引起的累计成本偏差；通过比较已完工程预算成本(BCWP)与拟完成工程预算成本(Budget Cost of the Work Scheduled，BCWS)之间的差值，可以分析由于进度偏差而引起的累计成本偏差。并通过计算后续未完工程的计划成本余额，预测其尚需的成本数额，从而为后续工程施工的成本、进度控制及寻求降低成本挖潜途径指明方向。

④价值工程方法。价值工程方法是对工程项目进行事前成本控制的重要方法，在工程项目设计阶段，研究工程设计的技术合理性，探索有无改进的可能性，在提高功能的条件下，降低成本。在工程项目施工阶段，也可以通过价值工程活动，进行施工方案的技术经济分析，确定最佳施工方案，降低施工成本。

4. 成本核算

成本核算是施工承包单位利用会计核算体系，对工程项目施工过程中所发生的各项费用进行归集，统计其实际发生额，并计算工程项目总成本和单位工程成本的管理工作。工程项目成本核算是施工承包单位成本管理最基础的工作，成本核算所提供的各种信息，是成本预测、成本计划、成本控制和成本考核等的依据。

（1）成本核算的对象和范围。施工项目经理部应建立和健全以单位工程为对象的成本核算账务体系，严格区分企业经营成本和项目生产成本，在工程项目实施阶段不对企业经营成本进行分摊，以正确反映工程项目可控成本的收、支、结、转的状况和成本管理业绩。

施工成本核算应以项目经理责任成本目标为基本核算范围；以项目经理授权范围相对应的可控责任成本为核算对象，进行全过程分月跟踪核算。根据工程当月形象进度，对已完工程实际成本按照分部分项工程进行归集，并与相应范围的计划成本进行比较，分析各分部分项工程成本偏差的原因，并在后续工程中采取有效控制措施并进一步寻找降本挖潜的途径。项目经理部应在每月成本核算的基础上编制当月成本报告，作为工程项目施工月报的组成内容，提交企业生产管理和财务部门审核备案。

（2）成本核算的方法。

①表格核算法。是建立在内部各项成本核算基础上，由各要素部门和核算单位定期采集信息，按有关规定填制一系列的表格，完成数据比较、考核和简单的核算，形成工程项目施工成本核算体系，作为支撑工程项目施工成本核算的平台。表格核算法需要依靠众多部门和单位支持，专业性要求不高。其优点是比较简捷明了，直观易懂，易于操作，适时性较好。缺点是覆盖范围较窄，核算债权债务等比较困难；且较难实现科学严密的审核制度，有可能造成数据失实，精度较差。

②会计核算法。是指建立在会计核算基础上，利用会计核算所独有的借贷记账法和收支全面核算的综合特点，按工程项目施工成本内容和收支范围，组织工程项目施工成本的核算。不仅核算工程项目施工的直接成本，而且还要核算工程项目在施工生产过程中出现

的债权债务、为施工生产而自购的工具、器具摊销、向建设单位的报销和收款、分包完成和分包付款等。其优点是核算严密、逻辑性强、人为调节的可能因素较小、核算范围较大。但对核算人员的专业水平要求较高。

由于表格核算法具有便于操作和表格格式自由等特点，可以根据企业管理方式和要求设置各种表格。因而对工程项目内各岗位成本的责任核算比较实用。施工承包单位除对整个企业的生产经营进行会计核算外，还应在工程项目上设成本会计，进行工程项目成本核算，减少数据的传递，提高数据的及时性，便于与表格核算的数据接口，这将成为工程项目施工成本核算的发展趋势。

总的说来，用表格核算法进行工程项目施工各岗位成本的责任核算和控制，用会计核算法进行工程项目施工成本核算，两者互补，相得益彰，确保工程项目施工成本核算工作的开展。

（3）成本费用的归集与分配。进行成本核算时，能够直接计入有关成本核算对象的，直接计入；不能直接计入的，采用一定的分配方法分配计入各成本核算对象成本，然后计算出工程项目的实际成本。

①人工费。人工费计入成本的方法，一般应根据企业实行的具体工资制度而定。在实行

计件工资制度时，所支付的工资一般能分清受益对象，应根据"工程任务单"和"工资计算汇总表"将归集的工资直接计入成本核算对象的人工费成本项目中。实行计时工资制度时，在只存在一个成本核算对象或者所发生的工资能分清是服务于哪个成本核算对象时，方可将之直接计入，否则，就需将所发生的工资在各个成本核算对象之间进行分配，再分别计入。一般采用实用工时比例或定额工时比例进行分配。计算公式为：

$$\text{工资分配率} = \frac{\text{建筑安装工人工资总额}}{\text{各项目实用工时(或定额工时)总和}} \qquad (11-7)$$

$$\text{某项工程应分配的人工费} = \text{该项工程实用工时} \times \text{工资分配率} \qquad (11-8)$$

②材料费。工程项目耗用的材料，应根据限额领料单、退料单、报损报耗单，大堆材料耗用计算单等计入工程项目成本。凡领料时能点清数量、分清成本核算对象的，应在有关领料凭证(如限额领料单)上注明成本核算对象名称，据以计入成本核算对象。领料时虽能点清数量但需集中配料或统一下料的，则由材料管理人员或领用部门，结合材料消耗定额将材料费分配计入各成本核算对象。领料时不能点清数量和分清成本核算对象的，由材料管理人员或施工现场保管员保管，月末实地盘点结存数量，结合月初结存数量和本月购进数量，倒推出本月实际消耗量，再结合材料耗用定额，编制"大堆材料耗用计算表"，据以计入各成本核算对象的成本。工程竣工后的剩余材料，应填写"退料单"据以办理材料退库手续，同时冲减相关成本核算对象的材料费。施工中的残次材料和包装物，应尽量回收再用，冲减工程成本的材料费。

③施工机械使用费。按自有机械和租赁机械分别加以核算。从外单位或本企业内部独立核算的机械站租入施工机械支付的租赁费，直接计入成本核算对象的机械使用费。如租入的机械是为两个或两个以上的工程服务，应以租入机械所服务的各个工程受益对象提供的作业台班数量为基数进行分配，计算公式如下：

$$\text{平均台班租赁费} = \frac{\text{支付的租赁费总额}}{\text{租入机械作业总台班数}} \qquad (11-9)$$

自有机械费用应按各个成本核算对象实际使用的机械台班数计算所分摊的机械使用费，分别计入不同的成本核算对象成本中。

在施工机械使用费中，占比重最大的往往是施工机械折旧费。按现行财务制度规定，施工承包单位计提折旧一般采用平均年限法和工作量法。技术进步较快或使用寿命受工作环境影响较大的施工机械和运输设备，经国家财政主管部门批准，可采用双倍余额递减法或年数总和法计提折旧。

固定资产折旧从固定资产投入使用月份的次月起，按月计提。停止使用的固定资产，从停用月份的次月起，停止计提折旧。

企业按财务制度的有关规定，有权选择具体折旧方法和折旧年限，在开始执行年度前报主管财政机关备案。折旧年限和折旧方法一经确定，不得随意变更。需要变更的，由企业提出申请，并在变更年度前报主管财政机关批准。

固定资产的折旧方式一般有如下四种：

a.平均年限法。也称使用年限法，是指按照固定资产的预计使用年限平均分摊固定资产折旧额的方法。这种方法计算的折旧额在各个使用年(月)份都是相等的，折旧的累计额所绘出的图线是直线。因此，这种方法也称直线法。

平均年限法的计算公式为：

$$年折旧率 = \frac{1 - 预计残值率}{折旧年限} \tag{11-10}$$

$$年折旧额 = 固定资产原值 \times 年折旧率 \tag{11-11}$$

净残值率按照固定资产原值的 3%~5% 确定，净残值率低于 3% 或者高于 5% 的，由企业自主确定，报主管财政机关备案。

b. 工作量法。是指按照固定资产生产经营过程中所完成的工作量计提折旧的一种方法，是由平均年限法派生出来的一种方法。适用于各种时期使用程度不同的专业机械、设备。

工作量法的计算公式为：

$$单位工作量折旧额 = \frac{固定资产原值 \times (1 - 净残值率)}{预计使用期内完成的额定工作量} \tag{11-12}$$

【例 11-1】　某机器设备原始价值 20 万元，预计残值率为 5%。该设备预计使用总工时 10 万小时，某月该设备工作量为 600 小时，则该月应计提的折旧额为多少？

解： 每小时折旧额 = 200000 × (1 - 5%)/100000 = 1.9 元

该月折旧额 = 1.9 × 600 = 1140 元

c. 双倍余额递减法。是指按照同定资产账面净值和同定的折旧率计算折旧的方法，它属于一种加速折旧的方法。其年折旧率是平均年限法的两倍，并且在计算年折旧率时不考虑预计净残值率。采用这种方法时，折旧率是固定的，但计算基数逐年递减，因此，计提的折旧额逐年递减。

$$年折旧额 = \frac{2 \times 固定资产净值}{折旧年限} \tag{11-13}$$

其中：

$$固定资产净值 = 固定资产原值 - 累计折旧额 \tag{11-14}$$

最后两年：

$$年折旧额 = \frac{固定资产净值 - 净残值}{2} \tag{11-15}$$

【例 11-2】　某机器设备原始价值 12 万元，预计使用年限 5 年，预计净残值率为 6%，用双倍余额递减法计提折旧，计算第 5 年应提折旧额为多少。

解： 年折旧率 = 2/5 × 100% = 40%

第 1 年折旧额 = 12 × 40% = 4.8 万元

第 2 年折旧额 = (12 - 4.8) × 40% = 2.88 万元

第 3 年折旧额 = (12 - 4.8 - 2.88) × 40% = 1.73 万元

第 4、5 年折旧额 = (12 - 4.8 - 2.88 - 1.73 - 12 × 6%)/2 = 0.936 万元

d. 年数总和法。也称年数总额法，是指以固定资产原值减去预计净残值后的余额为基数，按照逐年递减的折旧率计提折旧的一种方法。年数总和法也属于一种加速折旧的方法。其折旧率以该项固定资产预计尚可使用的年数(包括当年)做分子，而以逐年可使用年数之和做分母。分母是固定的，而分子逐年递减，因此，折旧率逐年递减，计提的折旧额也逐年递减。

年数总和法的计算公式为：

$$当年折旧率 = \frac{各年尚可使用年数}{使用年限的年数总和}$$

$$= \frac{折旧年限 - 固定资产已使用年限}{折旧年限 \times (折旧年限 + 1)/2}$$

$$= \frac{折旧年限 - 固定资产已使用年限}{折旧年限 \times (折旧年限 + 1)/2} \qquad (11-16)$$

$$年折旧额 = \frac{(固定资产原值 - 净残值) \times 可使用年数}{使用年数的序数之和}$$

$$= 固定资产原值 \times (1 - 净残值率) \times 当年折旧率 \qquad (11-17)$$

【例 11-3】 某企业某项固定资产原值为 60000 元,预计净残值为 3000 元,预计使用年限为 5 年,按年数总和法计提折旧,计算各年的折旧额。

解:该项固定资产的年数总和为:

年数总和 = 5 + 4 + 3 + 2 + 1 = 15

或: = 5 × (5 + 1) ÷ 2 = 15

用年数总和法计算各年折旧额。

年份	应计提折旧资产额	年折旧率	年折旧额	累计折旧
1	60000 - 3000 = 57000	5/15	19000	19000
2	57000	4/15	15200	34200
3	57000	3/15	11400	45600
4	57000	2/15	7600	53200
5	57000	1/15	3800	57000

④措施费。凡能分清受益对象的,应直接计入受益成本核算对象中。如与若干个成本核算对象有关的,可先归集到措施费总账中,月末再按适当的方法分配计入有关成本核算对象的措施费中。

⑤间接成本。凡能分清受益对象的间接成本,应直接计入受益成本核算对象中去。否则先在项目"间接成本"总账中进行归集,月末再按一定的分配标准计入受益成本核算对象。分配的方法:土建工程是以实际成本中直接成本为分配依据,安装工程则以人工费为分配依据。计算公式如下:

$$土建(安装)工程间接成本分配率 = \frac{土建(安装)工程分配的间接成本总额}{全部土建工程直接成本(安装工程人工费)总额}$$

$$(11-18)$$

某土建(安装)分配的间接成本 = 该土建工程直接成本(安装工程人工费) × 土建(安装)工程间接成本分配率

$$(11-19)$$

5. 成本分析

成本分析是揭示工程项目成本变化情况及其变化原因的过程。成本分析为成本考核提供依据,也为未来的成本预测与成本计划编制指明方向。

(1)成本的分析方法。成本分析的基本方法包括:比较法、因素分析法、差额计算法、比率法等。

①比较法。又称指标对比分析法,是通过技术经济指标的对比,检查目标的完成情况,分析产生差异的原因,进而挖掘内部潜力的方法。其特点是通俗易懂、简单易行、便于掌握,因而得到广泛应用。比较法的应用,通常有下列形式:

a.将本期实际指标与目标指标对比。以此检查目标完成情况,分析影响目标完成的积极因素和消极因素,以便及时采取措施,保证成本目标的实现。

b.本期实际指标与上期实际指标对比。通过这种对比,可以看出各项技术经济指标的变动情况,反映项目管理水平的提高程度。

c.本期实际指标与本行业平均水平、先进水平对比。通过这种对比,可以反映本项目的技术管理和经济管理水平与行业的平均和先进水平的差距,进而采取措施赶超先进水平。

在采用比较法时,可采取绝对数对比、增减差额对比或相对数对比等多种形式。

②因素分析法。又称连环置换法。这种方法可用来分析各种因素对成本的影响程度。在进行分析时,首先要假定众多因素中的一个因素发生了变化,而其他因素则不变,在前一个因素变动的基础上分析第二个因素的变动,然后逐个替换,分别比较其计算结果,以确定各个因素的变化对成本的影响程度。并据此对企业的成本计划执行情况进行评价,并提出进一步的改进措施。因素分析法的计算步骤如下:

a.以各个因素的计划数为基础,计算出一个总数;

b.逐项以各个因素的实际数替换计划数;

c.每次替换后,实际数就保留下来,直到所有计划数都被替换成实际数为止;

d.每次替换后,都应求出新的计算结果;

e.最后将每次替换所得结果,与其相邻的前一个计算结果比较,其差额即为替换的那个因素对总差异的影响程度。

【例 11 -4】 某施工承包单位承包一工程,计划砌砖工程量 1200 m³,按预算定额规定,每立方米耗用空心砖 510 块,每块空心砖计划价格为 0.12 元;而实际砌砖工程量却达 1500 m³,每立方米实耗空心砖 500 块,每块空心砖实际购入价为 0.18 元。试用因素分析法进行成本分析。

解: 砌砖工程的空心砖成本计算公式为:

空心砖成本 = 砌砖工程量 × 每立方米空心砖消耗量 × 空心砖价格

采用因素分析法对上述三个因素分别对空心砖成本的影响进行分析。计算过程和结果见表 11 -2。

表 11 -2 砌砖工程空心砖成本分析表

计算顺序	砌砖工程量	每立方米空心砖消耗量	空心砖价格/元	空心砖成本/元	差异数/元	差异原因
计划数	1200	510	0.12	73440		
第一次代替	1500	510	0.12	91800	18360	由于工程量增加
第二次代替	1500	500	0.12	90000	-1800	由于空心砖节约
第三次代替	1500	500	0.18	135000	45000	由于价格提高
合计					61560	

　　以上分析结果表明，实际空心砖成本比计划超出61560元，主要原因是由于工程量增加和空心砖价格提高引起的；另外，由于节约空心砖消耗，使空心砖成本节约了1800元。

　　③差额计算法。差额计算法是因素分析法的一种简化形式，它利用各个因素的目标值与实际值的差额来计算其对成本的影响程度。

　　【例11-5】　以例11-4的成本分析资料为基础，利用差额计算法分析各因素对成本的影响程度。

$$工程地量的增加对成本的影响额 = (1500 - 1200) \times 510 \times 0.12 = 18360(元)$$
$$材料消耗量变动对成本的影响额 = 1500 \times (500 - 510) \times 0.12 = 1800(元)$$
$$材料单价变动对成本的影响额 = 1500 \times 500 \times (0.18 - 0.12) = 45000(元)$$
$$各因素变动对材料费用的影响 = 18360 - 1800 + 45000 = 61560(元)$$

　　两种方法的计算结果相同，但采用差额计算法显然要比第一种方法简单。

　　④比率法。比率法是指用两个以上的指标的比例进行分析的方法。其基本特点是：先把对比分析的数值变成相对数，再观察其相互之间的关系。常用的比率法有以下几种：

　　a.相关比率法。通过将两个性质不同而相关的指标加以对比，求出比率，并以此来考察经营成果的好坏。例如，将成本指标与反映生产、销售等经营成果的产值、销售收入、利润指标相比较，就可以反映项目经济效益的好坏。

　　b.构成比率法。又称比重分析法或结构对比分析法。是通过计算某技术经济指标中各组成部分占总体比重进行数量分析的方法。通过构成比率，可以考察项目成本的构成情况，将不同时期的成本构成比率相比较，可以观察成本构成的变动情况，同时也可看出量、本、利的比例关系（即目标成本、实际成本和降低成本的比例关系），从而为寻求降低成本的途径指明方向。

　　c.动态比率法。是将同类指标不同时期的数值进行对比，求出比率，以分析该项指标的发展方向和发展速度的方法。动态比率的计算通常采用定基指数和环比指数两种方法。

　　(2)综合成本的分析方法。所谓综合成本，是指涉及多种生产要素，并受多种因素影响的成本费用，如分部分项工程成本，月(季)度成本、年度成本等。由于这些成本都是随着工程项目施工的进展而逐步形成的，与生产经营有着密切的关系。因此，做好上述成本的分析工作，无疑将促进工程项目的生产经营管理，提高工程项目的经济效益。

　　①分部分项工程成本分析。分部分项工程成本分析是施工项目成本分析的基础。分部分项工程成本分析的对象为主要的已完分部分项工程。分析的方法是：进行预算成本、目标成本和实际成本的"三算"对比，分别计算实际成本与预算成本、实际成本与目标成本的偏差，分析偏差产生的原因，为今后的分部分项工程成本寻求节约途径。

　　分部分项工程成本分析的资料来源是：预算成本是以施工图和定额为依据编制的施工图预算成本，目标成本为分解到该分部分项工程上的计划成本，实际成本来自施工任务单的实际工程量、实耗人工和限额领料单的实耗材料。

　　对分部分项工程进行成本分析，要做到从开工到竣工进行系统的成本分析。因为通过主要分部分项工程成本的系统分析，可以基本了解工程项目成本形成的全过程，为竣工成本分析和今后的工程项目成本管理提供宝贵的参考资料。

　　分部分项工程成本分析表的格式见表11-3。

表 11 –3　分部分项工程成本分析

单位工程：＿＿＿＿＿＿　　　　　分部分项工程名称：＿＿＿＿＿＿

工程量：＿＿＿＿＿＿　　　施工班组：＿＿＿＿＿＿　　　施工日期：＿＿＿＿＿＿

工料名称	规格	单位	单价	预算成本		目标成本		实际成本		实际与预算比较		实际与目标比较	
				数量	金额	数量	金额	数量	金额	数量	金额	数量	金额
合计													
实际与预算比较/% ＝实际成本合计/预算成本合计×100%													
实际与目标比较/% ＝实际成本合计/目标成本合计×100%													
节超原因说明													

编制单位：　　　　　　　编制人：　　　　　　　编制日期：

②月(季)度成本分析。月(季)度成本分析,是项目定期的、经常性的中间成本分析。通过月(季)度成本分析,可以及时发现问题,以便按照成本目标指定的方向进行监督和控制,保证工程项目成本目标的实现。

月季)度成本分析的依据是当月(季)的成本报表。分析的方法通常包括:

a.通过实际成本与预算成本的对比,分析当月(季)的成本降低水平;通过累计实际成本与累计预算成本的对比,分析累计的成本降低水平,预测实现工程项目成本目标的前景。

b.通过实际成本与目标成本的对比,分析目标成本的落实情况,以及目标管理中的问题和不足,进而采取措施,加强成本管理,保证工程成本目标的落实。

c.通过对各成本项目的成本分析,可以了解成本总量的构成比例和成本管理的薄弱环节。对超支幅度大的成本项目,应深入分析超支原因,并采取对应的增收节支措施,防止今后再超支。

d.通过主要技术经济指标的实际与目标对比,分析产量、工期、质量、"三材"节约率、机械利用率等对成本的影响。

e.通过对技术组织措施执行效果的分析,寻求更加有效的节约途径。

f.分析其他有利条件和不利条件对成本的影响。

③年度成本分析。由于工程项目的施工周期一般较长,除进行月(季)度成本核算和分析外,还要进行年度成本的核算和分析。因为通过年度成本的综合分析,可以总结一年来成本管理的成绩和不足,为今后的成本管理提供经验和教训。

年度成本分析的依据是年度成本报表。年度成本分析的内容,除月(季)度成本分析的六个方面外,重点是针对下一年度的施工进展情况规划切实可行的成本管理措施,以保证工程项目施工成本目标的实现。

④竣工成本的综合分析。凡是有几个单位工程而且是单独进行成本核算的项目,其竣工成本分析应以各单位工程竣工成本分析资料为基础,再加上项目经理部的经营效益(如资金

调度、对外分包等所产生的效益)进行综合分析。如果施工项目只有一个成本核算对象(单位工程),就以该成本核算对象的竣工成本资料作为成本分析的依据。单位工程竣工成本分析,应包括:竣工成本分析;主要资源节超对比分析;主要技术节约措施及经济效果分析。

通过以上分析,可以全面了解单位工程的成本构成和降低成本的来源,对今后同类工程的成本管理很有参考价值。

6. 成本考核

成本考核是在工程项目建设过程中或项目完成后,定期对项目形成过程中的各级单位成本管理的成绩或失误进行总结与评价。通过成本考核,给予责任者相应的奖励或惩罚。施工承包单位应建立和健全工程项目成本考核制度,作为工程项目成本管理责任体系的组成部分。考核制度应对考核的目的、时间、范围、对象、方式、依据、指标、组织领导以及结论与奖惩原则等作出明确规定。

(1)成本考核的内容。施工成本的考核,包括企业对项目成本的考核和企业对项目经理部可控责任成本的考核。企业对项目成本的考核包括对施工成本目标(降低额)完成情况的考核和成本管理工作业绩的考核。企业对项目经理部可控责任成本的考核包括:

①项目成本目标和阶段成本目标完成情况;

②建立以项目经理为核心的成本管理责任制的落实情况;

③成本计划的编制和落实情况;

④对各部门、各施工队和班组责任成本的检查和考核情况;

⑤在成本管理中贯彻责权利相结合原则的执行情况。

除此之外,为层层落实项目成本管理工作,项目经理对所属各部门、各施工队和班组也要进行成本考核,主要考核其责任成本的完成情况。

(2)成本考核指标:

①企业的项目成本考核指标:

$$项目施工成本降低额 = 项目施工合同成本 - 项目实际施工成本 \quad (11-20)$$

$$项目施工成本降低率 = \frac{项目施工成本降低额}{项目施工合同成本 \times 100\%} \quad (11-21)$$

②项目经理部可控责任成本考核指标:

a. 项目经理责任目标总成本降低额和降低率:

$$目标总成本降低额 = 项目经理责任目标总成本 - 项目竣工结算总成本 \quad (11-22)$$

$$目标总承包降低率 = \frac{目标总成本降低额}{项目经理责任目标总成本 \times 100\%} \quad (11-23)$$

b. 施工责任目标成本实际降低额和降低率:

$$施工责任目标成本实际降低额 = 施工责任目标总成本 - 工程竣工结算总成本$$

$$(11-24)$$

$$施工责任目标成本实际降低额 = \frac{施工责任目标成本实际降低额}{施工责任目标总成本 \times 100\%} \quad (11-25)$$

c. 施工计划成本实际降低额和降低率:

$$施工计划成本实际降低额 = 施工计划总成本 - 工程竣工结算总成本 \quad (11-26)$$

$$施工计划成本实际降低额 = \frac{施工计划成本实际降低额}{施工计划总成本 \times 100\%} \quad (11-27)$$

　　施工承包单位应充分利用工程项目成本核算资料和报表，由企业财务审计部门对项目经理部的成本和效益进行全面审核，在此基础上做好工程项目成本效益的考核与评价，并按照项目经理部的绩效，落实成本管理责任制的激励措施。

11.3　工程变更与索赔管理

11.3.1　工程变更管理

　　工程变更是指施工合同履行过程中出现与签订合同时的预计条件不一致的情况，而需要改变原定施工承包范围内的某些工作内容。合同当事人一方因对方未履行或不能正确履行合同所规定的义务而遭受损失时，可向对方提出索赔。工程变更与索赔是影响工程价款结算的重要因素，因此，也是施工阶段造价管理的重要内容。

　　1. 工程变更的范围和内容

　　工程变更包括工程量变更、工程项目变更（如建设单位提出增加或者删减工程项目内容）、进度计划变更、施工条件变更等。根据九部委发布的《标准施工招标文件》中的通用合同条款，工程变更包括以下五个方面：

　　（1）取消合同中任何一项工作，但被取消的工作不能转由建设单位或其他单位实施。

　　（2）改变合同中任何一项工作的质量或其他特性。

　　（3）改变合同工程的基线、标高、位置或尺寸。

　　（4）改变合同中任何一项工作的施工时间或改变已批准的施工工艺或顺序。

　　（5）为完成工程需要追加的额外工作。

　　2. 工程变更程序

　　工程施工过程中出现的工程变更可分为监理人指示的工程变更和施工承包单位申请的工程变更两类。

　　（1）监理人指示的工程变更。监理人根据工程施工的实际需要或建设单位要求实施的工程变更，可以进一步划分为直接指示的工程变更和通过与施工承包单位协商后确定的工程变更两种情况。

　　①监理人直接指示的工程变更。监理人直接指示的工程变更属于必需的变更，如按照建设单位的要求提高质量标准、设计错误需要进行的设计修改、协调施工中的交叉干扰等情况。此时不需征求施工承包单位意见，监理人经过建设单位同意后发出变更指示要求施工承包单位完成工程变更工作。

　　②与施工承包单位协商后确定的工程变更。此类情况属于可能发生的变更，与施工承包单位协商后再确定是否实施变更，如增加承包范围外的某项新工作等。此时，工程变更程序如下：

　　a. 监理人首先向施工承包单位发出变更意向书，说明变更的具体内容和建设单位对变更的时间要求等，并附必要的图纸和相关资料。

　　b. 施工承包单位收到监理人的变更意向书后，如果同意实施变更，则向监理人提出书面变更建议。建议书的内容包括提交包括拟实施变更工作的计划、措施、的实施方案以及费用要求。若施工承包单位收到监理人的变更意向书后认为难以实施此项变更，也应立即通知监理人，说明原因并附详细依据。如不具备实施变更项目的施工资质、无相应的施工机具等原因或其他理由。

c. 监理人审查施工承包单位的建议书，施工承包单位根据变更意向书要求提交的变更实施方案可行并经建设单位同意后，发出变更指示。如果施工承包单位不同意变更，监理人与施工承包单位和建设单位协商后确定撤销、改变或不改变原变更意向书。

d. 变更建议应阐明要求变更的依据，并附必要的图纸和说明。监理人收到施工承包单位书面建议后，应与建设单位共同研究，确认存在变更的，应在收到施工承包单位书面建议后的 14 天内作出变更指示。经研究后不同意作为变更的，应由监理人书面答复施工承包单位。

（2）施工承包单位提出的工程变更。施工承包单位提出的工程变更可能涉及建议变更和要求变更两类。

①施工承包单位建议的变更。施工承包单位对建设单位提供的图纸、技术要求等，提出了可能降低合同价格、缩短工期或提高工程经济效益的合理化建议，均应以书面形式提交监理人。合理化建议书的内容应包括建议工作的详细说明、进度计划和效益以及与其他工作的协调等，并附必要的设计文件。

监理人与建设单位协商是否采纳施工承包单位提出的建议。建议被采纳并构成变更的，监理人向施工承包单位发出工程变更指示。

施工承包单位提出的合理化建议使建设单位获得工程造价降低、工期缩短、工程运行效益提高等实际利益，应按专用合同条款中的约定给予奖励。

②施工承包单位要求的变更。施工承包单位收到监理人按合同约定发出的图纸和文件，经检查认为其中存在属于变更范围的情形，如提高工程质量标准、增加工作内容、改变工程的位置或尺寸等，可向监理人提出书面变更建议。变更建议应阐明要求变更的依据，并附必要的图纸和说明。

监理人收到施工承包单位的书面建议后，应与建设单位共同研究，确认存在变更的，应在收到施工承包单位书面建议后的 14 天内作出变更指示。经研究后不同意作为变更的，应由监理人书而答复施工承包单位。

11.3.2　工程索赔管理

工程索赔是在施工合同履行中，当事人一方由于另一方未履行合同所规定的义务或者出现了应当由对方承担的风险而遭受损失时，向另一方提出赔偿要求的行为。通常，索赔是双向的，既包括施工承包单位向建设单位的索赔，也包括建设单位向施工承包单位的索赔。但在工程实践中，建设单位索赔数量较小，而且可通过冲账、扣拨工程款、扣保证金等实现对施工承包单位的索赔；而施工承包单位对建设单位的索赔则比较困难一些。通常情况下，索赔是指施工承包单位在合同实施过程中，对非自身原因造成的工程延期、费用增加而要求建设单位给予补偿损失的一种权利要求。

1. 工程索赔产生的原因

工程索赔是由于发生了施工过程中有关方面不能控制的干扰事件。这些干扰事件影响了合同的正常履行，造成了工期延长、费用增加，成为工程索赔的理由。

（1）业主方（包括建设单位和监理人）违约。在工程实施过程中，由于建设单位或监理人没有尽到合同义务，导致索赔事件发生。如：未按合同规定提供设计资料、图纸，未及时下达指令、答复请示等，使工程延期；未按合同规定的日期交付施工场地和行驶道路、提供水电、提供应由建设单位提供的材料和设备，使施工承包单位不能及时开工或造成工程中断；未按合同规定按时支付工程款，或不再继续履行合同；下达错误指令，提供错误信息；建设单位或监理人协调工作不力等。

（2）合同缺陷。合同缺陷表现为合同文件规定不严谨甚至矛盾、合同条款遗漏或错误，设计图纸错误造成设计修改、工程返工、窝工等。

（3）合同变更。合同变更也有可能导致索赔事件发生，如：建设单位指令增加、减少工作量，增加新的工程，提高设计标准、质量标准；由于非施工承包单位原因，建设单位指令中止工程施工；建设单位要求施工承包单位采取加速措施，其原因是非施工承包单位责任的工程拖延，或建设单位希望在合同工期前交付工程；建设单位要求修改施工方案，打乱施工顺序；建设单位要求施工承包单位完成合同规定以外的义务或工作。

（4）工程环境的变化。如材料价格和人工工日单价的大幅度上涨；国家法令的修改；货币贬值；外汇汇率变化等。

（5）不可抗力或不利的物质条件。不可抗力又可以分为自然事件和社会事件。自然事件主要是工程施工过程中不可避免发生并不能克服的自然灾害，包括地震、海啸、瘟疫、水灾等；社会事件则包括国家政策、法律、法令的变更，战争、罢工等。不利的物质条件通常是指承包人在施工现场遇到的不可预见的自然物质条件、非自然的物质障碍和污染物，包括地下和水文条件。

2. 工程索赔的分类

工程索赔按不同的划分标准，可分为不同类型。

（1）按索赔的合同依据分类。工程索赔可分为合同中明示的索赔和合同中默示的索赔。

①合同中明示的索赔。是指施工承包单位所提出的索赔要求，在该工程项目施工合同文件中有文字依据。这些在合同文件中有文字规定的合同条款，称为明示条款。

②合同中默示的索赔。是指施工承包单位所提出的索赔要求，虽然在工程项目施工合同条款中没有专门的文字叙述，但可根据该合同中某些条款的含义，推论出施工承包单位有索赔权。这种索赔要求，同样有法律效力，施工承包单位有权得到相应的经济补偿。这种有经济补偿含义的条款，被称为"默示条款"或"隐含条款"。

（2）按索赔的目的分类。工程索赔可分为工期索赔和费用索赔。

①工期索赔。由于非施工承包单位的原因导致施工进度拖延，要求批准延长合同工期的索赔，称为工期索赔。工期索赔形式上是对权利的要求，以避免在原定合同竣工日不能完工时，被建设单位追究拖期违约责任。一旦获得批准合同工期延长后，施工承包单位不仅可免除承担拖期违约赔偿费的严重风险，而且可因提前交工获得奖励，最终仍反映在经济收益上。

②费用索赔。费用索赔是施工承包单位要求建设单值补偿其经济损失。当施工的客观条件改变导致施工承包单位增加开支时，要求对超出计划成本的附加开支给予补偿，以挽回不应由其承担的经济损失。

（3）按索赔事件的性质分类。工程索赔可分为工程延期索赔、工程变更索赔、合同被迫终止索赔、工程加速索赔、意外风险和不可预见因素索赔和其他索赔。

①工程延期索赔。因建设单位未按合同要求提供施工条件，如未及时交付设计图纸、施

工现场、道路等，或因建设单位指令工程暂停或不可抗力事件等原因造成工期拖延的，施工承包单位对此提出索赔。这是工程实施中常见的一类索赔。

②工程变更索赔。由于建设单位或监理人指令增加或减少工程量或增加附加工程、修改设计、变更工程顺序等，造成工期延长和费用增加，施工承包单位对此提出索赔。

③合同被迫终止索赔。由于建设单位违约及不可抗力事件等原因造成合同非正常终止，施工承包单位因其蒙受经济损失而向建设单位提出索赔。

④工程加速索赔。由于建设单位或监理人指令施工承包单位加快施工速度，缩短工期，引起施工承包单位人、财、物的额外开支而提出的索赔。

⑤意外风险和不可预见因素索赔。在工程实施过程中，因人力不可抗拒的自然灾害、特殊风险以及一个有经验的施工承包单位通常不能合理预见的不利施工条件或外界障碍，如地下水、地质断层、溶洞、地下障碍物等引起的索赔。

⑥其他索赔。如因货币贬值、汇率变化、物价上涨、政策法令变化等原因引起的索赔。

3. 工程索赔处理程序

（1）施工承包单位的索赔程序。施工承包单位认为有权得到追加付款和（或）延长工期的，应按以下程序向建设单位提出索赔。

①施工承包单位应在知道或应当知道索赔事件发生后28天内，向监理人递交索赔意向通知书，说明发生索赔事件的事由。施工承包单位未在上述28天内发出索赔意向通知书的，则丧失要求追加付款和（或）延长工期的权利。

②施工承包单位应在发出索赔意向通知书后28天内，向监理人正式递交索赔通知书。索赔通知书应详细说明索赔理由以及要求追加的付款金额和（或）延长的工期，并附必要的记录和证明材料。

③索赔事件具有连续影响的，施工承包单位应按合理时间间隔继续递交延续索赔通知，说明连续影响的实际情况和记录，列出累计的追加付款金额和（或）工期延长天数。在索赔事件影响结束后的28天内，施工承包单位应向监理人递交最终索赔通知书，说明最终要求索赔的追加付款金额和延长的工期，并附必要的记录和证明材料。

（2）监理人处理索赔的程序。监理人收到施工承包单位提交的索赔通知书后，应按以下程序进行处理：

①监理人收到施工承包单位提交的索赔通知书后，应及时审查索赔通知书的内容、查验施工承包单位的记录和证明材料。必要时监理人可要求施工承包单位提交全部原始记录副本。

②监理人应商定或确定追加的付款和（或）延长的工期，并在收到上述索赔通知书或有关索赔的进一步证明材料后的42天内，将索赔处理结果答复施工承包单位。

③施工承包单位接受索赔处理结果的，建设单位应在作出索赔处理结果答复后28天内完成赔付。施工承包单位不接受索赔处理结果的，按合同中争议解决条款的约定处理。

（3）施工承包单位提出索赔的期限。施工承包单位接受竣工付款证书后，应被认为已无权再提出在合同工程接收证书颁发前所发生的任何索赔。施工承包单位提交的最终结清申请单中，只限于提出工程接收证书颁发后发生的索赔。提出索赔的期限自接受最终结清证书时终止。

11.4　工程费用的动态监控

在工程施工阶段，无论是建设单位还是施工承包单位，均需要进行实际费用（实际投资或成本）与计划费用（计划投资或成本）的动态比较，分析费用偏差产生的原因，并采取有效措施控制费用偏差。

11.4.1　费用偏差及其表示方法

费用偏差是指工程项目投资或成本的实际值与计划值之间的差额。进度偏差与费用偏差密切相关，如果不考虑进度偏差，就不能正确反映费用偏差的实际情况，因此，有必要引入进度偏差的概念。对费用偏差和进度偏差的分析可以利用拟完成工程计划费用（Budget Cost of Work Scheduled, BCWS）、已完工程实际费用（Actual Cost of Work Performed, ACWP）、已完工程计划费用（Budget Cost of Work Perforreed, BCWP）三个参数完成，通过三个参数间的差额（或比值）测算相关费用偏差指标值，并进一步分析偏差产生的原因，从而采取措施纠正偏差。费用偏差分析方法既可以用予业主方的投资偏差分析，也可以用于施工承包单位的成本偏差分析。

1. 偏差表示方法

（1）费用偏差（Cost Variance, CV）。

费用偏差（CV）= 已完工程计划费用（BCWP）– 已完工程实际费用（ACWP）

$$(11-28)$$

其中：

已完工程计划费用（BCWP）= ∑ 已完工程量（实际工程量）× 计划单价　（11-29）

已完工程实际费用（ACWP）= ∑ 已完工程量（实际工程量）× 实际单价　（11-30）

当 CV > 0 时，说明工程费用节约；当 CV < 0 时，说明工程费用超支。

（2）进度偏差（Schedule Variance, SV）。

进度偏差（SV）= 已完工程计划费用（BCWP）– 拟完成工程计划费用（BCWS）

$$(11-31)$$

其中：

拟完成工程计划费用（BCWS）= ∑ 拟完成工程量（计划工程量）× 计划单价

$$(11-32)$$

当 SV > 0 时，说明工程进度超前；当 SV < 0 时，说明工程进度拖后。

【例 11-6】　某工程施工至 2016 年 9 月底，经统计分析得：已完工程计划费用为 1500 万元，已完工程实际费用为 1800 万元，拟完成工程计划费用为 1600 万元，则该工程此时的费用偏差和进度偏差各为多少？

解：（1）费用偏差 = 1500 – 1800 = –300（万元）

说明工程费用超支 300 万元。

（2）进度偏差 = 1500 – 1600 = –100（万元）

说明工程进度拖后 100 万元。

2. 偏差参数

(1)局部偏差与累计偏差。局部偏差有两层含义:一是对于整个工程项目而言,指各单项工程、单位工程和分部分项工程的偏差;二是相对于工程项目实施的时间而言,指每一控制周期所发生的偏差。累计偏差是指在工程项目已经实施的时间内累计发生的偏差。累计偏差是一个动态的概念,其数值总是与具体时间联系在一起,第一个累计偏差在数值上等于局部偏差,最终的累计偏差就是整个工程项目的偏差。

在进行费用偏差分析时,对局部偏差和累计偏差都要进行分析。在每一控制周期内,发生局部偏差的工程内容及原因一般都比较明确,分析结果比较可靠,而累计偏差所涉及的工程内容较多、范围较大,且原因也较复杂。因此,累计偏差的分析必须以局部偏差分析为基础。但是,累计偏差分析并不是对局部偏差分析的简单汇总,需要对局部偏差的分析结果进行综合分析,其结果更能显示代表性和规律性,对费用控制工作在较大范围内具有指导作用。

(2)绝对偏差与相对偏差。绝对偏差是指实际值与计划值比较所得到的差额。相对偏差则是指偏差的相对数或比例数,通常是用绝对偏差与费用计划值的比值来表示:

$$费用相对偏差 = \frac{绝对偏差}{费用计划值} = \frac{费用计划值 - 费用实际值}{费用计划值} \qquad (11-33)$$

与绝对偏差一样,相对偏差可正可负,且两者符号相同。正值表示费用节约,负值表示费用超支。两者都只涉及费用的计划值和实际值,既不受工程项目层次的限制,也不受工程项目实施时间的限制,因而在各种费用比较中均可采用。

(3)偏差绩效指数。

①费用绩效指数(Cost Performance Index,CPI)

$$费用绩效指数(CPI) = \frac{已完工程计划费用(BCWP)}{已完工程实际费用(ACWP)} \qquad (11-34)$$

②进度绩效指数(Schedule Performanee Index,SPI)。

$$进度绩效指数(SPI) = \frac{已完工程计划费用(BCWP)}{拟完成工程计划费用(BCWS)} \qquad (11-35)$$

这里的绩效指数是相对值,既可用于工程项目内部的偏差分析,也可用于不同工程项目之间的偏差比较。而前述的偏差(费用偏差和进度偏差)主要适用于工程项目内部的偏差分析。

11.4.2 常用的偏差分析方法

常用的偏差分析方法有横道图法、时标网络图法、表格法和曲线法。

1. 横道图法

应用横道图法进行费用偏差分析,是用不同的横道线标志已完工程计划费用、拟完成工程计划费用和已完工程实际费用,横道线的长度与其数值成正比。然后,再根据上述数据分析费用偏差和进度偏差。

横道图法具有简单直观的优点,便于掌握工程费用的全貌。但这种方法反映的信息量少,因而其应用具有一定的局限性。

2. 时标网络图法

应用时标网络图法进行费用偏差分析,是根据时标网络图得到每一时间段拟完成工程计划费用, 然后根据实际工作完成情况测得已完工程实际费用, 并通过分析时标网络图中的实际进度前锋线, 得出每一时间段已完工程计划费用, 这样, 即可分析费用偏差和进度偏差。

实际进度前锋线表示整个工程项目目前实际完成的工作面情况, 将某一确定时点下时标网络图中各项工作的实际进度点相连就可得到实际进度前锋线。

时标网络图法具有简单、直观的优点, 可用来反映累计偏差和局部偏差, 但实际进度前锋线的绘制需要有工程网络计划为基础。

3. 表格法

表格法是一种进行偏差分析的最常用方法。应用表格法分析偏差, 是将项目编号、名称、各个费用参数及费用偏差值等综合纳入一张表格中, 可在表格中直接进行偏差的比较分析。应用表格法进行偏差分析具有如下优点: 灵活、适用性强, 可根据实际需要设计表格; 信息量大, 可反映偏差分析所需的资料, 从而有利于工程造价管理人员及时采取针对措施, 加强控制; 表格处理可借助于电子计算机, 从而节约大量人力, 并提高数据处理速度。

4. 曲线法

曲线法是用费用累计曲线(S 曲线)来分析费用偏差和进度偏差的一种方法。用曲线法进行偏差分析时, 通常有 3 条曲线, 即已完工程实际费用曲线 a、已完工程计划费用曲线 b 和拟完成工程计划费用曲线 p, 如图 11 – 3 所示。图中曲线 a 和曲线 b 的竖向距离表示费用偏差, 曲线 b 和曲线 p 的水平距离表示进度偏差。

图 11 – 3 反映的偏差为累计偏差。用曲线法进行偏差分析同样具有形象、直观的特点, 但这种方法很难用于局部偏差分析。

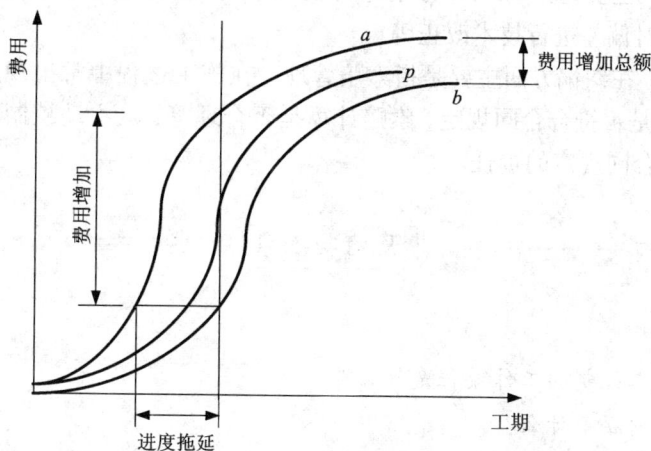

图 11 – 3　费用参数曲线

11.4.3　偏差产生的原因及控制措施

1. 偏差产生的原因

偏差分析的一个重要目的就是要找出引起偏差的原因, 从而有可能采取有针对性的措施, 减少或避免相同原因再次发生。一般来说, 产生费用偏差的原因包括:

（1）客观原因。包括人工费涨价、材料涨价、设备涨价、利率及汇率变化、自然因素、施工条件因素、交通原因、社会原因、法规变化等。

（2）建设单位原因。包括增加工程内容、投资规划不当、组织不落实、建设手续不健全、未按时付款、协调出现问题等。

（3）设计原因。设计错误或漏项、设计标准变更、设计保守、图纸提供不及时、结构变更等。

（4）施工原因。施工组织设计不合理、质量事故、进度安排不当、施工技术措施不当、与外单位关系协调不当等。

从偏差产生原因的角度，由于客观原因是无法避免的，施工原因造成的损失由施工承包单位自己负责，因此，建设单位纠偏的主要对象是自己原因及设计原因造成的费用偏差。

2. 费用偏差的纠正措施

对偏差原因进行分析的目的是为了有针对性地采取纠偏措施，从而实现费用的动态控制和主动控制。费用偏差的纠正措施通常包括以下四个方面：

（1）组织措施。是指从费用控制的组织管理方面采取的措施，包括：落实费用控制的组织机构和人员，明确各级费用控制人员的任务、职责分工，改善费用控制工作流程等。组织措施是其他措施的前提和保障。

（2）经济措施。主要是指审核工程量和签发支付证书，包括：检查费用目标分解是否合理，检查资金使用计划有无保障，是否与进度计划发生冲突，工程变更有无必要，是否超标等。

（3）技术措施。主要是指对工程方案进行技术经济比较，包括：制定合理的技术方案，进行技术分析，针对偏差进行技术改正等。

（4）合同措施。在纠偏方面主要是指索赔管理。在施工过程中常出现索赔事件，要认真审查有关索赔依据是否符合合同规定，索赔计算是否合理等，从主动控制的角度，加强日常的合同管理，落实合同规定的责任。

思考与练习

问答题：

1. 施工阶段成本控制的工作流程是什么？

2. 工程变更的内涵是什么？

3. 变更后合同价款应如何确定？

4. 索赔的含义是什么？

5. 索赔成立的条件有哪些？

6. 索赔的种类和计算方法有哪些？

7. 投资偏差分析的方法有哪些？

8. 在工程建设过程中，变更经常发生，如在房地产项目开发中，由于顾客的要求而改变设计。请你分析变更是否可以避免，如何采取有效措施使控制变更带来的价款增加？

9. 索赔对于发、承包双方均具有重要的意义，请根据你所具有的索赔知识总结承包商向业主索赔与业主向承包商索赔的主要内容，并总结各种情况下双方的处理原则。

10. 投资偏差的主要原因有哪些？从建设单位的角度，应主要对哪些原因展开有效控制？

11. 某施工单位根据取得的某 2000 m² 两层厂房工程项目招标文件和全套施工图纸，采用低投标价策略编制了投标文件，并获得中标。该施工单位(乙方)于某年某月某日与建设单位(甲方)签订了该工程项目的固定价格施工合同。合同工期为 8 个月。甲方在乙方进入施工现场后，因资金紧缺，无法如期支付工程款，口头要求乙方暂停施工一个月，乙方也口头答应。工程按合同规定期限验收时，甲方发现工程质量有问题，要求返工，两个月后，返工完毕。结算时甲方认为乙方迟延交付工程，应按合同约定偿付逾期违约金，乙方认为临时停工是甲方要求的，乙方为抢工期，加快施工进度才出现了质量问题，因此迟延交付的责任不在乙方。甲方则认为临时停工和不顺延工期是当时乙方答应的，乙方应履行承诺，承担违约责任。

问：(1)该工程采用固定价格合同是否合适？

(2)该施工合同的变更形式是否妥当？此合同争议依据合同法律规范应如何处理？

12. 某工程项目分为三个单项工程，经有关部门批准采用公开招标形式确定了三个中标单位并签订合同。A、B、C 三个单项工程在合同条款中作如下规定：

(1)A 工程在施工图设计没有完成前，业主通过招标选择了一家总承包单位承包该工程的施工任务。由于设计工作尚未完成，承包范围内待实施的工程虽性质明确，但工程量还难以确定，双方商定拟采用总价合同形式签订施工合同，以减少双方的风险。合同条款中规定：

①乙方按业主代表批准的施工组织设计(或施工方案)组织施工，乙方不应承担因此引起的工期延误和费用增加的责任。

②甲方向乙方提供施工场地的工程地质和地下管网线路资料，供乙方参考使用。

③乙方不能将工程转包，但允许分包，也允许分包单位将分包的工程再次分包给其他施工单位。

(2)B 工程合同额为 9000 万元，总工期为 30 个月，工程分两期进行验收，第一期为 18 个月，第二期为 12 个月。在工程施工过程中，出现了下列情况：

①工程开工后，从第三个月开始连续四个月业主未支付给承包商应付的工程进度款。

为此，承包商向业主发出要求付款通知，并提出对拖延支付的工程进度款应计入利息的要求，其数额从监理人计量签字后第 11 天起计息。业主方以该四个月未付工程款作为偿还预付款而予以抵消为由，拒绝支付。为此，承包商以业主违反合同中关于预付款扣还的规定，以及拖欠工程款导致无法继续施工，并要求业主承担违约责任。

②工程进行到第十个月时，由于种种原因，该工程被指令停工下马，因此业主向承包商提出暂时中止执行合同实施的通知。为此，承包商要求业主承担单方面中止合同给承包商造成的经济损失赔偿责任。

③复工后在工程后期，工地遭遇当地百年以来最大的台风，工程被迫暂停施工，部分已完工程受损，现场场地遭到破坏，最终使工期拖延了两个月。为此，业主要求承包商承担工期拖延所造成的经济损失责任和赶工责任。

(3)C 工程在施工招标文件中, 按工期定额计算, 工期为 550 天, 但在施工合同中, 开工日期为 2015 年 6 月, 竣工日期为 2017 年某月, 日历天数为 581 天。

问: (1)A 单项工程合同中业主与施工单位选择总价合同形式是否妥当? 合同条款中有哪些不妥之处?

(2)B 项工程合同执行过程中出现的问题应如何处理?

(3)C 项工程合同的合同工期应为多少天?

(4)合同价款变更的原则与程序包括哪些内容? 合同争议如何解决?

参考文献

[1] 刘根强, 刘武成. 土木工程施工组织与计价[M]. 长沙: 中南大学出版社, 2014

[2] 刘富勤, 程瑶. 建筑工程概预算[M]. 武汉: 武汉理工大学出版社, 2013

[3] 中国建设监理协会. 建设工程投资控制[M]. 北京: 中国建筑工业出版社, 2014

[4] 马楠. 工程估价[M]. 北京: 人民交通出版社, 2006

[5] 沈祥华. 建筑工程概预算[M]. 武汉: 武汉理工大学出版社, 2005

[6] 袁建新. 建筑工程预算与清单报价[M]. 北京: 机械工业出版社, 2013

[7] 唐明怡, 石志峰. 建筑工程定额与清单计价[M]. 北京: 中国水利水电出版社, 2012

[8] 陈钢, 郭琦. 建筑工程计价[M]. 北京: 中国电力出版社, 2007

[9] GB 50500—2013. 建筑工程工程量清单计价规范[S]

[10] GB 50854—2013. 房屋建筑与装饰工程工程量计算规范[S]

[11] 袁建新, 许元. 建筑工程计量与计价[M]. 北京: 人民交通出版社, 2007

[12] 何辉. 工程建设定额原理与实务[M]. 北京: 中国建筑工业出版社, 2013

[13] 严玲. 工程估价学[M]. 北京: 人民交通出版社, 2007

[14] 尚梅. 工程计价与造价管理[M]. 北京: 化学工业出版社, 2015

[15] 袁建新. 工程量清单计价[M]. 北京: 中国建筑工业出版社, 2013

[16] 张凌云. 工程造价控制[M]. 北京: 中国建筑工业出版社, 2012

[17] 赵富田. 工程造价控制与管理[M]. 郑州: 黄河水利出版社, 2013

[18] 刘武成. 施工组织设计与工程造价计价[M]. 北京: 中国铁道出版社, 2007

[19] 湖南省建筑工程消耗量标准上册(2014)[M]. 长沙: 湖南科学技术出版社, 2014

[20] 湖南省建筑工程消耗量标准下册(2014)[M]. 长沙: 湖南科学技术出版社, 2014

[21] 湖南省建筑装饰装修工程消耗量标准(2014)[M]. 长沙: 湖南科学技术出版社, 2014

[22] 湖南省建设工程计价办法附录(2014)[M]. 长沙: 湖南科学技术出版社, 2014

[23] 王玉龙. 工程项目工程量清单计价实用手册[M]. 上海: 同济大学出版社, 2003

[24] 宁素莹. 建设工程价格管理[M]. 北京: 中国建材工业出版社, 2005

[25] 投资项目可行性研究指南编写组. 投资项目可行性研究编制指南[M]. 北京: 中国电力出版社, 2002

[26] 俞国风, 吕茫茫. 建筑工程概预算与工程量清单[M]. 上海: 同济大学出版社, 2005

[27] 郭婧娟. 建筑工程定额与概预算[M]. 第二版. 北京: 清华大学出版社, 2004

[28] 许焕兴. 工程量清单与基础定额[M]. 北京: 中国建筑工业出版社, 2005

图书在版编目（ＣＩＰ）数据

建筑工程计价与造价管理／刘根强主编. --长沙：中南大学出版
社，2017.7
ISBN 978 - 7 - 5487 - 2918 - 1

Ⅰ.①建… Ⅱ.①刘… Ⅲ.①建筑工程－工程造价 Ⅳ.①TU723.3

中国版本图书馆 CIP 数据核字(2017)第 176255 号

建筑工程计价与造价管理

刘根强　主编

□**责任编辑**	刘颖维	
□**责任印制**	易红卫	
□**出版发行**	中南大学出版社	
	社址：长沙市麓山南路	邮编：410083
	发行科电话：0731 - 88876770	传真：0731 - 88710482
□**印　装**	长沙市宏发印刷有限公司	

□**开　本**	787×1092　1/16	□**印张** 19.25　□**字数** 485 千字
□**版　次**	2017 年 7 月第 1 版　□2017 年 7 月第 1 次印刷	
□**书　号**	ISBN 978 - 7 - 5487 - 2918 - 1	
□**定　价**	50.00 元	